电磁冶金技术及装备 500 问

韩至成　朱兴发　编著

北　京
冶 金 工 业 出 版 社
2010

内 容 简 介

本书分为19章，共500问。内容包括：电磁冶金技术介绍；感应熔炼技术及装备；中频无芯感应电炉炉体、水冷系统及运行维护；中频炉衬与维护；中频炉基本原理及工艺；中频炉炉底吹氩技术和应用；真空感应炉装备；电磁搅拌技术及装备；电磁悬浮冶金；电磁感应加热；磁控技术及应用；磁控技术在半导体和太阳能硅材中的应用；电磁冶金技术与资源利用以及环境保护等。

本书可作为钢铁、有色金属以及材料制备和冶金机械行业生产从业人员自学或培训教材，也可供科技人员和管理人员以及营销人员参考或大专院校冶金材料、机械-电气化等专业在校师生阅读。

图书在版编目（CIP）数据

电磁冶金技术及装备500问/韩至成，朱兴发编著. —北京：冶金工业出版社，2010.2

ISBN 978-7-5024-5149-3

Ⅰ.①电… Ⅱ.①韩… ②朱… Ⅲ.①电磁流体力学—应用—冶金—问答 Ⅳ.①TF19-44

中国版本图书馆 CIP 数据核字（2010）第 019912 号

出 版 人　曹胜利
地　　　址　北京北河沿大街嵩祝院北巷 39 号，邮编 100009
电　　　话　(010)64027926　电子信箱　postmaster@cnmip.com.cn
责任编辑　程志宏　美术编辑　张媛媛　版式设计　葛新霞
责任校对　卿文春　责任印制　牛晓波
ISBN 978-7-5024-5149-3
北京印刷一厂印刷；冶金工业出版社发行；各地新华书店经销
2010 年 2 月第 1 版，2010 年 2 月第 1 次印刷
169mm×239mm；20.5 印张；400 千字；305 页；1—3000 册
58.00 元
冶金工业出版社发行部　电话:(010)64044283　传真:(010)64027893
冶金书店　地址:北京东四西大街 46 号(100711)　电话:(010)65289081
（本书如有印装质量问题，本社发行部负责退换）

前　　言

　　电磁冶金（EPM）是借助于电流与磁场所形成的电磁力，对材料在加工处理过程中的表面形态、流动和传质等施加影响，以便有效地控制材料变化和反应过程，改善材料的表面质量和组织结构。由于电磁力可以以不直接接触的方式传递到金属材料内部，有利于在冶金过程中避免大气和炉衬对金属材料的污染，而且电磁能量是一种清洁的能源，较少污染环境，电磁冶金（EPM）被认为是 21 世纪冶金技术及材料加工行业发展的重要方向之一。

　　就 EPM 的功能而言，涉及到的领域非常广泛：如板形控制、流动控制、悬浮控制、雾化、电磁感应热生成、检测、精炼、凝固组织控制及高能密集发生等，EPM 的这些功能已在我国钢铁、有色金属、材料加工及制造行业诸多方面得到广泛应用，并取得了重要成效。

　　我国冶金行业提出了要坚持"炼钢-炉外处理-连铸"三位一体组合优化的发展原则，而在连铸生产中电磁冶金技术的运用已成为必不可少的重要技术方向，利用电磁场对钢液流体特性进行控制，可以实现很好的冶金效果。对液态钢液施加电磁力可以实现旋转运动，利用这一原理所开发的电磁搅拌技术，离心流动中间包技术已在实际生产中广泛应用。

　　对钢液施加电磁力还可以限制钢液的运动，如电磁制动技术以及电磁约束等，实现对钢液的控制，延长设备使用寿命，提高产品质量。

　　电磁搅拌技术不仅在连铸生产中广泛应用，而且在炉外精炼以及铝熔炉中也得到了良好的运用。

　　我国铸造行业目前有两万多家企业，但相当多的企业仍然沿用传统的冲天炉化铁，钢的铸造则运用电弧炉或中频炉，如果铸造行业的熔化设备使用中频炉或真空感应炉，则会在节能、降耗、环保及产品质量等方面获得实质性的重大好处。

特殊钢、高温合金、半导体材料以及太阳能级硅材的生产往往也离不开电磁真空冶金技术的应用。

电磁感应加热代替传统的气体、液体、固体燃料加热钢坯和钢管，已经成为当前重要的技术趋势。

鉴于 EPM 对推动钢铁、有色金属及材料加工、制造所发挥的重要作用，作者在 2008 年出版《电磁冶金技术及装备》一书的基础上又编写了《电磁冶金技术及装备 500 问》一书。本书分为 19 章，涵盖了材料电磁处理功能的各个方面，其目的就是为了更好地推广应用 EPM 技术及其装备，使其在我国冶金（钢铁、有色金属）、材料加工、制造等行业中发挥更大的作用，这 500 个问答题以通俗易懂的方式叙述了在使用 EPM 技术及其装备中的各种具体问题，使各相关行业的生产现场从业人员、工程技术人员以及管理人员通过参阅本书而在工作中得益。

在本书的编写过程中，结合作者在该领域的研究和经验，力求做到理论联系实际，同时也参阅了不少专家的论文和文献，使问题解答得更为精确和具体，在此作者向这些文献作者表示衷心感谢。由于作者水平所限，不当之处恭请读者批评指正。

作　者
2009 年 11 月

目 录

第1章　电磁冶金技术简介

第2章　感应熔炼炉的电气系统

第3章　中频无芯感应电炉炉体及水冷系统

第4章　中频无芯感应电炉的安装、运行、维护和安全操作总则

第5章　中频炉炉衬及其使用维护

第6章　中频感应炉熔炼的基本原理及其工艺技术

第7章　中频感应炉底吹氩技术的应用

第 8 章　真空感应炉装备

第 9 章　真空感应炉熔炼原理与工艺技术

第10章　液态金属的电磁处理

第11章　电磁搅拌工艺技术及其装备

第 12 章　电磁铸造工艺技术及其装备

第13章　电磁悬浮冶金

第14章　连铸钢坯、钢管电磁感应加热

第 15 章　中间包电磁感应加热

第 16 章　磁控技术在铝电解中的应用

第17章　磁控技术在半导体材料中的应用

第18章　磁控技术在太阳能硅材中的应用

第 19 章　EPM 技术在资源综合利用与环境保护方面的应用

第1章 电磁冶金技术简介

1. 什么是电磁冶金?

电磁冶金字面解释即材料的电磁处理（EPM），它是以电磁热流体力学理论为基础，对冶金过程和材料制造进行研究的一门新兴工程学科。

由于电磁热流体力学是电磁学、热力学和流体力学这三个领域相互交叉的学科，因此流体与热、流体与电磁、热与电磁之间相互作用及其相互关系就构成了电磁冶金学这个学科。

2. 材料的电磁处理是怎样进行分类的?

材料的电磁处理按其功能大致可以分为以下几类：

（1）板形控制功能；

（2）控制流动功能；

（3）悬浮控制功能；

（4）雾化功能；

（5）电磁感应热生成功能；

（6）检测功能；

（7）精炼功能；

（8）凝固组织控制功能；

（9）高能密集发生功能。

3. 电磁冶金技术的特点是什么?

电磁冶金技术又称材料的电磁处理，其功能虽然各异且技术类型多种多样，但就总体而言，这些技术的基本特点是，借助于电流与磁场所形成的电磁力，对材料加工过程中的表面形态、流动和传质等施加影响，以便有效地控制其变化和反应过程，改善材料的表面质量和组织结构。

4. 电磁冶金技术发展前景怎样?

电磁冶金技术是借助于电流和磁场所形成的电磁力，对材料的加工处理过程中的表面形态、流动和传质等施加影响，可以有效地控制其变化和反应过程，大大改善材料的表面质量和组织结构。

由于电磁力可以通过不直接接触的方式传递到金属材料的内部，在冶金过程中可以避免大气和炉衬对被处理材料的二次氧化和污染。

电磁能量还是一种清洁的能源，较少污染环境。所以，电磁冶金被认为是21 世纪冶金技术发展方向的重要内容之一。

5. 电磁冶金技术目前已较成熟地应用在哪些领域？

目前，电磁冶金技术已经较广泛地应用于工业化生产或正在运用于工业化生产中，其技术及装备水平已趋于成熟，并向更高的水平方向发展，大致包括八项技术：

（1）ASEA-SKF 钢包精炼炉技术；

（2）钢的连铸电磁搅拌、铝熔炉的电磁搅拌等；

（3）铝和铜合金的电磁铸造技术；

（4）变频感应炉的熔炼技术；

（5）真空感应炉的熔炼技术；

（6）钢坯、钢管及铜铝等有色金属坯料的电磁感应加热技术；

（7）直接感应熔炉玻璃化材料的高级冷坩埚技术；

（8）电磁离心铸造技术。

6. 目前正待研发推广的电磁冶金技术主要包括哪些领域？

目前正待研发推广的电磁冶金技术是指进行过实验室实验以及工业化实验装置研发，已为工业化生产奠定了基础的项目，其中包括：

（1）钢的软接触结晶器连铸技术；

（2）水冷坩埚悬浮熔炼技术；

（3）双辊薄带连铸机浇注系统固态堰结合的侧封技术；

（4）铝及钢液的电磁净化技术。

7. 为什么要大力推广电磁冶金技术？

针对我国钢铁工业、有色金属工业、铸造行业以及材料加工制造工业的现状，在加强电磁冶金基础理论研究的同时，大力推广已经成熟的电磁冶金技术并使其运用于工业化生产，将已经实验或小型装备生产的实验成果，创造条件使其运用于工业化生产是非常有必要的。这不仅是出于节约资源、解决环境污染的需要，而且也是为了使我国材料制造业更好地适应航空工业、国防工业及其他民用行业发展的需要。

第2章 感应熔炼炉的电气系统

8. 感应熔炼炉是怎样分类的?

感应熔炼炉根据所用电源频率的不同可分为工频感应炉、中频感应炉和高频感应炉,这里所说的中频、高频与无线电技术学科中的中频、高频所划分的频段并不相同。

一般可以认为频率在500Hz以下称为低频,1～10kHz称为中频,20～75kHz称为超音频,100kHz以上称为高频。

而工频感应炉是以工业频率的电源(50～60Hz)作为电源的感应炉,包括无芯和有芯两种类型。我国采用50Hz的电源,所以工频感应炉不需要变频设备。

中频感应炉所用电源频率在150～10000Hz范围内,其常用频率为150～2500Hz。高频感应炉所用的电源频率在10000Hz以上,最高达到1MHz。

感应炉如果按其在普通大气压下工作还是在真空条件下工作,又可以分为普通感应炉和真空感应炉。

除以上各种类型的感应炉外,还有等离子感应炉和电渣感应炉等。

9. 我国近年来中频感应炉技术及装备水平的提高,表现在哪些方面?

(1)炉子容量从小到大,最高熔炼炉的容量已超过30t,保温炉则已超过50t。

(2)功率从小到大,现已能制造10000～12000kW的大型中频电源。

(3)从一台中频电源拖动一座中频炉发展到可以"一拖二"(一台熔炼、一台保温,串联电路),直至"一拖三"。

(4)中频炉与钢的炉外精炼或AOD炉配套生产不锈钢取得良好效果。

(5)电源电路有重要突破,已发展到"三相六脉"、"六相十二脉"直至"十二相二十四脉"。晶闸管电路的可靠性高,电源装置可与高次谐波的治理同步进行。

(6)控制水平提高,可较方便地运用PLC系统对炉子电参数实行有效控制。

(7)主体及辅助设备的配套更加完善。

10. 中频电源的电路是怎样组成的?

晶闸管中频电源是一种将工频电能变为中频电能的变频器,它把工频交流电经整流后，由逆变电路变换为较高频率的电流输出，且频率变化范围不受电网频率的限制。

中频电源的电路通常由整流电路、逆变电路、负载电路及启动电路组成。

整流电路部分主要作用是把三相工频交流电流变换成为直流电流，它包括输入电路、桥式整流电路和滤波电路以及整流控制电路。逆变部分主要作用是把直流电流变换为单相中频交流电流，供给负载电路，它包括逆变电路、启动电路、负载电路。

11. 晶闸管中频电源的主回路有哪几种形式？

晶闸管中频电源主回路大致有三种类型：（1）并联型；（2）串联型；（3）串并联型。

12. 什么是 IGBT？

IGBT（Insulated Gate Bipolar Transistor）是一种半导体元件，绝缘栅双极晶体管，其关断时间典型值为 0.3μs。

13. 什么是 SIT？

SIT（Static Induction Thyristor）是一种静电感应晶体管，有很高的电压上升率 du/dt 和电流上升率 di/dt 值。

14. 什么是 MCT？

MCT（MOS—Controlled Thyristor），MOS 控制晶闸管。其关断时间为 2.1μs。

15. 串联电路功率调节输出的控制方式是怎样进行的？

串联电路的逆变部分是由两个半桥式逆变电路相串联的，这种串联在使用过程中其整流电路一直处于全导通状态，所以功率因数不小于 0.95（整流输出电压恒定不变），串联电路功率输出是通过调节逆变导通角大小来控制的。

16. 高功率双供电感应熔炼系统的关键技术是什么？

高功率双供电感应熔炼系统的关键技术主要包括六个方面：

（1）高电压大电流半导体变流元器件——非对称性逆导晶闸管的制作；

（2）网侧功率因素 $\cos\varphi \geqslant 0.95$，无电网谐波污染的大电流高压技术；

（3）按任意比例运行功率分配技术；

（4）自适应功率可调的高电压大电流逆变技术；

（5）跟随逆变器输出电路并对其实行自控的自动控制技术；

（6）整流技术及其控制系统。

这六项关键技术的整合集成即构成了高功率双供电感应熔炼的系统。

17. 国内首创的"一拖二"串联逆变电路变频炉的特点是什么?

（1）国内苏州振吴电炉有限公司首创的晶闸管半桥串联逆变电路，可完成一台电源配置两台变频电炉24h不间断工作，成了国际上除美国应达公司以外，能设计与制造该电源的企业；

（2）与传统的"单供电设备"即并联电路"一拖一"相比，节能效果能提高22% ~25%以上，如果采用功率和容量更大的设备，节能效果更为显著；

（3）功率因数 $\cos\varphi \geqslant 0.95$，高次谐波对电网污染的程度显著减小。

18. 什么是谐波?

谐波是主电网频率（50Hz）的倍数，通过傅里叶变换可将一个非正弦函数分解成多个正弦函数谐波分量，即用傅里叶变换能将非正弦曲线信号分解成基本部分和它的倍数，在正弦频率 f_0 上的波形已知为基波分量，在频率 nf_0 上的波形被称为谐波分量，按其倍数称为3次、5次、7次、11次、13次等谐波分量。

19. 为什么要治理谐波?

大量谐波的存在，使得电力系统正常正弦波的波形发生严重畸变，电能质量降低，给电气设备和电网的正常运行带来了很大的危害。同时，中频电源（采用并联谐振电路）的平均功率因数不高，使得供电线路无功损耗增加，因此，必须设计成一种滤波兼无功功率补偿装置，这样一方面可将大量的谐波成分滤掉；另一方面可以补偿无功功率，提高功率因数，降低线损，节约电能。

20. 目前电力部门实际使用的无功补偿及谐波滤波装置有哪几种类型?

主要有如下四种类型：
（1）TSC型动态无功补偿及谐波滤波装置；
（2）MSC型动态无功补偿及谐波滤波装置；
（3）FC静态无功补偿及谐波滤波装置；
（4）SVC静态型动态无功补偿装置。

21. 感应炉对晶闸管中频电源的输出功率有何要求?

晶闸管中频电源的输出功率必须满足感应炉熔炼要求所必需的最大功率，还要能使输出功率很方便地调节，这是由于通常感应炉的坩埚寿命仅为数十炉至上百炉，炉衬损坏后必须重新筑炉，而新炉衬修筑好后，必须对其进行低功率烘炉，通常烘炉是从 10% ~ 20% 的额定功率开始，然后每隔一定时间升高 10% 左右的功率，直至达到额定功率。此外，在熔炼过程中，当炉料熔化后，必须对炉料的成分进行化验，而化验期间为了不使炉料熔化后沸腾剧烈，这时中频电源必须减小输出功率，使炉料保温。鉴于以上所述，要求晶闸管中频电源能在 10% ~ 100% 额定输出功率的范围内较方便地调节。

22. 感应炉对晶闸管中频电源的输出频率有何要求？

感应炉的电效率与频率之间的关系是相关联的。如果从电效率出发可以决定晶闸管中频电源的输出频率，该频率可以称为 f_0。感应器实际上是一个电感线圈，为了补偿线圈的无功功率，在线圈的两端并联电容，这就组成了 LC 振荡回路，当晶闸管逆变器的输出频率 f 等于感应炉回路的固有振荡频率 f_0 时，则此时回路的功率因数等于 1，感应炉内将得到最大的功率。由于回路的固有振荡频率与 L 和 C 的数值有关，一般补偿电容 C 的数值是固定不变的，而电感 L 则因炉料的磁导率变化而变化。如炼钢冷炉时钢的磁导率 μ 很大，所以电感较大；而当钢水温度高过居里点时，钢的磁导率 $\mu = 1$，所以电感 L 减小，因而感应炉回路的固有振荡频率 f_0 将由低变高。为了使感应炉在熔炼过程中始终能得到最大的功率，这就要求晶闸管中频电源的输出频率 f 能随着 f_0 的变化而变化，始终保持频率自动跟踪。

对晶闸管中频电源除了输出功率及输出频率有要求外，还有其他性能方面的要求。

感应炉在熔炼过程中，一旦由于中频电源发生故障，在严重时将会损坏坩埚，因此要求晶闸管中频电源工作可靠，因而要求其必须具备必要的限压、限流性能以及过压、过流保护、断水保护、漏炉保护（炉衬厚度检测）等自动保护装置。此外，还要求晶闸管中频电源启动成功率高，甚至达到 100%，启动停止操作要方便。

23. 对整流电路有哪些基本要求？

中频电源装置中整流电路的负载是逆变电路，逆变电路输出的有功功率是由整流电路提供的，所以要求整流电路的输出电压在规定范围内能够连续平滑地调节。中频感应加热的负载变化很大，整流电路应能自动限制输出功率、电压、电流以及通过整流电路对系统进行过电流、过电压保护。

中频电源大都采用三相全控桥式整流电路，这是因为它的电压调节范围大，而移相控制角 α（$\alpha = 0° ~ 90°$）变化范围小，有利于系统进行自动调节。三相全控桥式整流电路的电压脉动频率较高，减轻了直流滤波环节的负担。另外，它还可以工作在有源逆变状态，当中频逆变电路颠覆时，将储存在滤波电抗器中的能量通过有源逆变方式返回网侧，使逆变电路得到保护。

24. 对整流触发电路有哪些基本要求？

中频电源所采用的三相全控桥式整流电路，对其相应的触发电路有如下要求：

（1）产生相位互差60°的脉冲，依次触发六个桥臂的晶闸管；

（2）触发脉冲的重复频率必须与工频电网频率同步；

（3）采用单脉冲触发制时，其脉冲宽度大于90°，小于120°；采用双脉冲触发制时，脉冲宽度为25°～30°；

（4）输出脉冲有足够的功率，一般为可触发功率的3～5倍；

（5）触发电路应具有良好的抗干扰能力；

（6）能迅速准确执行保护指令，能在控制角 $\alpha = 0° \sim 90°$ 范围内平滑移相。

25. 负载电路具有哪些基本特点？

中频电源用于熔炼时，其负载变化最大，其负载就是一个感应炉。从电路的角度出发，感应炉主体是一只电磁感应线圈（即感应圈）L，其中放置有被熔炼的金属，L与电容器 C 并联组成简单的并联谐振电路，如图2-1所示。

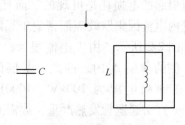

图 2-1　并联谐振电路

当感应圈通入中频大电流时，其中一部分经过耐火材料坩埚进入炉膛内，这一部分未穿入熔融态钢液的磁通则称为漏磁通，然而只有主磁通才能在钢材内部感应出电流并使之发热熔化。主磁通和漏磁通是同时存在的，而且漏磁通往往比主磁通大，因此，中频炉熔炼时，其一负载变化最大；其二漏磁通较大是应该特别要注意的问题。

26. 影响主磁通和漏磁通相对大小的因素主要有哪些方面？

（1）坩埚耐火材料越厚、炉膛越小，则漏磁通越大，而主磁通越小，故新打的坩埚漏磁通较大，熔炼了若干炉以后的坩埚变薄，漏磁通便会减小；

（2）当炉膛内金属料容积较小时，则主磁通减小，漏磁通增大；

（3）当废钢熔化成钢液时，填满了炉膛，使得进入炉膛的磁通全部穿过钢液，于是主磁通增大而漏磁通减小；

（4）当熔融态钢液的温度升高超过居里点时，则钢材失去磁性而成为非磁性材料，由于磁导率低使主磁通减小；

（5）被熔炼的材料不同也影响磁场分布，例如，熔炼铜、铝等金属时，由于电阻率较低，透入深度又比钢大，故铜、铝中感应的涡流电流回路具有较小的电阻，因此，当中频主磁通一进入铜、铝内即被感应出来的涡流所抵消，于是主磁通减弱。

如上所述，感应圈中的中频电流产生两种磁通——漏磁通和主磁通，它们在感应圈的电路上形成两种电感——漏电感和主电感（主电感即互感）。由于两种磁通受诸多因素影响，故两种电感也随诸多因素而变化。

27. 中频感应炉负载电路中电阻具有哪些特点？

负载电路中有两部分电阻，其一是感应圈电阻；其二是炉内金属的电阻。这是因为,感应炉内有两个通电流的部分,一个是感应圈本身,从外部通入中频电流;另一个是熔态的金属,在其中感应出中频电流。

28. 感应圈电阻的基本特点是什么？

感应圈不但具有电感而且还有电阻，感应圈的铜管虽然很粗，但因通过的电流很大，故其电阻引起的电损耗是可观的。而且，在中频时铜管壁内电流因集肤效应而密集于靠向坩埚壁的一侧，如图 2-2 所示。由于电流很大，而且密集于铜管一侧的薄层 Δ' 内，因此，Δ' 层的电流密度很大（在中频电源为 100kW、1000Hz 时约达 30A/mm^2）引起铜管发热严重，故需通水冷却。

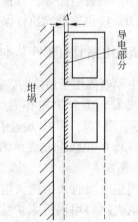

感应圈本身的电阻虽然由于频率、漏磁场分布、水温等不同而有变化，但因在熔炼过程中这些因素变化不是很大的，故感应圈本身的电阻可以认为基本上是不变的。

图 2-2　感应圈的电流集肤效应

29. 坩埚内金属的电阻其特点是什么？

坩埚内的电阻比感应圈电阻大，因为它的电阻率较大且集肤效应较显著，主磁通穿过钢材，在其中感应出涡流电流，钢材放在感应圈内，故这种涡流产生的漏磁通（只穿过钢材不穿过感应圈的磁通就是钢材的漏磁通）较小。

钢材的电阻在熔炼过程中不断变化，特别是当温度超过居里点后，由于 Δ' 增大使电阻急剧下降。

30. 中频电炉中电路的过电流、过电压是怎样保护的？

（1）过电流保护。中频电源的负载短路、逆变电路换流失败，都会使三相全控整流桥经直流平波电抗器（Ld）短路。此短路电流既流经整流电路也流经逆变电路，对整流、逆变部分的晶闸管形成威胁，因此必须设置有效的保护电路。

在整流电路中有源逆变可用于保护，当产生短路电流时，使整流电路的移相控制脉冲从整流区转换到有源逆变区，即从 $\alpha < 90°$ 转换到 $\alpha > 90°$，把储存在 Ld 中的磁场能量经整流电路迅速向电网释放。

（2）过电压保护。过电压保护原理与过电流保护相同，取自负载端的中频电压经中频电压互感器，由端子 176、174 引入，当中频电压值超过允许值时，过电压信号使 V_2 导通，接着 V_3 导通使接口移向 150°处而停机。

31. 晶闸管的过压保护有哪些基本措施？

电网过电压侵入中频电源装置中的整流电路，会对晶闸管造成极大的威胁，电网产生过电压的原因大致有：

（1）同一电网中其他负载拉闸时所产生的过电压，是由回路的电感引起的，拉闸时负载电流越大，过电压就越高，中频电源装置本身的快熔断开时也同样会产生这种过电压；

（2）电源变压器一次侧（高压侧）合闸时，过电压由一次、二次侧之间的分布电容引入到二次侧；

（3）中频电源装置若单独采用整流变压器，那么电网的过电压不易侵入到中频电源装置内部，但其一次侧合闸或分闸时也同样会产生过电压。

这些过电压在电网上是很难消除的，因此只有采取保护措施以吸收这类电压的峰值，常用的保护措施有以下三种：

（1）阻容保护。中频电源的工频进线侧接以 RC 阻容吸收电路，当任意两相间发生过电压时，电容器 C 就充电，通常过电压的时间很短，仅在瞬间发生，只要电容器 C 的容量足够大，则电容器上的电压上升速度就很慢，这就是说过电压的峰值可被电容所吸收。

（2）采用非线性元件过电压保护。非线性元件在正常电压下内阻极大，待过电压到来时，其阻值迅速减小，这样能把过压限制在一定范围内。常用的非线性元件有硒堆、雪崩二极管及压敏电阻。

（3）平波电感上的过电压处理。

32. 相序检查是怎样进行的？

在形状检查（晶闸管、铜母线、电抗器、互感器、中频电容器组、换炉开关、感应加热线圈、水冷电缆等连接）准确无误后，再进行相序检查。中频电源工频三相进线必须按装置说明书规定的相序连接，若相序接反，则会造成整流触发脉冲时序混乱，设备不可能正常运行。在车间更换电力变压器或中频电源装置移换另外供电场所后，必须重新校验相序。

校验相序可借助于相序计或电子示波器。

33. 中频电源的系统保护是怎样进行的？

整个系统通常设置有多重保护系统：第一级为限压、限流保护；第二级为过压、过流保护；第三级为自动断路器（DW—16 空气开关）作装置的短路电流保护。

装置还分别设置有：冷却水分压断水保护、快速熔断器保护、进线空芯电抗器保护、晶闸管阻容吸收保护。

34. 三相桥式整流电路的短路保护是怎样进行的？

为了使整流硅发生击穿时不使进相电压发生短路，一般在电路里每个整流桥臂都串联快速熔断器，以保护每个桥臂的晶闸管。为限制相间短路时的电流上升率，不致超过晶闸管元件本身的允许值，在交流进线处串有空心电抗器。空心电抗器的另一个作用是，使整流晶闸管在换相过程中限制电流的上升率，对晶闸管起到一定的保护作用。

35. 逆变端过流及过压保护是如何进行的？

（1）逆变端产生过电流的原因包括：

1）运行中负载的波动引起过流，感应炉在熔炼过程中负载波动很大，尤其是在熔炼的初期参数变化得更为激烈，往往造成过流；

2）运行中桥式逆变器，两对桥臂晶闸管换流失误，逆变失败，所引起的短路电流；

3）运行中桥式逆变器触发脉冲突然中断造成桥臂对角线晶闸管斜通短路，所引起的短路电流。

还有其他各种原因引起的过电流，对这种逆变侧的过电流采用快速熔断器保护，将不是经济可靠的办法。

（2）逆变端产生过电压的原因如下：

1）中频电压 $U_c = 1.1 U_d / \cos\alpha$，由于超前角 α 过大，在整流电压 U_d 恒定时，造成中频电压 U_c 过高；

2）逆变触发脉冲的时候是由 U_c 和 I_c 信号的交点决定的，如果自压互感器来的 U_c 信号突然中断，则此交点将由 I_c 信号决定，α 将迅速增大，从而造成中频电压 U_c 过高；

3）炉子感应圈突然开路造成过压；

4）晶闸管在导通与关断时产生的尖峰过电压。

通常对逆变端的过流及过电压均采用脉冲封锁方法来保护。

36. 逆变晶闸管是怎样选定的?

（1）根据中频电源的工作频率选定：

频率在 100 ~ 500Hz 的选定关断时间为：20 ~ 45μs 的 KK 型晶闸管；

频率在 500 ~ 1000Hz 的选定关断时间为：18 ~ 25μs 的 KK 型晶闸管；

频率在 2500 ~ 4000Hz 的选定关断时间为：10 ~ 14μs 的 KKG 型晶闸管；

频率在 4000 ~ 8000Hz 的选定关断时间为：6 ~ 9μs 的 KA 型晶闸管。

根据并联桥式逆变线路的理论计算，流过每个晶闸管的电流是总电流的 0.455 倍，考虑到有足够的富裕量，通常都选定和额定电流大小相当的晶闸管。

（2）根据中频电源的输出功率选定：

功率在 50 ~ 100kW 的选定电流 300A/1400V 的晶闸管（380V 进线电压）；

功率在 100 ~ 250kW 的选定电流 500A/1400V 的晶闸管（380V 进线电压）；

功率在 350 ~ 400kW 的选定电流 980A/1600V 的晶闸管（380V 进线电压）；

功率在 500 ~ 750kW 的选定电流 1500A/1600V 的晶闸管（380V 进线电压）；

功率在 800 ~ 1000kW 的选定电流 1500A/2500V 的晶闸管（660V 进线电压）；

功率在 1200 ~ 1600kW 的选定电流 2000A/2500V 的晶闸管（660V 进线电压）；

功率在 1800 ~ 2500kW 的选定电流 2500A/3000V 的晶闸管（1250V 进线电压）。

37. 高压电缆参数的选择（以 8t 中频炉为例）是怎样进行的?

（1）当进线电压 $U_{进}=1500V$ 时：

直流电压　　$U_a = 1.35 \times 1500 - \Delta U_u（电压降） = 2000V$

总直流电流　$I_a = P_a/U_a = 5000 \times 10^3/2000 = 2500A$

$$I_{进} = 0.816 \times I_a = 0.816 \times 2500 = 2040A$$

$$I_b = \frac{2040}{2} = 1020A$$

基于此计算及参数选择，选用 YJV 1.8/3 1×800 电缆（见图 2-3）。

（2）35kV 高压柜参数选择。

$U_1/U_2 = I_2/I_1$ 即 $35000/1500 = 2040/I_1$，则 $I_1 = 87.4A$。

38. 晶闸管的主要参数有哪些?

晶闸管的参数主要分为静态参数和动态参数两个部分。

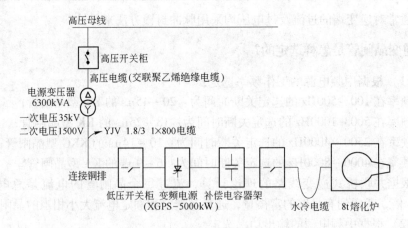

图 2-3　电器流程

（1）静态参数有以下 5 个：

1）额定通态平均电流 I_F，在规定的环境温度和散热条件下，管子在电阻性工况下，允许通过的工频正弦半波电流的平均值；

2）按照标准，正向重复峰值电压，$U_{DRM} = U_{DSM} - 200(V)$；

3）反向重复峰值电压 U_{RRM}，制造厂把 U_{DRM} 和 U_{RRM} 中较低的值定为器件的额定电压；

4）通态峰值电压 U_{TM}，即器件通以 I_F 时，晶闸管两端电压降的峰值。此值越小，则器件的正向损耗越小，温升也越低，载流性能就越好；

5）门极触发电压 U_{CT} 及触发电流 I_{CT}，即器件的阳极和阴极间加上 6V 直流电压时，能使器件触发导通的控制极达最低电压及最小电流。

同一型号的晶闸管，其触发电压、电流的差值会较大，且受温度的影响也较大，在温度较高时 U_{CT}、I_{CT} 会明显下降。

（2）在电路中，晶闸管器件的导通与关断都不是瞬时完成的，需要一定的时间，因此其动态参数包括以下 4 个：

1）晶闸管的开通时间（器件从加入控制信号到进入导通状态所需要的时间称为开通时间）；

2）晶闸管的关断时间（晶闸管器件从切断正向电流，使它重新处于阻断状态，直到其恢复控制能力为止的时间为关断时间，它由反向恢复时间和控制恢复时间两部分组成）；

3）电压上升率（正向电压上升率 du/dt 是指在控制极断路和正向阻断的情况下，器件在单位时间内能允许上升的正向电压，现在，快速晶闸管的电压上升率可大于 $800V/\mu s$）；

4）电流上升率（电流上升率 di/dt 是指晶闸管器件在控制极开通时，单位时间内允许上升的正向电流值，电路中 di/dt 不能超过器件的允许值，否则会使晶闸管的控制极损坏，这是因为当控制极刚加上触发电压时，阳极电流起初往往集中在控制极的阳极面上，然后再以约为 $0.1mm/\mu s$ 的速度向外扩展，直至全部结面导通，过大的 di/dt 会使管子在控制极附近局部发热而烧坏，现在为快速晶闸管所设计的控制极图形的电流上升率已大大增加，达到 $800A/\mu s$）。

39. 两种逆变器比较各自有何特点？

无功功率的补偿方法有两种：一种是补偿电容器和炉子串联，称做串联补偿；另一种是补偿电容器和炉子并联，称做并联补偿。故可以有两种不同的逆变线路；一种称做串联逆变器；另一种称做并联逆变器，如图 2-4 所示。两种逆变器的比较如表 2-1 所示。

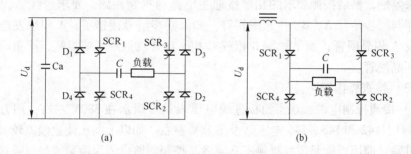

图 2-4　两种逆变器原理图

（a）串联逆变器；（b）并联逆变器

表 2-1　两种逆变器比较

序　号	串联逆变器	并联逆变器
1	输出电压为矩形波	输出电压为正弦波
2	输出电流为正弦波	输出电流为矩形波
3	炉子感应圈电压为逆变器输出电压的 Q 倍	炉子感应圈电压等于逆变器输出电压
4	感应圈电流等于逆变器电流	感应圈电流为逆变器输出电流的 Q 倍
5	使用直流电压稳定直流端并接有大的电容器	使直流电流恒定直流端串接大的滤波电感
6	用高电压的补偿电容	使用标准的补偿电容
7	用反馈二极管	不要反馈二极管

40. 中频电源装置调试时整流电路是怎样调试的？

中频电源装置调试时整流电路的调试步骤如图 2-5 所示。

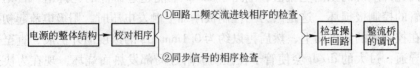

图 2-5　整流电路调试步骤

（1）首先了解中频电源的整体结构，仔细检查主回路接线是否与图纸相符，检查各电线接点是否接触良好、牢靠，开动冷却水泵，调节进水阀门使冷却水压力达到规定水压，一般要求在 0.8 ~ 1.5MPa 之间，观察进出水管是否通水良好，有无阻塞及渗漏现象，同时调节压力断路器使其触点闭合。

（2）校对相序，即检查三相电源相序可用示波器，根据三相交流波形相对关系来鉴别，然后按照要求的相序接通主电路与控制回路，要求进线 A、B、C 的相序与同步信号 A、B、C 相序相符，如果同步信号接错了，A 相触发电路不是触发 A 相晶闸管，而是触发 B 相或 C 相，这样就造成系统混乱，严重时甚至会损坏晶闸管。

（3）检查操作回路，包括：

1）接通控制电源，观察面板进线电压表是否指示在 380V 左右，用万用表测量 141、142 和 143、144 电压是否在 18V 左右。如以上电压读数偏差较大，应检查排除。原因可能是零线接触不良或者是控制回路电源保险装置烧毁或接触不良，应断电认真检查并排除，直至进线电压在 370 ~ 400V，控制板进线电源电压在 17 ~ 19V 范围内时再进行下一步工作。

2）按逆变启动（不合进线主回路的大闸）。逆变工作指示灯亮，调节功率电位器，观察主板显示各路触发脉冲的发光二极管，应有发光指示。如果有示波器，可用示波器测试 6 路整流触发脉冲的相位关系，脉冲幅度应在 6V 以上，脉冲宽度在 20°，双脉冲前沿间隔 60°，随着功率电位器的旋动，触发脉冲的位置将向右移，移动范围应在 0° ~ 150° 之间。

（4）整流桥的调试：

1）把电源柜内的预负荷开关放在 ON 位置，拆掉主控板 143、144 进线，使逆变触发回路暂时停止工作；

2）送冷却水，合控制电源闸，电源指示灯亮，合主回路大闸，闸的指示灯亮；

3）按逆变启动，工作指示灯亮，调节功率电位器，直流电压表随功率电位器的旋动而逐步上升，直至 500V 以上，用示波器探头接于整流桥的输出端，便可看出整流桥在不同角度的输出波形，鉴别出是否正常、整齐。如出现输出不齐，可调整 W_7、W_8、W_9 使输出平整。若此时旋动功率电位器直流电压只能升到 400V 左右，不再上升时，很有可能是三相 A、B、C 不同步。只要任意调换其中两线位置即可。调试正常后把预负荷开关拨在 OFF 位置。

41. 逆变电路调试的顺序是怎样进行的?

逆变电路的调试顺序为:

检查炉子系统 → 检查电源柜逆变系统 → 逆变的调试

42. 系统的保护调试分为哪几个方面?

系统的保护调试分为以下 4 个方面:
(1) 限压的调试;
(2) 过电压的调试;
(3) 限流的调试;
(4) 过电流的调试。

43. 中频电源整流部分发生故障怎样进行排除?

(1) 设备在运行中直流电抗器发出嗡嗡声,说明故障原因是整流桥输出不平衡所造成的,排除方法是调整电位器 W_7、W_8、W_9,使整流桥输出的六个波头平衡即可。

(2) 对于型号较陈旧的中频装置在运行中直流电抗器发出较大的嗡嗡声。故障原因可能是整流桥六只晶闸管中的一只不导通造成的,用示波器可以看到三相整流桥的输出波形,大部分是触发脉冲到晶闸管导线接触不良或断线引起的。

(3) 设备在运行中突然电流增大,直流电压降低,中频电压比直流电压高出很多,直流电抗器跳动利害。故障原因有可能是:1) 三相缺相;2) 快速熔断器烧毁;3) 控制回路电源烧断保险使同步电源缺相;4) 电力变压器高压保险烧毁等。恢复后即可正常工作。

(4) 设备在开机时,功率电位器启动就是最大功率,没有小功率。这种故障在老旧的中频装置中最易出现,原因是功率电位器内部断线所造成的,重换新的电位器即可恢复工作。

44. 中频电源、逆变电路出现故障时怎样排除?

(1) 中频功率上不去。1) 中频装置只能在低功率下工作,当直流电压 U_d 调高时,过流保护启动,故障原因是负载交流等效电阻偏小,尤其是炉子使用到后期,炉衬厚度较薄,启动后往往是直流电压小,电流大,中频电压也小,换流比较困难,逆变容易颠覆,功率升不上去,此时适当加大 t_f,即调大电流信号瓷盘电位器,待炉料熔化后再恢复 i_c 至正常值。另外感应线圈匝间绝缘不良,电压低时可以工作,中频电压高时,绝缘击穿造成匝间短路,交流等效电阻迅速减小，逆变容易颠覆，处理办法是拆掉炉衬，修好感应圈的绝缘便可正常工作。

2）直流电压和中频电压都很高，而直流电流却很小，当直流电压升到最大值时，中频功率仍很低。故障原因是新打炉衬炉壁较厚，使负载交流等效电阻偏大，则启动后 U_d 大，I_d 小，中频装置不能满足功率输出。此时应增加补偿电容器的容量使等效电阻得以匹配。

（2）设备启动困难。在较低功率下发生故障，中频电压高于直流电压几倍，电流很大，机器发出较低频率的声音，功率表指示很低。此种故障原因是逆变桥的一组晶闸管关断失灵或短路，即晶闸管老化造成的，特别是型号较陈旧的中频装置最容易出现此现象。

（3）功率在较低时勉强工作。中频频率降低，电压低而电流很大，升高功率时逆变失败，过流保护启动。这种故障通常是桥臂中串联的两个晶闸管中有一个不导通所致。整个桥臂不能导电。

（4）在电容升压线路的装置中不能启动时，改为不升压线路空炉勉强能启动，启动成功前直流电抗器发出一阵哼哼声，然后又基本正常。

（5）中频电压升到 700V 时系统保护启动。这种故障一般是由于逆变桥的晶闸管其中的一只反向耐压降低所造成的，用万用表测量阳极和阴极之间的正、反向阻值，能看出正向阻值很大，反向阻值只有 30kΩ 以下，调换晶闸管即可正常工作。

（6）中频电压升到 500V 时直流电抗器发出较低沉的砰砰声，提升功率则过流保护启动。

（7）装置在运行中炉料温度在 1000℃ 以下能正常工作，在 1000℃ 以上过流保护启动。

1）冷却循环水温度过高，原因是用户的冷却循环水池受场地的限制，造得较小，特别夏天的气温较高更加促使水温的上升，使逆变硅的性能改变，关断时间加长，不适应回路的频率变化造成换流失败使过流保护启动。

2）晶闸管的关断时间长造成的，因为炉料在低温时磁导率较高，磁感应强度大，感应圈的电感量较大，在电容量不变的情况下，谐振频率较低，晶闸管的关断时间尚能适应工作要求，当炉料温度升到 1000℃ 以上时，磁导率变小，感应圈电感量减小，谐振频率增高对晶闸管的关断时间要求提高，关断时间长的晶闸管不能胜任换流的要求，使逆变失败，造成过流保护启动。

3）处理的方法是：加大循环水的流量使散热良好；在阻抗允许的情况下，增加电容补偿，降低谐振频率；在阻抗已不能改变的情况下，调换关断时间短的晶闸管是最佳选择。

（8）装置空炉启动后直流电抗器发出连续噔噔响声，中频电压升到 500V 左右时过流保护启动。

1）这种故障是逆变回路阻容保护电容器漏油使损耗增大造成的，因为在工作中故障保护电容在中频电压下相当于短路，只有更换新的保护电容才能排除故障；

2）桥臂晶闸管性能不良引起换流不正常，但电抗器响声更大些；

3）中频电压互感器或电流信号互感器内部有击穿或接触不良，造成逆变工作不稳定现象，电抗器同样有较大的异常响声；

4）逆变脉冲变压器内部绝缘不良，同样会发出异常声响。在通常的检修方法中，听到电抗器有异常声音，往往误认为是整流部分故障，实际不然。可用示波器观察整流桥直流输出端波形，可看出波形中有短暂的短路现象，它与整流桥一个晶闸管不导通的波形不同，前者缺口较窄，后者缺口较宽，就可以肯定是逆变部分故障造成的。

45. 中频电源保护部分会产生哪些故障？

（1）装置不定期烧毁逆变晶闸管。产生这种故障一般是过流过压系统出了问题造成的，应着重检查 5/0.1 电流互感器和中频电压互感器的内部绕组是否断路，这是由于线径较细容易受环境不良气体腐蚀造成断线，其结果使过流、限流、过压、限压保护失效。如果炉子系统出现瞬间不良原因使电流、电压瞬间突变时，超过晶闸管的额定电流和耐压值则会造成晶闸管烧毁。

（2）装置定位连续烧晶闸管。当中频电源使用多年或循环水质较差，如果烧晶闸管后不做详细检查而盲目更换晶闸管，则更换上的晶闸管又会烧毁，造成这种故障大致有 3 种原因：

1）可能与烧晶闸管位置相关连的阻容保护电阻断线、电容干枯失效有关，应认真检查并加以更换；

2）可能相应位置的脉冲变压器绝缘不良或控制极接线接触不良引起的烧晶闸管，这时应将接线焊牢或更换新的脉冲变压器；

3）晶闸管散热器（或水套）内部腐蚀严重或水垢太厚引起散热不良而造成烧晶闸管，其处理办法当然是采用盐酸冲洗，但盐酸冲洗的次数太多后又会使水套内部腐蚀，使得进水不在水套内部循环而直接从出口流出，形成通水良好的假象，反而导致反复烧晶闸管，因此，最好是更换新水套。

46. 中频电炉电器部分日常检查的内容都包括哪些方面？

（1）检查电线及开关是否破损；

（2）检查水冷系统有无堵水漏水现象，进出口水温差一般不应大于10℃；

（3）检查电气元件和设备是否受潮等不安全的因素是否存在；

（4）检查晶闸管、插件和电器线路母线是否有过热现象；

（5）检查电容器是否有变形、漏油等损伤之处；

（6）保护装置、仪表工作是否正常，是否超负荷；

（7）调查了解设备的实际运行情况；

（8）检查感应线圈绝缘情况和是否有漏水现象。

47. 中频电炉设备的电器维修和基本维护都包括哪些内容？

（1）清洁各电气元件等设备的油污和灰尘，用风机吹净或用皮老虎吹净；

（2）检查电子元件及插件有否松动和损伤之处；

（3）检查变压器及各线段和电气是否有过热现象；

（4）检查工作部分电器连锁情况，要求动作灵敏可靠；

（5）拧紧各接线螺丝，要求接触良好；

（6）检查通风和水冷系统有无堵塞和漏水的地方，水压继电器是否灵敏和绑扎部位是否有不牢之处；

（7）检查中频系统的机架是否受漏磁影响而发热。

48. 晶闸管中频电炉电器检修及特殊维护主要有哪些项目？

（1）进行第 47 问中所提到的全部 7 个基本维护项目；

（2）拆下开关工作触点，消除灰尘锈迹，打光触点，要求其接触良好；

（3）测量晶闸管及电子元件的信号、电压和波形，使之符合要求，截止回路动作要灵敏可靠；

（4）更换损伤的电器、电子元件及线段，对插件部分的焊接点进行全面检查；

（5）测量接地线及接地电阻；

（6）重新整定过流和过压保护装置的整定值及仪表校验；

（7）校对图纸，做好原始记录。

49. 晶闸管中频电炉电气完好标准是什么？

（1）开关柜内电气线路及外部电线电缆、电容器、变压器等清洁整齐，无损伤，接触点接触良好，无过热现象；

（2）各信号装置齐全，无损伤；

（3）各电气元件及设备绝缘良好，各元件无碰线现象；

（4）各信号电压波形符合要求，运行正常；

（5）各信号装置、保护装置、连锁装置动作灵敏可靠；

（6）通风良好，冷却系统正常，各温度在规定范围内符合要求，零附件齐全，无损好用；

（7）图纸资料齐全。

50. 晶闸管中频电炉电器检修和使用中注意的事项有哪些？

（1）晶闸管元件过载能力低，故不允许过载使用；

（2）在熔炼过程中，不允许设备内或炉子感应圈有碰线发生，这样会导致设备短路而损坏；

（3）调换设备中每个桥臂的晶闸管元件时，应注意配对使用，特别要注意逆变两串联晶闸管元件的关断时间一致性与动态均压一致性，所选用的晶闸管元件的关断时间在 40μs 以下；

（4）检查晶闸管线路时不准使用摇表，必须使用万用表；

（5）在试车过程中，炉子感应圈一定要投入，不能开路。

51. 对绝缘电阻有哪些基本要求？

（1）整流器输入回路电阻在通水后对地不低于 10kΩ；

（2）整流器晶闸管（KP）管电阻大于 100kΩ；

（3）逆变器输入回路电阻在通水后对地不低于 2kΩ；

（4）逆变器晶闸管（KK）管电阻大于 100kΩ；

（5）逆变器输出电阻大于 5kΩ；

（6）感应圈对地绝缘无水不小于 100kΩ，通水后对地绝缘不低于 5kΩ。

52. 开机、冶炼过程中对中频电源的操作要求是什么？

以某厂 8t 中频电炉并联电路"一拖一"为例：

（1）电话通知变电所值班人员将中频炉开关柜合电源闸，给中频炉送电，并在送电记录上签字；

（2）戴手套合上配电柜下面的六台手动闸刀，观察面板上进线电压表与供电电压是否相符，并且要求三相进线电压平衡；

（3）启动电源柜上进线电压表显示供电电压，通电指示信号灯（黄色）亮，逆变电源信号灯（红色）亮，先将功率电位器逆时针转到零位（到底），按下逆变工作按钮（绿色），逆变工作指示信号灯（绿色）亮，面板上直流电压表指针应在零刻度以下；

（4）升高功率，先顺时针微调节功率电位器，此时注意观察中频频率建立并听到啸叫声后，表示中频电源已启动成功，这时才允许把功率电位器顺时针方向慢慢旋转，不得急速拉升功率，应缓慢操作升高功率，如中频频率仍未建立，应将电位器旋回，重新启动；

（5）当开启功率时，发现中频频率没有或有异常声响，不得强行启动，应把电位器逆时针方向退到底，然后重新启动，数次不成功，则应停机检查；

（6）在装料初期（连续装入钢锭料时），应调整功率在 2000kW，使调功电位器留有余量（不得将电位器调满），防止因装料过程功率、电流突然升高，造成晶闸管的损坏，待装料结束后，再缓慢提升功率至 3000kW 以上；

（7）在冶炼过程的中、后期装料时，应将功率减至 2000kW（降低功率），待装料结束后，再缓慢调整功率至 3000kW 以上，防止因装料过程功率、电流突然升高，造成对晶闸管的冲击损坏；

（8）如炉内有搭料现象，此时不得将调功电位器调满，不得高功率运行，应使功率控制在 2000kW，防止钢锭料突然落入炉内，出现功率、电流突然升高，造成对晶闸管的冲击损坏；

（9）冶炼过程中，如发现系统突然掉闸，应认真辨别掉闸原因，并仔细检查电源柜及中频电源系统有无漏水、压力是否正常、有无打火痕迹，不得盲目重启中频电源，防止故障扩大，造成电源系统、晶闸管及主板损坏；

（10）功率在调功电位器调满时的电流、电压正常关系为：

$$中频电压 = 直流电压 \times 1.3$$

$$直流电压 = 进线电压 \times 1.3$$

$$直流电流 = 进线电流 \times 1.2$$

（11）确认合闸后一切正常，在手动闸上悬挂"送电"警示牌。

53. 停机规范操作（以某厂 8t 中频炉并联电路"一拖一"为案例）是什么？

（1）先将功率电位器逆时针方向旋转到底，当逆变电流柜上的直流电流表、直流电压表、频率表、中频电压表、功率表全部为零后，按逆变停止按钮（红色），逆变停止指示信号灯（红色）亮。

（2）拉下配电柜下部的六台手动闸刀，并挂上"停电"警示牌。

（3）通知变电值班人员将开关柜断开，切断中频炉电源。

（4）逆变电源运行过程中，对各电器仪表应按要求进行记录和监护，如发现异常情况应立即停机并检查原因，待排除故障后方可继续使用。

（5）逆变电源运行过程中，如发现水路和水冷元件有漏水和堵塞现象应停机并检查处理，待修复并用吹风机吹干后方可开机继续使用。

（6）逆变电源在运行过程中，严禁带电进行倾炉观察、倾炉出钢、加料操作。

上述操作必须将逆变电源停止运行之后进行。

54. 开关设备不能正常启动如何处理？（中频电源经常出现的故障与解决方案，实例之一）

（1）故障现象为启动时直流电流大，直流电压和中频电压低，设备发出沉闷的过流保护声，这有可能是逆变桥有一桥臂的晶闸管短路或开路造成逆变桥三臂桥运行，用示波器分别观察逆变桥的四个桥臂上的晶闸管管压降波形，若有一桥臂上的晶闸管的管压降波形为直线，则该晶闸管已击穿，若为正弦波，则该晶闸管为正常。

（2）启动时直流电流大，直流电压低，中频电压不能正常建立。这时有可能是补偿电容短路，须断开电容，用万能表查找短路电容并更换之。

55. 重载冷炉启动时各电参数和声音都正常，因过流保护功率升不上去如何处理？（中频电源经常出现的故障与解决方案，实例之二）

（1）逆变换流角太小，用示波器观看逆变晶闸管的换流角，把换流角调到合适值。

（2）炉体绝缘阻值低或短路，用兆欧表检测炉体阻值，排除炉体的短路点。

（3）钢铁炉料相对感应圈阻值低，用兆欧表检测炉料相对感应圈的阻值，若阻值低要重新筑炉。

56. 零电压它激无专用信号源启动电路启动困难如何处理？（中频电源经常出现的故障与解决方案，实例之三）

应检查：

（1）电流负反馈量调整得不合适；

（2）与电流互感器串联的反并联二极管是否击穿；

（3）信号线是否过长过细；

（4）信号合成相位是否接错；

（5）中频变压器和隔离变压器是否损坏，特别要注意变压器匝间是否短路。

57. 零电压它激扫频启动电路不好启动如何处理？（中频电源经常出现的故障与解决方案，实例之四）

（1）扫频起始频率选择不合适，应重新选择起始频率；

（2）扫频电路有故障，用示波器观察扫频电路的波形和频率，排除扫频电路故障；

（3）启动时各电参数和声音都正常，升功率时电流突然没有，电压到额定值过压过流保护，这时要检查负载铜排接头和水冷电缆。

58. 设备空载启动出现不正常现象如何处理？（中频电源经常出现的故障与解决方案，实例之五）

设备空载能启动但直流电压达不到额定值，直流平波电抗器有冲击声并伴随抖动。这时要关掉逆变控制电源，在整流桥输出端上接上假负载，用示波器观察整流桥的输出波形，可看到整流桥输出缺相波形。缺相的原因可能是：

（1）整流触发脉冲丢失；

（2）触发脉冲的幅值不够、宽度太窄导致触发功率不够，造成晶闸管时通时不通；

（3）双脉冲触发电路的脉冲时序不对或补脉冲丢失，晶闸管的控制极开路、短路或接触不良。

59. 设备能正常顺利启动，当功率升到某一值时出现过压或过流保护是何原因及如何处理？（中频电源经常出现的故障与解决方案，实例之六）

（1）分析处理 I：

1）先将设备空载运行，观察电压能否升到额定值，若电压不能升到额定值，并且多次在电压某一值附近过流保护，这可能是补偿电容或晶闸管的耐压不够造成的，但也不排除是电路某部分损坏；

2）直流平波电抗器的故障现象是设备工作不稳定，电参数波动，设备有异常声音，频繁出现过流保护和烧毁快速晶闸管。

（2）分析处理 II：

1）在中频电源维修中直流平波电抗器故障属较难判断和处理的故障。直流平波电抗器易出现的故障有用户随意调整电抗器的气隙和线圈匝数，改变了电抗器的电感量，影响了电抗器的滤波功能，使输出的直流电流出现断续现象，导致逆变桥工作不稳定，逆变失败，烧毁逆变晶闸管；如果调小电抗器的气隙和减少线圈匝数，在逆变桥直通，短时间内会降低电抗器阻挡电流上升的能力，烧毁晶闸管；

2）随意改变电抗器的电感量，还会影响设备的启动性能；

3）电抗器的线圈若有松动，在设备工作时电磁力使线圈抖动，线圈抖动时电感量突变，在轻载启动和小电流运行时易造成逆变失败；

4）电抗器线圈绝缘不好，对地短路或匝间短路打火放电造成电抗器的电感量突跳和强电磁干扰，使设备工作不稳定产生异常声音，频繁过流烧毁晶闸管。

60. 造成线圈绝缘层绝缘不好形成的原因及其处理办法是什么？（中频电源经常出现的故障与解决方案，实例之七）

（1）冷却不好温度过高导致绝缘层绝缘变差打火炭化。

（2）电抗器线圈松动，线圈绝缘层与线圈绝缘层之间、线圈绝缘层与铁芯之间相对运动摩擦，造成绝缘层损坏。

（3）在处理电抗器线圈水垢时，把酸液渗透到线圈内，酸液腐蚀铜管并生成铜盐破坏绝缘层。

（4）拆除炉衬时，采用打水冷却的办法，在新炉衬烧结时，水分析出，造成线圈与磁轭接触部位电流增大，绝缘层破坏。

61. 烧毁多支 KP 晶闸管和快熔时如何处理？（中频电源经常出现的故障与解决方案，实例之八）

设备运行在正常过流保护运作时烧毁多支 KP 晶闸管和快熔。这是由于过流保护时为了向电网释放平波电抗器的能量，整流桥由整流状态到逆变状态。这时如果 α 为 150°，就有可能造成有源逆变颠覆烧毁多支晶闸管和快熔，开关跳闸并伴随有巨大的电流短路爆炸声。对变压器会产生较大的电流和电磁力冲击，严重时会损坏变压器。

设备运行正常但在高压电区某点附近设备工作不稳定，直流电压表晃动，这种情况容易造成逆变桥颠覆烧毁晶闸管。这种故障较难排除，多发生于设备的某部件高压打火：

（1）连接铜排接头的螺丝松动造成打火；

（2）断路器主接头氧化导致打火；

（3）补偿电容接线桩螺丝松动引起打火或补偿电容内部放电阻容吸收电容打火；

（4）水冷散热器绝缘部分太脏或炭化对地打火；

（5）炉体感应线圈对炉壳炉底板打火，炉体感应线圈匝间距太近引起打火或起弧固定炉体感应线圈的绝缘柱因高温炭化放电打火；

（6）晶闸管内部打火。

设备运行正常，但不时地可听到尖锐的嘀—嘀声，同时直流电压表有轻微的摆动，这时用示波器观察逆变桥直流两端的电压波形，可看到逆变有周期性短暂的一个周波失败或不定周期短暂失败。并联谐振逆变电路短暂失败可自行恢复，周期性短暂失败一般是逆变控制部分受到整流脉冲的干扰；非周期性短暂失败，一般是由中频变压器匝间绝缘不良导致。

设备正常运行一段时间后出现异常声音，电表读数晃动，设备工作不稳定。工作不稳定的原因主要是设备的电气元器件的热特性不好，可把设备的电气部分分为弱电和强电两部分分别检测，先检测控制部分，可预防损坏主电路功率器件。在不合主电源开关的情况下，只接通控制部分的电源，待控制部分工作一段时间后，用示波器检测控制部分，在没有问题的前提下，把设备开起来，待不正常现象出现后，用示波器观察每支晶闸管的管压降波形，找出热特性不好的晶闸管。若晶闸管的管压降波形都正常，这时就要注意其他电气部件是否有问题，要特别注意断路器、电容器、电抗器、铜排接点和主变压器。

62. 设备工作正常但功率上不去如何处理？（中频电源经常出现的故障与解决方案，实例之九）

设备工作正常，只能说明设备各部件完好，功率上不去说明设备各参数调整不合适，影响设备功率调不上去的主要原因有：

（1）整流部分没调好，整流管未完全导通，直流电压没达到额定值，影响功率输出；

（2）中频电压值调得过高、过低都会影响功率输出；

（3）截流截压值调节得不当使得功率输出低；

（4）炉体与电源不配套严重影响功率输出；

（5）补偿电容器配置得过多或过少都得不到电效率和热效率最佳的功率输出，即得不到最佳的经济功率输出；

（6）中频输出回路的分布电感和谐振回路的附加电感过大会影响最大功率输出。

设备运行正常，但在某功率段升降功率时设备出现异常声响并抖动，电气仪表指示摆动。这种故障一般发生在功率给定电位器上，功率给定电位器某段不平滑跳动，造成设备工作不稳定，严重时造成逆变颠覆烧毁晶闸管。

63. 设备运行正常但经常击穿补偿电容如何处理？（中频电源经常出现的故障与解决方案，实例之十）

（1）中频电压和工作频率过高；

（2）电容配置不够；

（3）在电容升压电路中串联电容与并联电容的容量相差太大造成电压不均匀击穿电容；

（4）冷却不好击穿电容。

64. 设备运行正常但频繁过流如何处理？（中频电源经常出现的故障与解决方案，实例之十一）

设备运行时，各电参数波形声音都正常，就是频繁过流。当出现这样的故障时，要注意是否是由于布线不当，产生电磁干扰和线间寄生参数耦合干扰。如强电电线与弱电电线布在一起、工频线与中频线布在一起、信号线与强电线、中频线汇流排交织在一起等。针对不同情况采取相应的具体措施加以处理。

65. 更换晶闸管后一开机就烧毁晶闸管如何处理?（中频电源经常出现的故障和解决方案，实例之十二）

　　设备出故障烧毁晶闸管，在更换新晶闸管后，不要马上开机，首先应对设备进行系统检查，排除故障，在确认设备无故障的情况下再开机，否则就可能出现一开机就烧毁晶闸管的现象。在安装新晶闸管时，一定要注意压力均衡，否则就会造成晶闸管内部芯片机械损伤，导致晶闸管的耐压值大幅下降，出现一开机就烧毁的现象。

66. 更换新晶闸管后开机正常，但工作一段时间又烧毁晶闸管是何原因，如何处理?（中频电源经常出现的故障与解决方案，实例之十三）

　　（1）控制部分的电气元器件热特性不好。
　　（2）晶闸管与散热器安装错位。
　　（3）散热器水腔内水垢太厚导热不好造成元件过热烧掉。
　　（4）快速晶闸管因散热不好温度升高，同时晶闸管的关断时间随着温度的升高而增大，最终导致元件不能关断，造成逆变颠覆烧掉晶闸管。
　　（5）晶闸管工作温度过高，门极参数降低，抗干扰能力下降，易产生误触发损坏晶闸管和设备。
　　（6）检查阻容吸收电路是否完好。

67. 更换新晶闸管后设备仍不能正常工作且晶闸管烧毁如何处理?（中频电源经常出现的故障与解决方案，实例之十四）

　　设备出现故障后，烧掉晶闸管，换上新晶闸管后经静态检测，设备一切正常但仍不能正常稳定工作，易烧晶闸管。这时要特别注意脉冲变压器、电源变压器、中频变压器、中频隔离变压器是否出现初级线圈与次级线圈之间、线圈与铁芯之间、匝与匝之间绝缘不好，造成打火烧毁晶闸管。二次电压能升到额定值，可将设备转入重载运行观察电流值是否能达到额定值，若电流不能升到额定值，并且多次在电流某一值附近过流保护，这可能是大电流干扰，要特别注意中频大电流的电磁场对控制部分和信号的干扰。

第3章　中频无芯感应电炉炉体及水冷系统

68. 中频无芯感应炉炉体及其配套系统是由哪些部分组成的？

通常由炉壳、固定架、炉盖、倾炉机构、感应线圈、磁轭等部分组成，另配有炉衬顶出机构、炉衬检测装置，如图 3-1 所示，还配有水、电引入系统，现在有些中频炉还配有 PLC 控制装置，甚至配有底吹 Ar（或 N₂）气体搅拌系统。

图 3-1　炉体结构

69. 中频无芯感应炉炉壳的组成及结构有何特点？

炉壳采用铝或槽钢或优质钢板卷制焊接而成，为了保证炉体的刚性，采用具有足够厚度的优质碳素钢板卷制焊接而成的鼠笼式框架结构是较为理想的。这种框架式结构体上的窗口有可拆式盖板，框架底板采用优质钢板制作，炉壳内配有磁轭，利用硅钢片叠制而成的磁轭屏蔽磁力线可以减小漏磁，防止炉体发热，提高电能效率。磁轭还可以支撑感应圈，提高其强度，在磁轭不取走的情况下可以方便地拆装线圈和对线圈进行维修、观察。

为了防止散热，在炉体顶部安装有炉盖。炉盖采用液压控制（或手动）升降及旋转，炉盖顶部设有观察孔，可方便测温和补加合金材料。

固定架是用来固定炉体的，采用高强度整体钢结构，可保证长时间工作不变形，炉子平台用花纹钢板制作，在长期使用中能保持平整，不变形。

70. 倾炉机构（含炉盖的移动）的组成及其特点是什么?

小型中频炉的倾炉机构通常采用机械传动方式，较大的炉子则采用液压传动。当炉体的倾动和炉盖的移动由液压传动系统完成时，液压系统主要由 5 部分组成。其结构如图 3-2 所示。

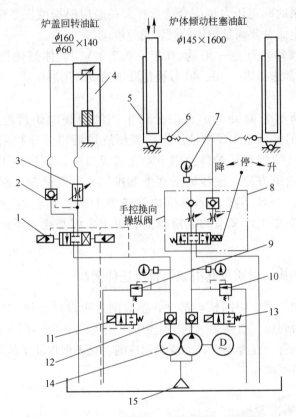

图 3-2　感应炉液压系统原理

1—电液换向阀；2—液控单向阀；3—节流阀；4—炉盖提升回转油缸；
5—倾炉柱塞油缸；6—限速切断器；7—压力表减振器及压力表；
8—手控换向操纵阀；9，10—溢流阀；11，13—卸荷电磁阀；
12—单向阀；14—双联叶片油泵；15—滤油器

（1）倾炉缸。通常采用两根柱塞式油缸，该油缸两端的支撑点采用球面轴承形式，缸体顶端设有放气塞，进油端设有限速切断阀。

（2）炉盖提升油缸。可采用单油缸式、双油缸式或普通的双动作油缸。

（3）手动换向阀。炉盖移动和启闭与炉体倾动采用一套液压系统，通过换向阀进行控制。

（4）限速切断阀（管道破裂阀）。一般设置在柱塞式倾炉油缸端盖与进油管接头之间。其作用是当倾炉油缸的压力油管中任意部件一旦爆裂时，立即闭锁倾炉油缸的回油通道，避免炉体因回油管道突然失压而在动力作用下急剧下降，造成人身和设备事故。

（5）油箱及液压油。油箱的容积要足够，尤其是几台炉子共用一只油箱时更应注意。油泵的额定压力也应合适选择，一般应根据液压系统的总阻力来选取。油泵的额定流量要满足炉体的倾转角速度。

感应炉的倾转角速度一般为（0.8°～3.2°）/s，炉体倾侧极限位置一般为 95°。液压油通常选择 20、30、40 号稠化液压油或通用液压油。油箱的安装位置要考虑安全。

在图 3-2 所示为振吴电炉有限公司生产的中频电炉所配备的倾炉装置中，倾炉采用的是两根 DG 型液压缸，液压缸进液口处连接限速切断阀，防止因管路破裂等原因导致炉体急剧下降而造成事故，倾炉采用手动调速换向阀控制，操作简单方便。液压缸活塞上部排气孔位置设置一根回油管与液压泵站油箱相连，一旦活塞下部液压油渗透到上部，油也不会泄漏到炉体区域，既保证了安全生产又节约了液压油，由于采用普通液压油，还降低了设备的运行费用。

71. 感应圈的结构、材质及其组成的特点是什么?

感应圈是中频感应炉的核心部件，感应圈是否设计合理，制作质量是否精良，安装得是否到位，直接影响到感应炉的工作是否正常。图 3-3 所示的感应圈是用挤压矩形铜管，在专用模具上绕制而成的，它不但保证了线圈的刚性，而且具有最大的导电截面。

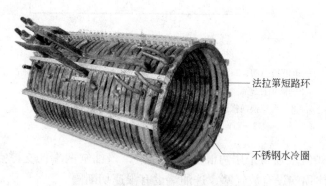

——法拉第短路环

——不锈钢水冷圈

图 3-3　设有不锈钢水冷圈和法拉第短路环的感应线圈

根据 ISO 431—1981 标准选用的线圈材料，可以获得最小的铜损，达到最高的电磁转换效率。

Cu-OFE 电子级的无氧铜，其成分组成如表 3-1 所示（牌号为 T$_2$-Y，Cu 含量 99.99% E）。

表 3-1　Cu-OFE 电子级无氧铜的成分

杂质组成	氧	磷	硫	碲	锌	硒	总　量
质量分数/%	0.001	0.0003	0.0018	0.001	0.0001	0.001	0.0052

感应圈绕制成形后采用耐高温、耐高压的绝缘漆整体浸涂后，经真空烘干，绝缘等级要达到 H 级（绝缘层耐压大于 7000V）。感应圈组装前要经过约 1.2MPa(12kg(f)/cm^2) 水压耐压试验 24h 及 7000V 电压的耐压试验。

从图 3-3 可以看出，感应圈上部和下部设有不锈钢水冷圈，以保证炉衬受蚀热均匀，而且还设有法拉第短路环，以便充分吸收上、下端漏磁通，防止炉体发热。

感应圈接电采用大截面水冷电缆，侧引出线形式，线圈压紧装置采用不锈钢拉杆上、下拉紧，拆装简单，更换线圈方便。

通常在感应圈内侧及匝间缝隙处涂有绝缘性能好的耐火胶泥（约 10 ~ 15mm），可以方便地进行炉衬的捣筑还能防止因炉衬冷、热变形而影响炉衬寿命。

72. 感应圈的主要技术参数包括哪些?

感应圈的主要技术参数包括：直径、高度、线圈长度、截面形状及尺寸，此外还包括线圈壁厚、匝数、匝间距等。

73. 感应圈的直径是怎样确定的?

当感应炉容量确定时，其坩埚体积是一定的。设坩埚直径为 $d_{坩}$，坩埚壁厚为 δ，则感应器直径

$$d_{感} = d_{坩} + \delta$$

74. 感应圈高度是怎样确定的?

对熔炼炉而言，金属液高度与坩埚平均直径之比在 1.3 ~ 1.6 范围内，在中频感应炉中，为了减小漏磁及增加金属搅拌作用，感应圈高度（$h_{感}$）应大于金属液高度（$h_{液}$），一般按 $h_{感} = (1.0 ~ 1.3)h_{液}$ 来考虑。感应圈高度的选择还需根据现有的铜管尺寸、线圈分布等情况综合考虑。

75. 感应圈铜管长度及截面尺寸是怎样选择的?

感应圈铜管长度及截面尺寸选择与谐振电路的电感 L 有关。

因为 $\qquad X_{\mathrm{L}} = \omega L = R = \dfrac{\rho L}{d_0}$

所以 $\qquad l = \dfrac{d_0 \omega L}{\rho} = \dfrac{d_0 2\pi f L}{\rho}$

式中　d_0——铜管直径；

　　　　L——谐振电路的电感；

　　　　l——铜管长度；

　　　　ρ——被加热物体电阻率，$\Omega \cdot \mathrm{cm}$；

　　　　f——电流频率，Hz。

76. 感应圈绕线空心管的断面形状是怎样的？

感应圈通常是由空心铜管制成的，这是因为中频炉冶炼时，一方面高温金属液体通过较薄的坩埚将热量通过辐射或传导的方式传给铜感应圈使其处于高温下工作；另一方面电流通过感应圈时也会使其发热，因此感应圈必须进行水冷，如不水冷，感应圈必被烧坏，为了通水冷却，感应圈就一定要由空心铜管制成，其截面形状为圆形、矩形及其他异形管，中频炉现在一般采用矩形管，而工频炉通常采用异形管。

77. 感应圈的壁厚是怎样确定的？

由于集肤效应，感应圈在工作时，电流大部分集中在向着炉料的一侧。感应炉的感应圈内电流很大，为了使感应圈本身的功率损耗最小，向着炉料侧的铜质感应圈的管壁厚度，随着电源频率不同有一最佳值，其关系如表 3-2 所示。

表 3-2　感应线圈铜管壁厚度与感应频率的关系

电源频率/Hz	50	400	1000	2500	>5000
壁厚最佳值/mm	16	5.8	3.6	2.3	>0.5
一般选用值/mm	10~20	4.5~9.2	2.9~6.3	1.8~4.0	>0.5

线圈壁厚还应考虑到加工的方便以及线圈的刚性等要求。

78. 感应圈的匝数及匝间距是怎样确定的？

采用理论计算并结合实践经验而确定，一般要根据进线电压、电源功率、工作频率、整流电路、炉子容量及负载电路的条件等进行基础条件的核算，它包括直流电压、输入功率、直流电流、中频电压、中频电源电流值等；然后再进行主要参数的计算，它包括电容器阻抗、电容器的电容量以及电感量，再以每平方米铜管所能承受的电流值最终就可确定铜管的截面积。最终结合线圈内径、高度、铜管规格、炉衬厚度等具体情况来确定匝数及匝间距。

79. 磁轭起什么作用，其结构是什么样的?

磁轭是硅钢片垒叠制成的轭铁，它均匀对称地分布在感应圈的四周，磁轭的作用是约束感应线圈漏磁向外扩散，提高感应加热的效率，另外作为磁屏蔽，减少炉架等金属构件的发热，还起到加固感应器的作用。磁轭的实物照片如图 3-4 所示。

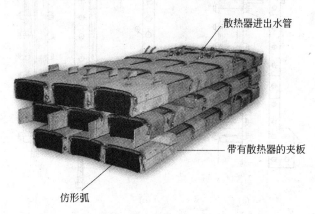

散热器进出水管

带有散热器的夹板

仿形弧

图 3-4　磁轭实物照片

图 3-4 是苏州振吴电炉有限公司磁轭的实物照片，该磁轭是采用武钢生产的 Q140 冷轧取向硅钢片（厚度为 0.3mm）叠制而成，用不锈钢钢板将其两面夹紧，经计算机进行优化设计，精密制作成的，其仿形弧面结构与线圈外径弧形一致，磁轭对感应圈的覆盖面积达 60% 以上，磁轭的固定方法是将磁轭紧贴在感应圈之间涂有耐高温、耐高压的绝缘垫片上，外面用 5 根 M24 丝杆紧顶在磁轭背面的不锈钢板上。

在磁轭与不锈钢板夹之间装有特殊设计的水冷散热器，感应炉在运行状态下，保证磁轭处于常温状态，防止因磁轭温度升高而导致其变形，从而加强了对感应圈的支撑，提高了炉子整体强度。

80. 磁轭的总面积是怎样确定的?

磁轭中通过的磁通应为总磁通的 0.8 ~ 0.9，磁轭的总面积应为:

$$S = \frac{\Phi}{0.95B} \times 10^{-4}$$

式中　Φ——磁轭中通过的磁通;

　　　B——磁通密度。

81. 磁轭的形状是什么样的?

磁轭通常由厚度为 0.3 ~ 0.5mm 的硅钢片叠制而成,常见的磁轭形状如图 3-5所示。

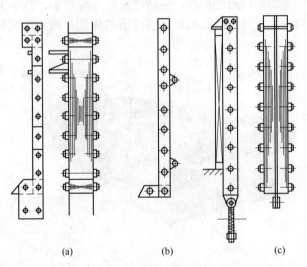

(a)　　　　　　　　(b)　　　　　　　　(c)

图 3-5　磁轭形状

(a)"〔"形磁轭;(b)"L"形磁轭;(c)"I"形磁轭

为了使磁力线分布均匀,磁轭应尽可能沿圆周均匀对称分布。

82. 为什么要采用炉衬厚度检测装置?

坩埚式感应电炉运行过程中,往往由于种种原因在炉衬中会形成裂纹而导致漏炉事故。这种事故如果不能及时发现,轻者使感应线圈和磁轭的绝缘层损坏,重者使感应线圈铜管烧坏,高温钢液和感应线圈的冷却水相遇,造成严重的设备事故,严重的甚至引起爆炸,危及人身安全。为了确保生产安全,防止漏炉事故的发生和扩大,炉衬厚度检测装置是非常有必要的。报警装置必须做到在钢液未到达感应器前就发出报警信号,并能够判断炉衬的厚度及妥善处理炉内的钢液,把造成的损失降到最低限度。

目前国内外已经开发出各种炉料厚度检测装置在工业生产中应用,应该指出,不能认为装有炉料检测装置就万事大吉,事实上由于各种原因,炉衬检测装置会出现漏报、误报现象以致同样出现漏炉事故的发生,因此在日常生产中应认真维护炉衬,注意炉衬的蚀损状况,勤观察、细检查并做好炉衬检测装置的安装调试以及正常使用才能防止事故的发生。

83. 接触式炉衬厚度检测装置的工件原理是什么?

接触式炉衬厚度检测装置工作原理参见图 3-6。在炉底埋入了不锈钢丝作底电极（称第一电极），并要求它与炉内金属液保持良好接触。在感应线圈内侧的两层石棉板之间安装用非磁性材料（如不锈钢箔、铝箔）制成的另一电极（称第二电极）。第二电极形状可做成栅状或梳状，其高度要稍高于炉内金属液的高度，安装时不能形成短路环。在这两个电极之间加上低压直流电，正常情况下电流很小，而且也较稳定；当金属液渗漏进炉衬中并接触第二电极时，造成第一、第二电极短路，这时电流突然增加，达到报警设定值，报警装置就发出信号并切断电路。

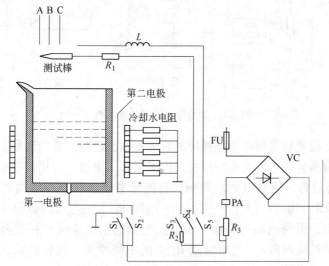

图 3-6　接触式炉衬厚度检测装置工作原理

L—电抗器；$R_1 \sim R_3$—电阻；$S_1 \sim S_5$—开关；FU—熔断器；

VC—整流器；PA—单针指示警报仪

84. 接触式炉衬厚度检测装置的优缺点是什么?

接触式炉衬厚度检测装置是最早应用于坩埚式感应电炉上的，其优点是电路较简单，成本较低。缺点也是明显的，其中包括以下几点：

（1）在炉衬中安装第二电极会给筑炉工作带来麻烦，增加了工作量；

（2）有可能因干扰电动势而引起误动作，因此应用受到限制；

（3）电极在炉口出钢嘴下方很难布置，容易产生炉嘴下方泄漏溶液；

（4）由于第二电极老化，而引起报警失灵；

（5）在新打炉衬时，由于有一定的水分也可能引起误报警。

85. 改进型炉衬测厚装置的原理是什么?

目前在国际上较先进的第二代炉衬厚度检测装置的工作原理如图 3-7 所示。

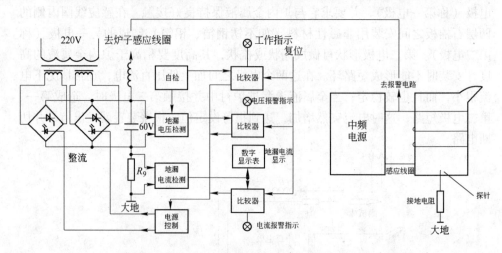

图 3-7　炉衬厚度检测装置方框图

炉衬厚度检测装置是在原炉衬检测装置基础上进行改进的产品,应用此装置作炉衬厚度检测装置不需要在炉衬材料内安装第二电极,但仍需要底电极。

图 3-7 所示为检测装置的原理图,直流低电压加在感应线圈电源线与地之间。炉衬正常时,电阻很大,电流很小,电阻 R_9 上的电压降也很小。这时比较器输出负电压,报警电路不动作。如果发生低电阻现象(炉衬变薄,金属液渗漏都会造成炉衬低电阻),这时电阻 R_9 上的压降增加,比较器输出正电压,报警电路动作,发出警报。

86. 改进型炉衬测厚装置与早期使用的接触式装置相比较有哪些优缺点?

该装置与接触式的炉衬厚度装置相比较,其优点在于不需要安装第二电极,而且由于直流低电压直接加在感应线圈上,所受的电磁干扰大大降低,不易发生误动作。其缺点是电路较原来复杂,成本较高,但省却了安装第二电极的费用。

炉衬厚度检测装置具有炉衬厚度检测和接地检测功能,可随时监测炉体的运行情况,一旦检测到数据异常该系统将发出报警,并按设定时限切断电源停止主系统工作,因此可减少漏炉现象,确保生产安全。

感应线圈上接有电极,炉底有接地电极,它们与炉衬厚度检测装置相连,准确地检测出感应线圈炉衬侵蚀变化情况,这些信号将以接地电阻值传输到显示表上。在控制柜上设有炉衬绝缘电阻变化毫安表。

实践证明,如将接触式炉衬厚度检测装置与改进型(第二代)炉衬厚度检测装置结合起来使用将会获得更好的效果。

87. 中频感应炉所使用的水冷电缆其结构有何特点?

水冷电缆采用优质 T_2 材质的多股铜绞线,外套高强度阻燃橡胶管,接头冷压成形,接触好,抗拉能力强。

水冷电缆与感应线圈连接采用细纹快速接头和特殊设计的金属密封装置与传统的法兰盘接头相比,有以下优点:在高温工作环境下,不变形,接触好,寿命长,抗渗能力大于1MPa,更换方便快捷,有利于维护与保养。水冷电缆的外形如图 3-8 所示。

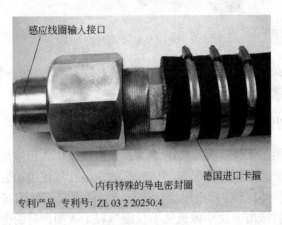

图 3-8　水冷电缆

88. 中频感应炉倾动机构有哪些类型?

(1) 人工手柄倾动机构:小容量炉子使用;
(2) 电动丝杆传动倾炉机构:小容量炉子使用;
(3) 电动蜗轮蜗杆倾动机构:中、小容量炉子使用;
(4) 液压倾炉装置。

液压倾炉装置利用液压缸来进行倾炉,适用于大型中频炉倾动使用,液压倾动平稳,但要注意必须把油箱、油泵与炉体分开,避免漏炉时与高温钢液接触而发生危险。

89. 液压装置由哪些部分组成?

液压装置主要由液压泵站、蓄能器站、液压操作台三部分组成。

液压泵站是为了向倾炉油缸、炉衬顶出机构油缸和炉盖旋转动作油缸提供动力,可采用双机双泵的分体机组(一台工作,一台备用,可自动切换),并可配备有氮气蓄能系统。当设备停电时蓄能系统能确保一个循环将炉内金属液体倒净，从而保护电炉设备，为了杜绝油箱液压油的泄漏问题，油箱除侧面观察孔和进出油管外均采用全封闭焊接。液压泵站及其蓄能系统如图 3-9 所示。

图 3-9　液压泵站及其蓄能系统

　　液压操作台安装于炉台之上，用于控制炉体的倾动（0°~90°范围内）、炉盖的升降、旋转以及炉衬顶出机构的工作。

90. 炉衬快速顶出机构的结构是怎样的？

　　炉衬顶出机构用于快速拆除废的炉衬，它由顶推块、顶推油缸和操作机构组成。顶推块装在炉衬下面可以通过炉体底部的顶推孔与顶推油缸相连，需要推出旧炉衬时，可将炉体倾转95°将顶推机构与炉底的固定部件连接，操作炉台上的手柄即可将旧炉衬推出。使用该机构不仅能减轻工人操作时的劳动强度，减少停炉时间，降低拆炉衬时对感应圈所带来的损伤程度，而且也将噪声和粉尘有害污染降到最低限度，如图 3-10 所示。

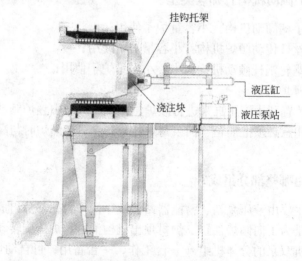

图 3-10　拆炉衬工作原理图

91. 中频感应炉为什么必须配备完整可靠的水冷系统?

水冷却系统是中频感应炉装置中的关键部分。在整个设备运行时，由于中频汇流铜排、水冷电缆、感应器、电抗器和中频带电源中承载大电流元件的载荷损耗，从而会产生很多热量。感应圈电阻引发的热量约占电炉额定功率的20%左右，炉料也向感应圈传递相当多的热量，因此必须要有一套可靠的水冷却装置来带走这些热量，以保障整个系统的正常运行。

冷却水的冷却作用，还能降低铜感应线圈的电阻。铜的电阻温度系数为0.004/℃，其工作温度每降低10℃，电阻减小4%，亦即电能损耗降低4%。

92. 为了使水冷系统稳定可靠地工作，设备应如何配备并采取哪些措施?

为了使冷却水系统能更稳定可靠地工作，通常对大功率的感应电炉，每一套水循环回路应配置2台水泵，其中一台备用，此外还应采取如下措施：

（1）设置高位应急水箱，以备断电用水；

（2）应当与自来水管路构成自动切换；

（3）冷却水流速一般应小于4m/s，管路进出水温度应有一定要求，一般炉体冷却水进口温度小于35℃，冷却水出口温度小于55℃；

（4）冷却水管路中应设有压力、水温和流量保护装置。

93. 水冷系统的类型及各自的特点是什么?

三种不同类型的水冷却系统如表 3-3 所示。

表 3-3　三种不同类型的水冷却系统

序号	类型	使用条件	特点
1	带冷却水塔的封闭式循环水冷却系统	中、小型感应炉	装置简单，密封性较好，在各水冷却回路终端必须单独设置流量继电器
2	带冷却水塔的敞开式循环水冷却系统	中、小型感应炉	装置最简单，主要缺点是尘埃、污物易进入系统
3	带热交换器的双重水冷却系统	大型感应炉、水质恶劣条件	该系统包括循环水泵、感应器及其他冷却部件、热交换器、补给水软化处理设备

代表性的水冷系统参见图 3-11 ~ 图 3-13。

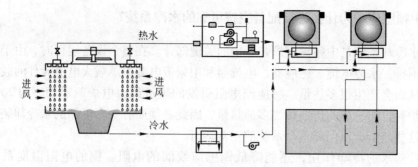

图 3-11　开启式循环水冷却系统

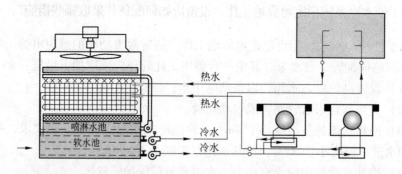

图 3-12　电源与炉体闭路水冷却系统

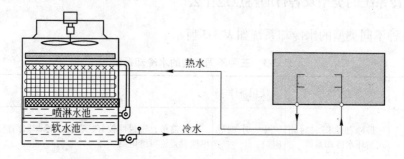

图 3-13　电源闭路水冷却系统

94. 中频电源闭式冷却系统由哪些部分组成？

中频电源闭式冷却系统主要组成部分有水泵站、闭式冷却塔、管路和仪表及其检测控制系统。

这种电源的闭式冷却系统，其工作流体在闭式管道内循环，冷却水通过喷淋泵循环，经热交换将热量带走。由于该系统工作流体冷却水不与大气直接接触，有效地防止了水垢、腐蚀及水质不良带来的影响并不会受到大气污染的影响，这样整个系统的用水量就很少，可直接使用水质较好的纯净水，而不使用面积很大的蓄水池，提高了整个系统的运行能力。

该系统的设备都装有电接点压力表、电接点温度表，能长时间测量并监视水系统，一旦系统压力、温度低于设定值，会自动切断电源同时发出报警信号。

95. 为什么要设置应急水系统，该系统由哪些部分组成？

设置应急水系统是为了断电后能正常供水，应急水系统由应急发电机、应急水泵、可视带开关压力表、止回阀和阀门等组成。当炉体冷却水系统出现故障或供电发生故障时，可立即启动应急水系统，当故障排除后，可将应急水系统退出运行，应急水系统也与用户自来水供、排水接口或用户应急水供、排水口相连。

96. 炉体水冷监控系统是由哪些部分组成，其结构的特点是什么？

（1）感应圈和水冷电缆进出水分水器处装有压力开关表、温度开关表和水压调节等元件监测冷却水系统，当进水压力低于设定值，回水温度大于设定值时能发出声、光报警，同时切断电源。

（2）感应圈及磁轭上的冷却水管采用铜管。

（3）炉体冷却水总进水管上配有手动蝶阀，为节约能源和冷却水消耗量，在冬、夏两季以及在中频炉钢或铁熔化和保温等不同阶段，调节冷却水总进水量，从而减少冷却水从炉体带走热量，降低电能消耗。

97. 中频电源系统冷却水质要符合哪些要求？

为了确保电气元件长期可靠运行，电源系统冷却水的质量应符合表3-4所示的水质要求。

表3-4　水质要求

项　目	要　求	项　目	要　求
不溶性固体/10^{-6}	<40~50	电阻率/$\Omega \cdot cm$	17000~25000
电导率/$\mu S \cdot cm^{-1}$	40~60	附　注	电炉冷却水采用工业软技术

98. 国家有关标准对冷却水水质的要求有哪些？

我国国家标准（GB 10067.1—2005《电热装置基本技术条件》第一部分：通用部分）对冷却水水质有详细规定与要求，如表3-5~表3-7所示。

表 3-5　水质要求

序　号	项　目	要　求
1	pH 值	7.0 ~ 8.5
2	悬浮物固体/mg·L^{-1}	<100
3	碱度/mg·L^{-1}	<60
4	氯离子/mg·L^{-1}	平均：<60 最多：<220
5	硫酸离子/mg·L^{-1}	<100
6	全铁/mg·L^{-1}	<2
7	可溶物(SiO_2)/mg·L^{-1}	<6
8	溶解性固体/mg·L^{-1}	<300
9	电导率/×10^{-6}S·cm^{-1}	<500
10	冷却水的电阻率	不小于表 3-6 的规定
11	总　硬　度	按表 3-7 的规定

表 3-6　冷却水的电阻率

工作电压 U/V	水电阻率/Ω·cm
$U \leqslant 1000$	2000
$1000 < U \leqslant 2000$	6000
$2000 < U \leqslant 3000$	14000

表 3-7　冷却水总硬度

参　数	城市自来水系统	单回路循环冷却水系统	双回路循环给水系统	
			外 回 路	内 回 路
工作压力/MPa	0.3 ~ 0.4（相当于 0.2 ~ 0.3 表压）			0.4 ~ 0.8（相当于 0.3 ~ 0.7 表压）
进水温度/℃	5 ~ 35			15 ~ 55
出水温度/℃	<55			<75
允许温升/℃	在最高进水温度下 <20			
总硬度(CaO 当量)/mg·L^{-1}	双带电体 <10 对不带电体 <60	<60		<2.5

中频电源柜和电容柜封闭式循环水系统则选用纯净水，其水质要求如表 3-8 所示。

表 3-8　纯净水水质要求

不溶性物质/×10^{-6}	<55 ~ 45
pH 值	7.2 ~ 8.0
电导率/×10^{-6}S·cm^{-1}	80 ~ 40
电阻率/kΩ·cm	12 ~ 25

99. 中频炉侧排烟装置的结构及其特点是什么？

侧排烟烟罩的基本特点是将烟罩与中频炉直接连接在一起，烟罩固定在炉口上并可通过旋转接口使烟罩与中频炉同步转动，在烟罩内部四周每隔一定距离开一个小孔，并从烟罩侧面将炉内口处排出的烟尘抽走。排烟流程如下：

中频炉侧排烟→侧向引风管→旋转节头→引风管、引风→炼钢厂主烟道排烟装置实物照片如图 3-14 所示。排烟装置示意图如图 3-15 所示。

图 3-14 排烟装置实物照片

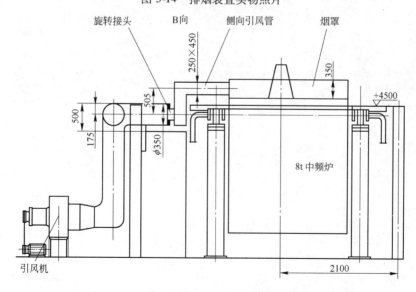

图 3-15 排烟装置示意图

100. 中频炉所使用的 PLC 程序控制器、液晶屏幕显示具有哪些具体的功能？

中频电炉自启动控制采用的是 PLC 可编程序控制器和 WPS 人机界面组合系

统，该系统具有自动显示、控制、记忆功能。其具体功能如下：

（1）能将操作过程中各项参数和数据进行存储；

（2）配有多个控制操作屏幕，满足电炉运行所需要的多个功能控制操作屏幕；

（3）启动电流自动控制，功率调节旋钮处于何种位置都能实现"软启动"，还能连续监测及显示各种主要参数与实现人工即时操作及程序操作；

（4）允许高功率电源开机、关机、复位；

（5）烧结和保温模式可按预设定程序完成；

（6）冷启动程序也能以同样方式由烧结程序来完成；

（7）能自动精确诊断、显示系统故障（包括：冷却系统、电源柜中频逆变器、电容器主要元件）；

（8）有系统的报警显示和鸣叫（同时切断主电源，停止供电），电容器运行异常，过电流、过电压保护，中频电源、电炉冷却水水温过高或压力过低，进水和回水水压异常，交流断路器中断，接地/泄漏检测器报警；

（9）通过 WPS 面板可以控制电源及其他动力的开/关和进行功率控制；

（10）可以通过面板上的功率控制盘，提供保温功率和升温、功率实行无级分配。该系统可进行多点检测，所有故障报警信息均可存储，并可随时查找。

第 4 章 中频无芯感应电炉的安装、运行、维护和安全操作总则

101. 中频无芯感应电炉在安装前应做好哪些方面的准备工作?

中频无芯感应电炉在安装前，必须检查所有成套装置的组成部分，炉子的主要部件及其安装材料是否齐全，并检查它们的状况。一些部件和材料因运输和保管不当而产生的缺陷，应予修复，使所有设备、部件、相应的材料及零件配套完好无缺，以确保以后的安装、调试工作的顺利进行。

此外，对和炉子设备有关的各项土建设施进行检查验收，如核对平面布置中的主要尺寸是否正确；检查各种电气设备和主母线安装所需的基础、地沟及预埋件是否符合设计要求，炉子基础、平台标高、纵轴和横轴的偏差、地脚螺丝钉位置等是否在规定的尺寸范围之内；检查基地及平台的施工质量等是否符合要求。只有在上述准备工作完成后，才能进行炉子的安装调试工作。

102. 炉体安装应怎样进行?

炉体的安装程序在图纸上均有规定。首先是在平整的基地上安装炉架，然后安装炉油缸、炉体，如有称重装置，则应根据图纸要求安装在规定的位置上。炉子的支架（对于坩埚式感应电炉包括固定支架和活动支架两部分）及炉体部分，在加工过程中，应使焊接施工造成的热变形量限制在设计的规定范围内，只有这样才能确保以后的工作顺利进行。

103. 水冷系统的安装和调试是怎样进行的?

水冷系统是整个炉子装置中的一个重要组成部分，它的安装、调试的正确与否均影响到日后炉子的正常运行。在安装调试前，首先应检查系统中的各种管道、软管以及相应的接头尺寸是否符合设计要求。进水管最好使用镀锌焊管，如使用普通焊制钢管，则在组装前应对管内壁进行酸洗，清除铁锈和油污。管路中不需拆卸的接头部分可用焊接方法连接，要求焊缝严密，试压时不得有渗漏。管路中的可拆卸部分的接头，其结构应能防止漏水，并便于维修。

水冷系统安装完毕要进行耐水压试验。其方法是水压达到工作压力的最高值，并保持 10min，所有焊缝及接头处没有渗漏即为合格。然后进行通水和排水的实验，观察感应器、水冷电缆等各冷却水路的流量是否一致，并进行适当的调

节，使之符合要求，备用水源及其切换系统均应在第一次试炉前施工完毕。

104. 液压系统的安装和调试是怎样进行的？

液压驱动装置应具有体积小、灵活轻便和控制操作方便等优点，多数坩埚式感应电炉均采用液压倾动系统。油泵站的设计应考虑使用可靠和维修方便，设有多台感应电炉的熔化工段，各炉子的液压系统应能相互借用，以减少因维修液压系统而被迫停产的时间。

油泵站一般安装在具有一定高度的基台上，便于维修时从油箱内排油，同时利于安全生产，即使发生严重的漏炉事故也能保证油箱不受铁液的侵袭。在安装输油管道时，也要从最坏的条件出发，任何时候都能避免和高温铁液相遇，防止事故扩大。

消除液压系统中的漏油是一件比较困难的工作，这一点首先从提高安装质量着手。不需拆卸的输油管路的接头，最好采用焊接方法连接。焊缝应致密，不得有渗漏。焊后要清洗其内壁，不得留有焊渣和氧化皮。采用螺纹连接的输油管路接头，在结构上应考虑密封防漏。安装时采用相应的辅助措施，如加防漏涂料等，减少运转过程中产生漏油的可能性。

液压系统安装完毕，应进行整个系统的耐压试验。其方法是通入 1.5 倍工作压力的油，保持 15min，认真检查每一个接头、焊接及每一个元件的交界面，如有渗漏，应采取措施逐个消除。

炉体、水冷系统、液压系统安装完毕后，应进行炉体倾动试验，对炉子安装质量进行总的检查，如液压控制系统是否灵活可靠，各动作是否正确；炉体、炉盖的运转是否正常；炉体倾转到 95°时，限位的行程开关是否起到保险作用，并调节液压系统的压力和流量，使其处于良好的工作状态。倾炉的同时，要检查水冷系统的活动接头的安装质量，不得漏水和妨碍炉体倾转；要检查液压和水冷系统的软管，在炉体倾动时观察长度是否合适，必要时作适当的调整；要检查排水系统在炉体倾斜时是否能正常工作，如发现不足之处，应采取相应措施。

105. 电气系统及感应器、磁轭的安装和调试是怎样进行的？

炉子的主电源进线、变压器、电容器、电抗器、各种开关柜和控制柜、主母线、动力线和控制线路的安装，均应参照国家工业电气设计安装的有关条例进行，特别要注意的是以下几点：

（1）电气设备间的所有控制线两端均应标出端子号，便于检查和维修。接线完成后要认真反复检查，并试验电气动作，使所有电器及其连锁装置的动作准确无误。

（2）感应器接通水前，要检测感应器的绝缘电阻，并做耐压试验。若感应器已经通水，则需用压缩空气把水吹干后，再进行上述试验。感应器应能承受 $2U_n + 1000V$（但不低于 2000V）的绝缘耐压试验 1min，而无闪络和击穿现象。U_n 为感应器的额定电压。在高压试验时，电压从 $1/2U_n$ 规定值开始，在 10s 内增加到最大值。

感应器中感应线圈之间、感应线圈与地之间的绝缘电阻要满足如下要求：额定电压在 1000V 以下者，用 1000V 摇表，其绝缘电阻值不低于 $1M\Omega$；额定电压在 1000V 以上者，用 2500V 摇表，其绝缘电阻值为 1000Ω。如发现绝缘电阻值低于上述值，应对感应器进行干燥处理，可借助于放在炉内的加热器或吹热风进行干燥。但此时应注意防止对绝缘有害的局部过热。

（3）要检查磁轭顶紧螺丝是否牢固和拧紧。炉子在投入运行前必须先确认：所有连锁和信号系统完好，炉体倾转至最大位置时倾限位开关作用可靠，电源、测量仪表和控制保护系统都处于正常状态，然后进行筑炉、打结和烧结炉衬的试验。

106. 中频感应炉试炉及运行过程中应注意的事项有哪些？炉衬烧结和烘烤是怎样进行的？

炉衬烧结和烘烤要根据炉子的容量、形式（坩埚炉或沟槽式炉）及选用的耐火材料性质制定相应的筑炉、烘烤和烧结工艺。

对于坩埚式电炉，烧结后的第一次熔化，一定要满炉熔化，使炉口部分得到充分的烧结，为了减少电磁搅拌作用对炉衬的侵蚀，熔化和烧结时要降低运行电压，其电压应为额定电压的 70% ~ 80%（此时功率为额定功率的 50% ~ 60%）。烧结完成后应连续熔化几炉，这样有利于获得较完美的坩埚，对于提高炉衬寿命有良好的作用。在前几炉熔化时，尽可能选用干净无锈的炉料，最好是熔炼低碳铸铁。熔炼过程中要避免加剧对炉衬侵蚀的工艺处理，如进行增碳等工艺。

对于感应电炉，由于炉体结构比较复杂，又选用湿法或干法筑炉，因此，烘炉须通过较长时间的缓慢加热，使炉子烘干和烧结。在炉子的感应体通电后，坩埚模的发热，使炉衬得到烘干，而炉膛的其余部分一开始要借助于其他热源，当炉膛烘干后并达到一定的烧结温度，再通过感应体熔化钢、铁料或注入铁液来逐步达到高温烧结，感应电炉从第一次烘烤、烧结炉衬开始，就要连续运转。烘炉和烧结过程要严格执行加热规范。

107. 中频感应炉熔炼操作过程中应注意哪些问题？

感应电炉炉体本身是电、水、油三种系统的统一体，不规范的操作往往酿成严重的事故。属于严格禁止操作的有以下几点：

（1）不合格的炉料、熔剂加入炉膛中；

（2）用包衬有缺陷或潮湿的浇包接铁水；

（3）发现炉衬有严重损害，仍然继续熔炼；

（4）对炉衬进行猛烈的机械冲击；

（5）炉子在没有冷却水的情况下运行；

（6）钢（铁）液或炉体结构在不接地的情况下运行；

（7）在不正常的电气安全连锁保护的情况下运行；

（8）在炉子通电的情况下，进行装料、捣打固体炉衬、取样、添加大批合金、测温、扒渣等。如必须在通电情况下进行上述某些作业，应采取适当的安全措施，如穿绝缘鞋和戴石棉手套。

炉子和其配套电气设备修理工作，均必须在断电情况下进行。

炉子工作时，必须仔细监视熔炼过程中金属温度、事故信号、冷却水温和流量。炉子功率因数调整到接近于 0.9 以上，三相或六相电流保持基本平衡。感应器等出口水温不超过设计规定的最大值。冷却水温度下限一般是以感应器外壁不结露为条件来确定的，也即冷却水温稍高于周围空气温度。倘若不能满足这些条件，感应器表面就会产生凝露，感应器击穿的概率也就大大增加。

钢（铁）液的化学成分和温度达到要求后，应及时断电和出钢（铁）。

熔炼作业结束，钢（铁）液出尽，为防止迅速冷却使炉衬形成大裂纹，须采取适当的缓冷措施，如在坩埚盖上覆加石棉板；出铁口用保温砖和造型用砂堵住；炉盖和炉口间的缝隙用耐火黏土或造型用砂封住。

对于容量较大的坩埚式感应电炉，熔炼作业结束后，设法避免炉料完全冷却，可采用下列方法：（1）炉内保留部分铁液，并低压通电，将铁液温度保持在 1300℃ 左右；（2）在坩埚内装电热器或用煤气燃烧器，使坩埚炉衬的温度保持在 900~1100℃ 的水平；（3）停炉后，将炉盖密封好，并适当降低感应器冷却水流量，使坩埚炉衬缓慢地冷却到 1000℃ 左右，然后将专门浇注的外形同坩埚而尺寸稍小一些的铸钢（铁）块吊入炉内，并通电加热，使其温度保持在 1000℃ 左右，当下一炉开始熔炼作业时，该铸块即作为起熔块使用。

如果需要长时间停炉，就没有必要对坩埚进行保温。为了能较好地在完全冷却的情况下保管炉衬，在坩埚内铁液出尽后，吊入一块起熔块并使其温度升到 800~1000℃ 然后闭上炉盖，停电，让炉温缓慢冷却。经长期停炉的坩埚炉衬，不可避免地要出现裂纹，在再次熔化使用时，一定要认真检查和维修。熔化时必须缓慢升温，使炉衬中形成的细小裂纹自行弥合。

炉子在运行过程中，应经常检查炉衬的状况，以确保安全生产和提高炉衬寿命。不正确的操作方法往往会导致炉衬寿命缩短，因此须避免以下几种常见的错误操作：（1）炉衬没有按照规定的工艺进行打结、烘烤和烧结；（2）炉衬材料成分及结晶形态不符合要求，含有较多的杂质；（3）熔炼后期铁液的过热温度超出允许范围；（4）在装载固体料或者因排除炉料搭桥时，采用不正确的操作方法和猛烈机械冲击，使坩埚炉衬受到严重损坏；（5）停炉后，炉衬急冷而产生大裂纹。

炉子中断使用时，感应器的冷却水量可适当减少，但不允许关闭冷却水，否则炉衬的余热能把感应器的绝缘层烧毁。只有当炉衬表面温度降到100℃以下时，方能关闭感应器的冷却水。

108. 中频感应炉日常维护、检修要点都包括哪些方面?

中频感应电炉的日常维护和检修工作是十分重要的，这样可以及时发现种种隐患，避免重大事故发生并保证长期安全生产，促进铸件产量和质量的提高。

有关感应电炉的炉衬、感应线圈、可挠导线、炉盖、液压系统、冷却系统、电气系统等维护检修内容列入表4-1。表内提供的方法主要是根据坩埚式感应电炉的工作特点制定的，很多内容也适用于沟槽式感应电炉。

表 4-1　中频炉日常维护检修要点

检修部位	维护检修项目	维护检修内容	检修时间及次数	备　注
炉衬	炉衬有否裂缝	目察坩埚有否裂缝	冷炉每次起炉前	若裂缝宽度在22mm以下，切屑等物不会嵌进裂缝时则不必修补，仍可使用。否则需要进行修补后才能使用
	出铁口的修补	观察侧壁炉衬和出铁口交界处有否裂缝	出铁时	若出现裂缝，进行修补
	炉底和渣线部位炉衬的修补	目察炉底及渣线部位的炉衬有否局部蚀损	出铁后	若有明显的蚀损需进行修补
感应线圈	外观检查	线圈绝缘部分有否碰伤和碳化；	1次/日	用车间压缩空气吹扫
		线圈表面有否附着异合物；	1次/日	
		线圈间绝缘垫板有否凸出；	1次/日	
		顶紧线圈各装配螺栓有否松动	1次/3个月	拧紧螺栓
	线圈压紧螺杆	目测检查线圈压紧螺杆是否松弛	1次/周	
	橡胶管	橡胶管接口处有否漏水；	1次/日	
		检查橡胶管是否割伤	1次/周	
	线圈防蚀接头	拆下橡胶软管，检查线圈端头的防蚀接头的腐蚀程度	1次/6个月	当此防蚀接头腐蚀1/2以上时需更换新的。一般每两年换一次
	线圈出口处冷却水温度	在额定铁液量、额定功率状况下，记录线圈各支路冷却水温度最大与最小值	1次/日	
	除　尘	用车间压缩空气吹去线圈表面的尘屑和铁液飞溅物	1次/日	
	酸　洗	感应器水管的酸洗	1次/2年	

检修部位	维护检修项目	维护检修内容	检修时间及次数	备 注
可挠性导线	水冷电缆	是否漏电； 检查电缆是否接触炉坑； 在额定功率下记录电缆出水温度； 为预防事故发生采取相应预防措施； 检查接线端部连接螺栓是否变色	1 次/日 1 次/日 1 次/日 1 次/3 年 1 次/日	按倾动次数确定水冷电缆寿命为三年，三年后需要更换，若螺栓变色，重新紧固
炉盖	干式电缆	消除绝缘胶木制的母线夹板上尘埃； 查悬挂母线夹板的链条有否折断； 母线铜箔有否断开	1 次/日 1 次/周 1 次/周	断开铜箔面积占总线导电面积 10% 时，需更换新的母线
	耐火浇灌料	目测检查炉盖衬里的耐火浇灌层厚度	1 次/日	耐火浇灌料厚度剩 1/2 时，则要重筑炉盖衬里
	油压式炉盖	密封部位有无漏泄现象； 配管的漏泄； 高压管的漏泄	1 次/日 1 次/日 1 次/日	如有，则要修理、调换
	高压管	高压管上有无铁液烫伤的痕迹等； 为确保安全，予以调换	1 次/周 1 次/2 年	
	加润滑油	手动式：炉盖支点部分； 电动式：炉盖车轮用轴调节链条用链轮驱动轴承； 油压式：导向轴承		
倾动油缸	油缸下部轴承及高压管	轴承部分及高压管上有无铁液烫伤的痕迹； 油漏泄	1 次/周 1 次/月	拆下盖进行检查
	油缸	密封部位有无漏泄现象； 异常声音	1 次/日 1 次/日	倾炉时，观察油缸体发出诸如敲击汽缸之类声音时，多为轴承缺油
	倾炉限位开关	动作检查，用手按动限制开关，油泵电机应停止运行； 限位开关上有无溅着铁液	1 次/周 1 次/周	
	加润滑油	所有各加油口	1 次/周	
高压控制柜	柜内外观检查	检查各指示灯泡动作情况； 部件有无破坏、烧坏； 有无车间压缩空气清扫盘内	1 次/月 1 次/周 1 次/周	
	断路器真空开关	清扫所有接点，真空管呈乳白色，模糊不清，则真空度降低； 测量电极消耗量	1 次/6 个月 1 次/月	若间隙超过 6mm，则要掉换真空管

检修部位	维护检修项目	维护检修内容	检修时间及次数	备　注
主开关柜	电磁空气开关	主接点的粗糙程度、磨损量；	1 次/6 个月	粗糙厉害时，用锉刀、砂皮等研磨。接点磨损超过 2/3 时调换接点；
		加油；	1 次/6 个月	各轴承、联杆部位加入锭子油；
		灭火板有无碳化；	1 次/6 个月	碳化部分用砂皮磨去；
		除尘	1 次/周	用车间压缩空气清扫，用布擦去绝缘子上的灰尘
	绝缘电阻	用 1000V 兆欧表测量主回路之间大于 10MΩ		
转换开关	转换开关	测量绝缘电阻；	1 次/6 个月	导体与地之间用 1000V 兆欧表测量大于 1MΩ；
		开关主接头粗糙；	1 次/月	磨光或调换
		主回路连接螺栓松弛过热	1 次/3 个月	
控制柜台	柜内外观检查	元件有无破损、烧坏；	1 次/周	
		元件有无松弛、脱落	1 次/周	
	动作试验	检查指示灯是否能亮；	1 次/周	
		警报回路，应按警报条件检查动作	1 次/周	
	柜内除尘	用车间压缩空气清扫	1 次/周	
	辅机用接触器	检查接点粗糙程度，发现较粗糙时用细砂皮打磨光滑；	1 次/3 月	特别是经常使用的倾炉炉盖用接触器
		调换接点，接点磨损厉害时要调换	1 次/2 年	
变压器电抗器	检查外观	有无漏油；	1 次/周	
		绝缘油是否加到规定的位置	1 次/周	
	变压器、电抗器温度	检查日常温度表指示，低于规定值	1 次/周	
	响声及震动	平常通过听和摸进行检查；	1 次/周	
		仪器测量	1 次/年	
	绝缘油耐压试验	应符合规定值	1 次/6 个月	
	抽头转换开关	检查抽头转换有无偏移；	1 次/6 个月	用细砂皮打光，严重粗糙时调换新的
		检查抽头转换接头粗糙度	1 次/6 个月	

续表 4-1

检修部位	维护检修项目	维护检修内容	检修时间及次数	备　注
电容器组	检查外观	有无油漏泄； 各端子螺丝有无松弛	1 次/日 1 次/周	若发生松弛，端子部分会因过热而变色
	调换电容器的接触器	接点的粗糙： （1）用锉刀砂皮将粗糙部分打磨平滑； （2）磨损厉害时，调换接头； 接点温度上升	1 次/6 个月 1 次/周	
	除尘	用车间压缩空气进行清扫，用布拭清绝缘子	1 次/周	至少 1 次/月
油压装置	电容器组周围的温度	用水银温度计测量	1 次/日	进行通风，使周围温度不超过 40℃
	液压油	油面计显示的油面高度、油的颜色有无变化； 检查液压油中的灰尘量及油的质量； 测量温度	1 次/周 1 次/6 个月 1 次/6 个月	若油面下降，则回路有漏泄； 油质量差时，要调换油
	压力计	倾炉压力是否与平常不同，压力下降时，调节压力到正常值	1 次/周	
油压装置	泵	检查泵的噪声是否有异常	1 次/周	泵有噪声时，有下列原因： （1）由吸滤器吸入空气； （2）泵的吸入侧吸入空气
	调压阀	从泵启动到压力上升出现时间滞后时及调压阀噪声变大时，拆开调压阀进行清扫； 倾炉速度太慢时，在装置最高使用压力范围内提高调压阀的设定，设定压力不上升，拆出进行清扫		
	管道过滤器	拆开过滤器进行清扫； 调换部件	第一次为一个月，以后为 1 次/3 个月 1 次/2 年	
	配管 紧急用发电机 汽油发动机 手摇泵	直观检查配管上有无漏油； 防止生锈，启动发动机泵； 按附带检查书进行检查； 采取防止生锈措施，启动手摇泵	1 次/月 1 次/月 1 次/月	

检修部位	维护检修项目	维护检修内容	检修时间及次数	备 注
鼓风机	风扇皮带	皮带有无松弛； 皮带有无断开	第一次为一个月，以后为1次/6个月	
	滤气器	直观检查吸尘状态，用车间压缩空气进行清扫	1次/月	
	噪声、振动	鼓风机的噪声、振动与平常有无不同	1次/周	
	加润滑油	鼓风机轴承	1次/3个月	
冷却水回路	冷却水泵	轴承温度及电机外壳温度； 泵轴承有漏水时加固轴承； 电机、泵的噪声振动与平常有无不同； 长时间运转后或在冬季、夜间停止运转时，应排除剩水； 压盖密封垫的磨损	1次/周 1次/月 1次/月 1次/1.5～2年	
	冷却塔	喷嘴的堵塞； 过滤器的污浊：污浊严重时进行清洗或调换； 风扇皮带有无松弛； 风扇轴承加润滑油	最初为1个月检查一次，以后1次/3个月 1次/3个月	运转时从检查窗检查喷嘴有无堵塞
	冷却水回路	流量计流量是否与平时不同； 清扫过滤器； 水压计报警值是否正常发出，压力指示与平常有无不同； 温度计： （1）温度计指示是否正常； （2）报警接触点有无异常； 配管有无漏水	1次/日 1次/3个月 1次/周 1次/月 1次/周 1次/日	
	紧急用设备	汽油发动机泵，每周运转一次，一次时间为半小时； 汽油发动机按附属检查书进行检查； 紧急用电磁阀	1次/周 1次/日	

续表 4-1

检修部位	维护检修项目	维护检修内容	检修时间及次数	备　注
漏炉报警装置	电极引出线检查	电极引出线连接是否正常；电极引出线是否接地	1 次/日	用测试棒检查
	线圈检查	拆炉时： （1）线圈有无因金属溶液引起的烧坏； （2）线圈内有无凹凸； （3）线圈有无其他损坏		用石棉灰泥填平线圈绝缘，更新期为 3~5 年比较适当

109. 中频感应炉的主要保护内容、设置原因及其方法是怎样的？

中频感应炉的主要保护内容、设置原因及其方法如表 4-2 所示。

表 4-2　中频感应炉保护内容、设置原因及其方法

保护名称	保护原因及保护方式
冷却水水温过高	当冷却水的出水温度超过所规定的允许值时，容易引起水垢，甚至使水汽化，产生事故。因此在各条水冷管道出口处，可装有带电水温计，任一条冷却水路出口处水温超过允许值时，发出报警信号
冷却水水压降低	当冷却水的水压低于所要的值时，将会破坏冷却条件。在冷却水总进水管道上，装有带电接点水压表。当水压下降到允许值以下时，发出警报信号并切断感应器供电回路
过电流、短路保护	安装差动保护过电流继电器，当主回路发生过电流及短路事故时，切断主电路，并发出报警信号
欠电压保护	在主电路合闸接触器前面，接有欠电压继电器。当主电路断电后，使主电路合闸接触器自动跳开，并有事故信号指示。下次来电时，重新合闸
C 相断相保护	在平衡装置出线端，装有 C 相断相保护继电器。当 C 相断电后，立即切除主回路，并有信号指示，以防在平衡电抗和平衡电容回路中产生谐振电流，将平衡电抗器和容器烧坏
限制主回路合闸电流的保护	在感应电炉中，并联有大量的补偿电容器与平衡电容器，合闸时会产生很大的冲击电流。因此，主回路分两次合闸。先合上带有电阻的启动接触器，再合上工作接触器，切除电阻
变压器油温指示和瓦斯保护	电炉变压器均有油温指示，监视油的温度。在较大容量电炉变压器上（800kVA 以上）还装有瓦斯保护。当发生故障，瓦斯继电器动作，切除供电回路，并有报警信号
电容器内部过电流保护	工频 3000V 以下移相电容器及中频电热电容器，在内部均接有过电流熔断器保护，当任一组电容器产生故障时，自动切除该组
坩埚漏炉及主电路接地保护	装有坩埚报警装置。当坩埚漏炉或主电路接地时切断电源，并发出报警信号
过电压保护	在变压器次级安装过电压吸收器，防止操作过电压、变压器一、二次侧击穿及由于雷击引起的过电压
电容器放电保护	主回路停电后，为安全起见，电容器必须放电。电容器通过负载自动放电，可变电容器自动放入接电阻回路，进行放电

110. 中频感应炉安全操作事项包括哪些内容?

（1）开炉前准备工作有:

1）检查炉衬（不包括云母片、石棉板），当炉衬因磨损小于 65～80mm 时，必须停炉;

2）检查炉衬有无裂缝，如有 3mm 以上宽的裂缝，要填入辅炉材料进行修补;

3）确保冷却水畅通。

（2）加料须知:

1）放入起炉块后要检查炉块是否实放到炉底;

2）不加入潮湿的炉料;

3）切屑料应尽量放在出铁后的残留铁液上，一次投入量应小于炉子总容量的 1/10 以下，且必须根据炉子断面均匀投入;

4）应防止管状或中空炉料（密闭容器）的加入，以防止中空料中空气加热后急剧膨胀导致爆炸的危险;

5）不管炉料情况如何，都要在前次投入的炉料没有熔化完之前，投入下一次炉料;

6）如果使用铁锈和附砂多的炉料，或者一次加入冷料过多，则容易发生"搭桥"，必须经常检查液面，避免出现"搭桥"时，下部的铁液过热，引起下部炉衬的严重侵蚀，甚至渗漏铁液。

（3）出铁（或出钢）温度的管理。出铁温度不应超出规定值，过高的铁液温度，会使炉衬寿命大大降低。这是因为在酸性炉衬中会产生如下反应: $SiO_2 + 2[C] \rightleftharpoons [Si] + 2CO$，这个反应在铁液到达 1500℃ 以上时进行得很快，同时铁液成分也起变化。碳元素烧损，含硅量增高。

111. 对中频炉停电事故处理应注意的问题是什么?

由于供电网路的过电流、接地等事故或感应炉体本身事故引起感应炉停电，当控制回路与主回路接于同一电源时，则控制回路水泵也停止工作。若停电事故能在短时间内恢复，停电时间不超过 10min，则不需要动用备用水源，只要等待继续通电即可。但此时要做好备用水源投入运行的准备，万一停电时间过长感应炉可立即接上备用水源。

停电在 10min 以上，则需要接通备用水源。

由于停电，线圈的供水停止，从铁液传导出来的热量很大。如果长期不通水，线圈中的水就可能变成蒸汽，破坏线圈冷却，与线圈相接的胶管和线圈的绝缘都被烧坏。因此对长时间停电，感应器可转向工业用水或开动汽油发动机水泵。因炉子处于停电状态，所以线圈通水量为通电熔炼的 1/3 ~ 1/4 即可。

停电时间在 1h 以内，用木炭盖住铁液面，防止散热，等待继续通电。一般来说，不必有其他措施，铁液温度下降也很有限。一台 6t 保温炉，停电 1h，温度仅下降 50℃。

停电时间在 1h 以上，对于小容量的炉子，铁液有可能发生凝固。最好在铁液还具有流动性时，将油泵的电源切换到备用电源，或用手动备用泵将铁液倒出。如果残留铁液在坩埚内凝固，但由于种种原因，暂时不能倒出铁水，可以加些硅铁来降低铁液的凝固温度，推迟其凝固速度；如果铁液已经开始凝固，则应设法在其表面结壳层上打一孔，通向其内部，以破坏结壳层，便于再次熔化时排除气体，防止气体膨胀而引起爆炸事故。

若停电时间需要在 1h 以上，铁液就会完全凝固，温度也下降，即使重新通电熔化，也会产生过电流，有可能不能通电，因此要尽早估计、判断停电时间。停电在一天以上，尽早在铁液温度下降以前出铁。

冷炉料开始起熔期间发生停电，炉料还没有完全熔化不必倾炉，保持原状，仅继续通水，等待下次通电时间再起熔。

112. 中频炉出现漏炉（漏铁或钢液）事故应如何处理？

漏铁液事故容易造成设备损坏，甚至危及人身安全，因此平时要尽量做好炉子的维护与保养工作，以免发生漏铁事故。

当警报装置的警铃响时，立即切除电源，巡察炉体周围，检查铁液有否漏出。若有漏出，立即倾炉，把铁液倒完；如果没有漏出，则按照漏炉报警检查程序进行检查和处理。如果确认铁液从炉衬中漏出碰到电极引起报警，则要把铁液倒完，修补炉衬，或重新筑炉。

漏铁液是由于炉衬的破坏造成，炉衬的厚度越薄，电效率越高，熔化速度越快。但当炉衬厚度经磨损小于 65mm 时，这时整个炉衬厚度几乎都是坚硬的烧结层和过渡层，没有松散层，炉衬稍受急冷急热就会产生细小裂缝。该裂缝就能将整个炉衬内部裂透，容易使铁液漏出。

对不合理的筑炉、烧烤、烧结的方法或选用炉衬材料不当，在熔化的头几炉就会产生漏炉。

113. 中频炉出现冷却水事故应如何处理？

（1）冷却水温度过高一般是由于下列原因产生的：感应器冷却水水管有异物堵塞，水的流量减小，这时需要停电，用压缩空气吹水管来除去异物，而水泵停顿时间最好不要超过 15min；另一原因是线圈冷却水水道有水垢，根据冷却水水质的情况，必须每隔 1 ~ 2 年把有明显水垢堵塞的线圈水道提前进行酸洗。

（2）感应器水管突然漏水。漏水原因多是感应器的对水磁轭或周围固定支架的绝缘被击穿所形成。当发现此事故时，应立即停电，加强击穿处的绝缘处理，并用环氧树脂或其他绝缘胶类等把漏水处表面封住，降低电压使用。把这炉铁水化好、倒完后再进行炉子修理。若线圈水道大面积被击穿，无法用环氧树脂等临时封补缺口，只得停炉，倒完铁液，再进行修理。

第 5 章　中频炉炉衬及其使用维护

114. 中频感应炉炉衬结构及其作用是什么?

在中频感应炉中,位于感应圈和被加热熔化的金属之间的填充物称为炉衬(或称为坩埚),它一般由耐火层、隔热层和绝缘层组成。

耐火层采用各种耐火材料(酸性、碱性或中性)打结而成,然后高温烧结并投入使用;隔热层位于耐火层和感应线圈之间,其作用是隔热,所用材料为石棉板、石棉布、硅藻土砖、硅石、膨胀珍珠岩、高硅氧玻璃棉等;绝缘层是用耐高温的绝缘材料(无碱或少碱玻璃布、天然云母等),用于防止感应圈漏电。

感应熔炼炉的坩埚是感应炉的重要组成部分,也是关键部件,它除了用于盛装金属液并进行冶炼的作用外,还起着绝热、绝缘和传递能量的作用。坩埚的材质除满足冶金要求并确保使用寿命外,还必须具有一定的电气特性。

115. 坩埚是怎样进行分类的?

感应炉所用的坩埚按其耐火材料的化学性质可分为酸性坩埚、碱性坩埚和中性坩埚。

116. 什么是碱性坩埚?

碱性坩埚是用碱性耐火材料制作的坩埚,常用镁砂(主要成分是 MgO)或镁铝尖晶石($MgO \cdot Al_2O_3$)打结而成。当使用镁铝尖晶石材料时,通过加入硼酸(H_3BO_3)降低尖晶石形成温度,促进尖晶石形成,因而改善烧结质量,提高坩埚的耐压强度。

117. 什么是酸性坩埚?

酸性坩埚是用酸性耐火材料制作的坩埚,它主要由硅石或以石英砂为主的天然矿石组成。使用石英砂制作的坩埚, SiO_2 含量要求大于98%,石英砂中有害杂质含量越低越好,使用石英砂作炉衬,价格便宜,在不少小型感应炉中普遍使用。

118. 什么是中性坩埚?

中性坩埚常用高铝质的硅酸铝质耐火材料, Al_2O_3 含量应大于46%;刚玉质

耐火材料的 Al_2O_3 含量大于95%，它具有较高的化学稳定性，高温时体积稳定，荷软点很高，抗渣性好，其使用温度可达1800℃；用石墨制作的坩埚也属于中性坩埚。

119. 什么是镁铝尖晶石？

镁铝尖晶石是一种人工合成的耐火材料，理论成分为 $w(Al_2O_3) = 71.5\%$，$w(MgO) = 28.5\%$，熔点为2135℃，耐火度约为1900℃，具有良好的抗热震性。

120. 感应炉坩埚对耐火材料的要求是什么？

感应炉坩埚的工作条件十分恶劣，而且衬壁较薄，内侧直接受高温金属热冲击与渣液的侵蚀，在电磁场作用下所形成的搅拌力使坩埚受到金属较强的冲刷。坩埚壁外侧则接触水冷感应线圈，内外温差很大，为了提高坩埚的寿命，对制作坩埚的耐火材料有较严格的要求：

（1）足够高的耐高温性能。制作坩埚的耐火材料应耐受大于1700℃的高温，软化温度应大于1650℃；

（2）良好的热稳定性。坩埚壁在工作时温度波动极大，而且温度场分布不均，坩埚壁因此会不断产生体积的膨胀与收缩，从而导致产生裂纹，这直接影响到坩埚的使用寿命；

（3）化学性能稳定。坩埚材料在低温时不应出现水解粉化，在高温时不易被分解和还原，不易受熔渣及金属液侵蚀；

（4）具有较高的力学性能。在常温时能承受炉料的冲击，在高温时能承受金属液的静压力和强烈的电磁感应搅拌作用，坩埚壁不易被冲刷磨损和侵蚀。高温抗折强度大还意味着耐火材料抗渣侵蚀能力和抗热振动能力强，是耐火材料，特别是碱性耐火材料的重要特性；

（5）较小的导热性。以提高炉子的热效率；

（6）绝缘性能好。坩埚材料在高温状态下不得导电，否则会引起漏电和短路，从而造成事故。在使用前宜使用磁选法清除耐火材料中混入的导体杂质；

（7）材料的施工性能好，易修补，即烧结性能好，打结及维修方便；

（8）资源丰富、价格低廉。

以上各条全部做到是十分困难的，尤其是当前随着冶金、铸造工业的发展，感应炉容量不断扩大，功率加大，冶炼品种繁多，对坩埚的材质提出了越来越高的要求。因此，研究与开发感应炉坩埚用的各类新型耐火材料具有重要意义。

121. 感应炉不同部位所使用的耐火材料有何区别？

参见图5-1及表5-1。

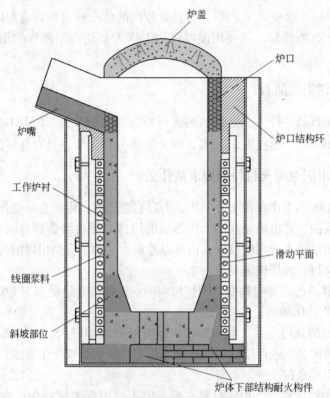

图 5-1　无芯感应炉炉衬系统

表 5-1　无芯感应炉坩埚耐火材料选择参考表

序号	部位	用于钢水	熔化和保温铁水	熔化铜合金	熔化铝合金
1	炉嘴	STEEL-PAK 90CR	MINRO-AL PLASTIC A76	MINRO-AL PLASTIC A76	MINRO-AL PLASTIC A76
2	封口料	DRI-VIBE 481A	DRI-VIBE 88A	MINRO-AL PLASTIC A76	MINRO-AL PLASTIC A76
3	炉衬	DRI-VIBE683A/ DRI-VIBE682A/ MINBROMAG RAM M20 等	MINRO-SIL RAM 1001SS	DRI-VIBE 351A/DRI-VIBE 252A 等	DRI-VIBE520A/ DRI-VIBE622A/ DRI-VIBE722A
4	线圈浆料	MINRO-AL GROUT 563A/663A	MINRO-AL GROUT 563A 或 MINRO-SIL GROUT S14	MINRO-AL GROUT 563A	MINRO-WEAVE CLOTH 或云母
5	滑动平面材料	MINRO-WEAVE CLOTH 或云母	MINRO-WEAVE CLOTH 或云母	MINRO-WEAVE CLOTH 或云母	MINRO-WEAVE CLOTH 或云母

序号	部位	用于钢水	熔化和保温铁水	熔化铜合金	熔化铝合金
6	炉盖浇注料	MINRO-FIRE CASTF-80 或 MINRO-ALCAST A98 等	MINRO-FIRE CASTF-80 或 MATRICAST 3000	MINRO-FIRE CASTF-80 或 MATRICAST 3000	MINRO-FIRE CASTF-80 或 MATRICAST 3000
备注		炉衬日常维护采用塑性料 STEEL-PAK90CR 或 MINRO-AL PLASTER A93 等	炉衬日常维修采用塑泥料 MINRO-AL PLASTER A78；当炉底侵蚀严重时可采用 DV 400Z 和 MS1001 结合，以提高炉衬的寿命	炉衬日常维修采用塑泥料 MINRO-AL PLASTER A78	炉衬日常维修采用塑泥料 MINRO-AL PLASTER A78

由图 5-1 和表 5-1 可以看出：

（1）感应炉炉衬由于各部位工作条件不同，所使用的耐火材料品种也不同；

（2）感应炉炉衬由于所熔炼的金属不同，所使用的耐火材料品种也不同；

（3）为了延长炉衬的使用寿命，炉衬应采用专门的塑性修补料。

122. 炉衬打结的重要性及其关键环节有哪些?

炉衬的打结质量直接影响到炉衬的使用寿命，炉衬的打结质量的好坏，其关键环节是：材质的正确选择，颗粒配比、添加剂、结合剂的选择与使用数量，打结前的准备工作以及打结操作等。

123. 打结炉衬的耐火材料的合理颗粒配比是怎样的?

合理的粒度配比可以使坩埚的气孔率最小、致密性最高、烧结性好和耐激冷激热性好，用于制作坩埚的耐火材料一般分为粗颗粒、中颗粒和细颗粒三种。在选择颗粒配比时，要考虑坩埚大小、打结方法及烧结工艺等因素，如表 5-2 所示。

表 5-2　打结料颗粒配比及其作用

颗粒度/mm	所占比例/%	所起作用
粗颗粒（2~6）	占全部料总重的 20~25	骨架作用、抗冲刷作用
中颗粒（0.5~2）	占全部料总重的 25~30	填充粗颗粒料之间的间隙，增加堆积密度，改善坩埚烧结性能，提高坩埚强度
细颗粒（<0.5）	占全部料总重的 40~50	确保坩埚烧结性能，烧结网络的连续性，使坩埚具有良好的致密性

124. 在中频炉炉衬打结时，耐火材料中为什么要有添加剂?

在打结坩埚时，所使用的耐火材料需要加入一些添加剂，如硼酸（H_3BO_3）、卤水（$MgCl_2$）、水玻璃（$NaSiO_3$）等。其目的是改善耐火材料的烧结性能，降低烧结温度，提高烧结质量，有些耐火材料为了提高其抗拉强度还在其中配入微量不锈钢的纤维或 SiO 纤维。

镁砂的烧结温度约为 1750℃，石英砂的烧结温度约为 1450℃，加入硼酸后（料重的 0.8%~1.5%左右），硼酸在加热时分解，以 B_2O_3 形式存在于耐火材料中，在 1000~1300℃ 时 B_2O_3 和镁砂中的 MgO 和 SiO_2 等形成低熔点化合物（$SiO_2 \cdot B_2O_3$，其熔点 1200℃；$MgO \cdot B_2O_3$，其熔点 1140℃；$2MgO \cdot B_2O_3$，其熔点 1342℃）使镁砂烧结温度降低，改善了烧结条件，提高了烧结质量，硼酸还可以调节坩埚的体积变化率，使炉料的裂纹倾向性减小。

硼酸的作用除对耐火材料烧结层有良好的效果外，对其中烧结层可以起到使坩埚和感应圈之间有一层软过渡地带，这样不仅缓冲了体积变化，同时也使内应力缓解，使得由于裂纹引起的漏钢事故减少。

当使用镁铝尖晶石（$MgO \cdot Al_2O_3$）材料时，加入硼酸可降低尖晶石形成温度，促进尖晶石形成，因而改善了烧结质量，提高了坩埚的耐压强度。在含 MgO 为 92%、Al_2O_3 为 8% 的打结料中加入料重 1.2% 的硼酸后，改善了烧结质量，耐压强度可提高 1~2 倍。但硼化物表面活性大，存在于方镁石晶粒界上，使晶粒熔点降低较多，故对镁质耐火材料也有不利之处，因此硼酸加入量也不宜过多。

125. 怎样做好打结炉衬前的准备工作？

（1）准备好捣打工具。

（2）准备好坩埚模。制作坩埚模时要考虑较好的几何形状和外壳强度，外表力求光滑无锈。焊接处打平，坩埚的斜度为 1:10。根据炉子容量大小的不同，使用钢板厚度一般为 4~12mm。为了保证捣打均匀密实，大容量炉子的钢模应分为 2~3 段。为了便于烘炉时炉衬内部气体和水汽的排出，允许在钢板模的四周均匀地钻有排气孔，其直径为 2~5mm。

（3）铺设隔热绝缘层。隔热绝缘层是坩埚与感应圈内壁之间的填充层，它是用来提高感应圈内壁的耐压性能和减少热损失的。用作填充层的材料有云母、石棉板和玻璃丝布。

铺设隔热绝缘材料之前，应彻底清除感应圈表面的灰尘和黏附的细小铁屑，有坩埚报警装置时，应按要求同时铺设，用胀圈胀紧，要使各绝缘层均紧贴在感应圈上。铺设的材料应避免横向接缝，纵向搭接应在 100mm 左右，并要互相铺开、铺平、压紧。

126. 打结炉衬时炉衬厚度是怎样确定的？

炉衬厚度不够会直接影响其使用寿命，相反如厚度太大，坩埚的磁阻增加使原层内的磁力线减弱难以形成足够的涡电流，使金属被感应加热，直接影响电效率，功率因数 $\cos\varphi$ 值随之下降，炉子容量与炉衬壁厚之间的关系如表 5-3 所示。

表 5-3　炉子容量与炉衬壁厚之间的关系

炉子容量/t	0.5	0.5 ~ 3	>3
炉衬壁厚/mm	$(0.2 \sim 0.25)D$	$(0.15 \sim 0.2)D$	$(0.1 \sim 0.15)D$

注：D—炉体直径。

127. 人工打结炉衬是怎样进行的，应注意哪些问题？

（1）捣打坩埚底时必须注意以下事项：

1）采取薄层加料，钢叉要能从上面的一层插到下面的一层，以避免交界处粗砂富集而出现分层；

2）通常一层铺料高度约 80 ~ 100mm，以后各层为 40 ~ 50mm，最高应高出炉底 20 ~ 30mm，用平锤打实后，再把多余部分铲掉，并应注意保持炉底水平；

3）加料时应尽量低倒，并分散均匀铺平，不要倒成一堆，以免物料发生偏析；

4）捣打时垂直下叉，一插到底，不能左右摇摆，更应注意钢叉不能将隔热绝缘层穿透，捣打时先轻后重，落点均匀，用力一致，以保证打结致密；

5）捣打顺序是先边缘后中心，有次序逐排打结，直到钢叉插入困难，手腕感到有反击力为准，打结后炉衬的体积密度应不小于 $2.6g/cm^3$（感性炉衬）；

6）第一层捣打时间约 60min，以后每层不得少于 30 ~ 40min；

7）最好是连续捣打，但当捣打中断时，必须用塑料布覆盖在表层上，再次打结时，应将其表面部分刮除，然后把松加料，再捣打；

8）在捣打过程中，每次加料前，要测量坩埚底的高度，测量方法是在炉口上方平放一根木条，用钢卷尺从打结料层上面向上量至炉口，最后一次的测量高度，应刚好是坩埚模的高度。

（2）安放坩埚模。安放坩埚模时一般采用定位法和测量法，使坩埚模中心严格固定在感应器的中心轴线上，以保证坩埚的壁厚尽可能均匀，当坩埚模安放好后，可在底部放一个起熔块压住，以便固定坩埚模的位置。

（3）捣打坩埚壁时必须注意的事项包括：在坩埚底与坩埚壁交界处，即炉底与炉壁的拐角处是整个坩埚最薄弱的环节，此处厚度较大，散热条件较差，捣打时要特别细心。其他注意事项同捣打坩埚底。

（4）修筑炉口和炉嘴时，由于炉口和嘴对炉衬的寿命影响不大，因此，可用水玻璃做结合剂，快速成型。用适量的硼酸水、水玻璃与打结料相混合，混合料不宜太湿或太干，一般用手一捏能基本成团即可。先在已打好的炉口上涂上适量的水玻璃，然后填筑混合料，并用小锤打实，通常炉口和炉嘴应修成内低外高的斜面，以防金属液外溢。

128. 风动捣打炉衬时应注意的问题是什么?

用风动锤打结时，风压应大于 0.4MPa。捣打时要紧密均匀，环绕进行，打结方向应靠近内模，内重外轻。其配料、加料方法均与人工打制相同。

129. 炉衬的烘烤和烧结要注意哪些问题?

炉衬的烧烤和烧结随炉子所用耐火材料及炉子容量等不同条件而有所区别，现以某厂 8t 中频炉使用镁铝尖晶石材料为例说明如下。

炉衬打结完后，即可进行烘炉和烧结，其目的在于充分排除炉衬中的水分，最后在高温下烧结成具有高温强度的密实的陶瓷表面。烘炉和烧结时，必须注意下列事项:

（1）烘炉前要对冷却水系统、倾炉系统、控制回路以及仪表等进行详细的检查;

（2）烘炉时应加入一定数量的炉料，约为炉膛高度的 70%，以保持温度升降的均匀性;

（3）烘炉要采取低功率，慢升温，在送电的同时要接通冷却水，烘炉初期升温速度为 100℃/h，均匀上升，直至 800~900℃，小于 3t 的炉子可取 120℃/h 左右，大于 10t 的炉子，其升温速度应减慢至 50℃/h 左右;

（4）炉衬温度达到 1000℃ 以上时，改用 50% 的功率供电，使坩埚模和炉料缓慢升温，缓慢熔化，以减轻冲刷作用;

（5）炉料尽量选用洁净无锈的返回料，以减少熔渣，其中大块料应装在坩埚壁四周，在炉底中心位置添加小块料;

（6）使钢水温度高于工作温度 50℃ 左右，保持 1~2h，使炉衬均匀烧结，第一炉的整个熔化时间为正常熔化时间的 2~3 倍;

（7）第一炉钢水化得满一些，使炉口也得到了满意的烧结，整个坩埚由上到下，有一均匀密实的烧结层;

（8）在熔化第一炉后，坩埚的烧结层还很薄，应该连续熔化 2~3 炉后才能完成烧结过程，如果烧结温度太低，保持时间不够，炉衬冷却后会发生破裂;

（9）烘炉时必须按照烘炉制度进行，烘炉最好采用调压器分级送电，若无调压器时，也可采用间断送电的办法。具体方法如表 5-4 所示。

表 5-4　间断送电时间

烘炉时间/h	0 ~ 2	2 ~ 4	4 ~ 6
每 5min 送电时间/s	30	45	60
烘炉时间/h	6 ~ 8	8 ~ 10	10 ~ 12
每 5min 送电时间/s	90	120	150

　　烘炉和烧结的要求是低温缓慢烧烤，高温满炉烧结；第一炉炉料应洁净无锈，含杂质少，并且最好是含碳量较低的炉料。

　　烧结好的炉衬，要求烧结层占炉衬总厚度的 30%，烧结层最小厚度应为 10 ~ 15mm，烧结层过薄，不能承受加料时的机械冲击和钢水的冲刷侵蚀；如烧结层太厚，则有可能裂穿。但应指出，过厚的烧结层只能在经过长期运行后才出现。过渡层约占 30% ~ 40%，作为起缓冲作用的松散层则占 20% ~ 30%。

第6章 中频感应炉熔炼的基本原理及其工艺技术

130. 什么是电磁感应现象?

利用磁场产生电流的现象叫电磁感应现象,所获得的电流叫感应电流(也叫感生电流),形成感应电流的电动势叫感应电动势。当穿过导体回路的磁通量发生变化时,回路中就会产生感应电动势,如果该导体回路是闭合回路,那么在闭合回路中就会形成感应电流,但实际上有特例,即闭合电路的一部分导体做切割磁力线运动时也会形成感应电流,这是因为闭合电路与磁场间的相对运动使穿过闭合回路的磁通量发生了变化。

可以认为,感应电动势比感应电流更能反应电磁感应现象的本质,这正是因为当回路不闭合时,也会产生电磁感应现象,这时虽没有感应电流,但存在感应电动势。

131. 什么是磁性、磁体、磁场?

磁铁所具有的吸引铁、镍、钴(以及它们的合金)的性质叫做磁性,具有磁性的物体叫磁体,磁体上各部分的磁性强弱并不是一样的,磁性最强的地方称磁极,任何磁铁都有两个磁极,分别叫南极(S)、北极(N),磁体的南极和北极总是成对出现的。

磁铁能吸引它附近的铁磁物质,但对距离较远的铁磁物质吸引力就很小,甚至不能吸引,可见在磁体周围有一个磁力能起作用的空间,称为磁场,除磁体外,电流也会产生磁场。

132. 什么是磁感应强度、磁力线、磁通量?

载流导体的各个微小线段称为电流元,电流元用 $I\Delta S$ 来表示,I 为导体中的电流;ΔS 表示在载流导体上(沿电流方向)所取的长度元。在磁场中垂直于磁场方向的载流导体受到磁场的作用力 F 与其电流元 $I\Delta S$ 的比值,叫载流导体所处的磁感应强度。如用 B 表示磁感强度,则可用式(6-1)表示:

$$B = \frac{F}{I\Delta S} \tag{6-1}$$

式中 F——磁场的作用力,N;

　　　I——导体中的电流，A；

　　ΔS——载流导体上的长度元，m。

　　磁感应强度是一个矢量，其方向为该点的磁场方向，磁力线则是描述空间各点磁场强弱与方向的曲线，它是一簇闭合曲线，在磁体外部由 N 极出发进入 S 极，在磁体内部正相反。

　　一般规定，在磁场中垂直穿过某点处单位截面上的磁力线数就是该点磁感应强度的大小，把穿过某一截面的总磁力线数叫磁通量，用 Φ 表示，单位为 Wb（韦伯）。

133. 怎样判断载流导体的磁力线分布情况和磁场方向?

　　导体中通过电流时会产生磁场，该磁场磁力线的分布与导体的形状有关，而磁场方向与电流方向有关。

　　（1）直线电流的磁场。它的磁力线是一些以导线上各点为圆心的同心圆，这些同心圆都在与导线垂直的平面上，如图 6-1（a）所示。它的磁场方向即磁力线的方向可用右手螺旋定则来判定，用右手握住导线，拇指指向电流方向，于是弯曲的四指所指的方向就是磁力线的环绕方向，如图 6-1（b）所示。

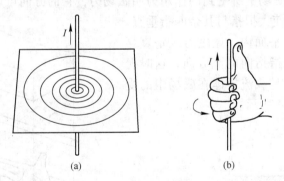

（a）　　　　　　　　　　　（b）

图 6-1　直线电流的磁场

（a）磁力线分布；（b）右手螺旋定则

　　（2）环形电流的磁场。它的磁力线是一些围绕环形导线的闭合曲线，在环形导线的中心轴线上磁力线和环形导线平面垂直，如图 6-2（a）所示。其磁力线方向也可应用右手螺旋定则来判定，让右手弯曲的四指和环形电流方向一致，那么伸直的大拇指方向就是中心轴线上的磁力线方向，如图 6-2（b）所示。

　　（3）通电螺旋管（管长远大于直径）的磁场。它的磁力线很像条形磁铁的磁力线，外部的磁力线从北极（N）出来进入南极（S）。内部的磁力线和螺旋管轴线平行，方向由南极指向北极，并与外部磁力线形成闭合曲线，磁力线的方

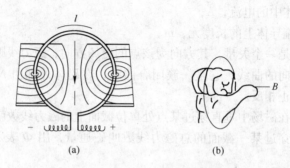

图 6-2　环形电流的磁场

(a)磁力线分布；(b)右手螺旋定则

向也可用右手螺旋定则来判定。右手握住螺旋管，让弯曲的四指方向与电流方向一致，则大拇指所指方向就是螺旋管内部磁力线的方向，即大拇指所指的方向是通电螺旋管的北极，如图 6-3 所示。

134. 怎样判断磁场对载流导体的作用力方向？

载流导体在磁场中所受到的作用力叫磁场力，它的方向可用左手定则来判定。伸开左手，使大拇指与其余四指垂直，并与掌心在同一平面内，让磁力线垂直穿入手心，并使四指指向电流方向，这时拇指所指的方向就是载流导体在磁场中的受力方向，如图 6-4 所示。

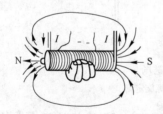

图 6-3　通电螺旋管的磁场

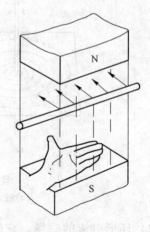

图 6-4　左手定则

135. 法拉第电磁感应定律的含义是什么，是怎样表达的？

1831 年法拉第发现电磁感应现象，在法拉第实验的基础上，麦克斯韦提出电磁感应定律的数学表达式：

$$\varepsilon = -\frac{\mathrm{d}\Phi_B}{\mathrm{d}t} \qquad (6\text{-}2)$$

式中　ε——闭合回路中感应电动势瞬时值，V；

　　Φ_B——磁通量，Wb；

　　t——时间，s。

这表明回路中感应电动势 ε 的大小与通过回路的磁通量的变化率 $\dfrac{\mathrm{d}\Phi_B}{\mathrm{d}t}$ 成正比。

式（6-2）中的"负号"表明感应电动势的方向。简单地说，若磁通量减弱 $\left(\dfrac{\mathrm{d}\Phi_B}{\mathrm{d}t} < 0\right)$，则 $\varepsilon > 0$，那么 ε 的环绕方向与 Φ_B 的通过方向构成右螺旋关系；若磁通量增强 $\left(\dfrac{\mathrm{d}\Phi_B}{\mathrm{d}t} > 0\right)$，则 $\varepsilon < 0$，那么 ε 的环绕方向与 Φ_B 的反方向构成右螺旋关系，如图6-5所示。

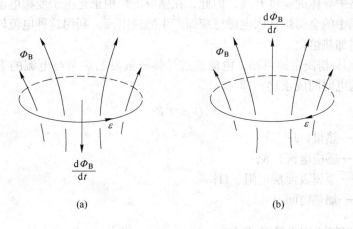

(a)　　　　　　　　　　　(b)

图 6-5　根据式（6-2）判断电动势的方向

(a) Φ_B 减弱 $\left(\dfrac{\mathrm{d}\Phi_B}{\mathrm{d}t} < 0\right)$；(b) Φ_B 增强 $\left(\dfrac{\mathrm{d}\Phi_B}{\mathrm{d}t} > 0\right)$

136. 焦耳-楞茨定律的含义是什么，是怎样表达的？

楞茨在不知道法拉第定律的情况下，于1833年独立提出判断感应电流方向的规则，即著名的楞茨定律。实际上，楞茨定律的表达式和式（6-2）中的负号含义是一致的。

式（6-2）只适用于单匝回路，若回路是多匝线圈，则当磁通量发生变化时，每匝线圈中都将产生感应电动势。令通过各匝线圈的磁通量分别为 Φ_1、Φ_2、…、Φ_N，则整个线圈中总的感应电动势为：

$$\varepsilon = -\frac{\mathrm{d}\Phi_1}{\mathrm{d}t} - \frac{\mathrm{d}\Phi_2}{\mathrm{d}t} - \cdots - \frac{\mathrm{d}\Phi_N}{\mathrm{d}t}$$

$$= - \frac{\mathrm{d}}{\mathrm{d}t}(\sum_{i=1}^{N} \varPhi_i)$$

$$= - \frac{\mathrm{d}\psi}{\mathrm{d}t} \tag{6-3}$$

式中，$\psi = \sum_{i=1}^{N} \varPhi_i$ 称为磁通匝链数，简称磁通链。若通过每匝线圈的磁通量相同，且均为 $\varPhi = N_\varPhi$，则

$$\varepsilon = - \frac{\mathrm{d}\psi}{\mathrm{d}t} = - N_\varPhi \frac{\mathrm{d}\varPhi}{\mathrm{d}t} \tag{6-4}$$

根据法拉第定律可知，当通过导体回路的磁通量发生变化时，回路中就会产生感应电流，感应电流在闭合回路内流动时，自由电子要克服许多阻力，必须消耗一部分能量做功，使一部分电能转换成热能。感应电流具有的这种热效应，可使闭合回路中导体的温度升高，因此，在感应电炉中正是由于变频电流通过感应线圈使坩埚中的金属炉料因电磁感应而产生感应电流，利用这种电流转化为热能使金属炉料加热熔化。

根据焦耳-楞茨定律可知，电流通过导体所散发的热量与电流的平方、导体的电阻及通电时间成正比，即

$$Q = I^2 R t \tag{6-5}$$

式中　Q——热量，J；

　　　I——感应电流，A；

　　　R——金属表面层电阻，Ω；

　　　t——加热时间，s。

137. 怎样判断感应电流的方向?

楞茨定律是判断感应电流方向时普遍实用的规律，它表明：感应电流的方向总是要使感应电流的磁场阻碍引起感应电流的磁通量的变化，因此可以根据楞茨定律确定感应电流的磁场方向，然后再用右手螺旋定则确定感应电流的方向。

对于导体切割磁力线产生感应电流的情况，使用右手定则比应用楞茨定律要简便些，右手定则的内容是：伸开右手，让拇指与其余四指垂直，并且均与手掌在同一平面上，让磁力线从手心垂直穿入，拇指指向导体的运动方向，则其余四指所指的方向就是感应电流的方向。

138. 什么是涡流、涡电流，涡流在感应炉熔炼中起什么作用?

当块状金属在感应炉中处于变化的磁场中时，在金属块内也会产生感应电

流。因为这种电流在金属块内自成回路，且呈涡旋状，所以称为涡电流，简称涡流。由于整块金属电阻极小，因此涡流常常很强，并释放出大量的热量，在感应炉中正是利用这种涡流热效应来加热和熔炼金属的，如图6-6所示为涡电流示意图。

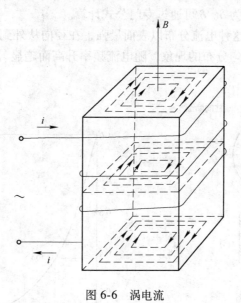

图 6-6　涡电流

139. 感应电流在感应炉炉料中的分布特征有哪三种效应？

感应电流在炉料中的分布特征对冶炼时的电源频率选择、炉料块度选择、炉料熔化速度等都具有十分重要的意义。

电流在炉料中的分布主要有三种效应：

（1）集肤效应；

（2）邻近效应；

（3）圆环效应。

140. 什么是集肤效应？

当导体中通过直流电流时，电流在导体截面上的分布是均匀的，但当交变电流特别是中、高频电流通过导体时，电流的分布不再是均匀的，越接近导体表面处电流密度越大，越接近导体中心处，电流密度越小，这种现象称为趋肤效应或集肤效应，即电流有趋于导体表面的现象。由于感应电炉在交变磁场中产生的感应电流是交变的，因而坩埚中装有炉料也存在集肤效应。通常在靠坩埚壁的炉料中电流密度较大，而在坩埚中心炉料中的电流密度较小。

141. 金属圆柱中的感生电流是如何分布的?

金属圆柱中的感生电流的分布如图 6-7 所示。假定图 6-7（a）中斜线所示的全电流，折合成图 6-7（b）所示的按表面电流密度均匀分布的形式，其电流分布的宽度即透入深度为 δ。δ 可通过专门公式计算。

由图 6-7 可见，这种电流分布以表面最强，在径向从外到里按指数函数方式减小。这种电流不均匀分布的现象，随电流频率升高而趋显著。感应电流的分布曲线如图 6-8 所示。

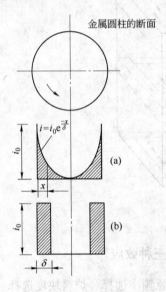

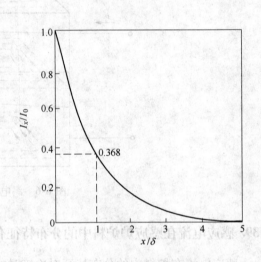

图 6-7　圆柱内电流分布

i_0—圆柱表面电流密度

图 6-8　感应电流的分布曲线

142. 电流密度分布的计算是怎样进行的?

在与表面距离为 x 处的电流密度可用下式表示：

$$I_x = I_0 e^{-x/\delta} \tag{6-6}$$

式中　I_x——距物体表面 x 处的电流密度，A/cm^2；

　　　I_0——导体表面的电流密度，A/cm^2；

　　　x——表面到测量处的距离，cm；

　　　δ——电流透入深度（电流分布带的宽度），cm。

当 $x = \delta$ 时，$I_x = I_0 e^{-1} = 0.368 I_0$，因此电流透入深度就是从电流降低到表面电流的 36.8% 的那一点到导体表面的距离，由图 6-8 可以看出距表面 5 倍透入深度处的电流接近于 0。

143. 电流透入深度是怎样计算的?

电流透入深度 δ 可用下式计算:

$$\delta = \frac{1}{2\pi} \sqrt{\frac{\rho \times 10^9}{\mu_r f}} = 5030 \sqrt{\frac{\rho}{\mu_r f}} \qquad (6\text{-}7)$$

式中　ρ——被加热物体电阻率,$\Omega \cdot cm$;

　　　μ_r——被加热物体的相对磁导率;

　　　f——电流频率,Hz。

根据理论计算,在感应加热时,86.5% 的功率是在电流透入深度内转化为热能的,因此,δ 便成为选择加热电流频率的重要参数。

144. 几种常用材料的电流透入深度可供参考的数据是什么?

表 6-1 列出了几种常用材料的电流透入深度可供参考。

表 6-1　几种材料的电流透入深度

频率 f/Hz		电流透入深度 δ/cm				
		50	500	1000	2000	10000
碳钢(磁性区)	21℃	0.64	0.14	0.084	0.042	0.019
	300℃	0.86	0.19	0.122	0.058	0.026
	600℃	1.3	0.29	0.180	0.090	0.040
碳钢(非磁性区)	800℃	7.46	2.37	1.67	0.96	0.53
	1250℃	7.98	2.53	1.97	1.03	0.56
	1550℃(熔化)	9.00	2.85	2.01	1.16	0.64
铜	50℃	1.01	0.32	0.23	0.13	0.071
	850℃	1.95	0.62	0.44	0.25	0.14
	1250℃(熔化)	3.30	1.04	0.74	0.43	0.23
黄铜(铜含量为65%)	650℃	2.52	0.79	0.56	0.33	0.18
	1000℃(熔化)	4.57	1.44	1.02	0.59	0.32
铝	常温	1.07	0.37	0.26	0.14	0.08
	450℃	2.01	0.64	0.45	0.26	0.14
	750℃(熔化)	3.70	1.17	0.83	0.48	0.26

145. 炉料最佳尺寸范围与电流透入深度有何关系?

炉料的最佳尺寸范围和电流透入深度 δ 有一定关系，这是由于炉料中的感应电流主要集中在透入深度层内，加热炉料的热量主要由表面层供给。为使炉料整个横断面得到相同的温度，需要靠热传导来实现。这就需要一定的时间，随着加热时间的延长，炉料向周围介质散失的热量增高，从而热效率下降。如透入深度和炉料几何尺寸配合得当，则加热需要的时间短，热效率高，参见图6-9。

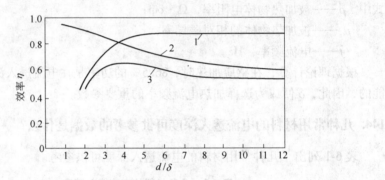

图 6-9　感应加热总效率和 d/δ 的关系
1—电效率；2—热效率；3—总效率

一般来说，当炉料直径为电流透入深度的 3~6 倍时，可得到较高的总效率。

146. 什么是邻近效应?

当两根有交流电的导体相互靠近时，两导体中的电流要重新分布，这种现象即称为邻近效应。

邻近效应的结果，使两个方向相反的电流通过两平行的导体时，导体外侧的电流密度较内侧的小，如图6-10（a）所示。当两个方向相同的电流通过平行导

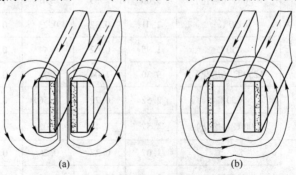

(a)　　　　　　　　　　　(b)

图 6-10　高频电流在平行放置的导体中的分布
(a)导体中电流方向相反；(b)导体中电流方向相同

体时，导体内侧的电流密度较外侧的小，如图6-10（b）所示。

147. 什么是圆环效应?

当交流电通过螺线管线圈时，则最大电流密度出现在线圈导体的内侧，如图6-11 所示，这种现象叫圆环效应。

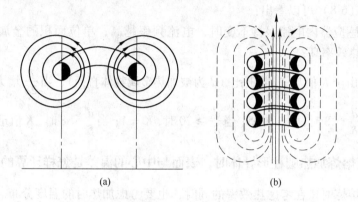

(a)　　　　　　　　　　　　(b)

图 6-11　高频电流在线圈中的分布
(a)圆截面导体的圆环效应；(b)绕成线圈的情况

感应电炉加热是下述三种效应的综合，感应器两端施以交流电后，产生交变磁场，感应器本身表现圆环效应，感应器与金属同为邻近效应，被加热的金属表现集肤效应。

148. 感应加热和感应熔炼的电流频率是多少，感应熔炼中有哪些因素影响频率的选择?

交流电在单位时间内（1s）重复变化的次数称作频率，用 f 表示，单位是赫兹（Hz）。用于感应加热的电流频率可在 50Hz ~ 10MHz 范围，对中频感应熔炼炉而言，在熔炼钢铁材料时一般所用频率为 300 ~ 1000Hz 左右。影响频率的选择因素是多方面的（包括成本、线圈匝数、搅拌力、启动、效率、炉料尺寸、炉料性质、炉子容量、炉子功率/重量之比等），从工艺技术的角度选择频率的重要依据是加热效率和温度分布，熔炼工艺要求加热温度均匀，同时考虑功率密度和搅拌力。频率高的电源设备价格较高，因此选择电源频率最终需考虑综合技术经济指标。

感应线圈加热坩埚中金属时，金属得到的单位有功功率可用下式表示：

$$P = 2 \times 10^{-4} K (I\omega)^2 \sqrt{\rho \mu_r f} \tag{6-8}$$

式中　P——被加热金属物体单位表面接收的功率，W/cm^2；

　　　I——感应器中的电流，A；

　　　ω——感应器长度上的匝数；

　　　K——小于 1 的修正系数；

　　　ρ——被加热金属物体的电阻率，$\Omega \cdot cm$；

　　　f——电流频率，Hz。

　　由式（6-8）可以看出：

　　（1）感应器内电流保持不变时，电流频率越高，单位面积的金属接收功率越高，即热效率高；

　　（2）由于 K 值与 $\dfrac{d}{2\delta}$ 成正比（d 为被加热金属物体直径），当 $\dfrac{d}{2\delta}$ 增大，则 K 值增大$\left(\text{当}\ \dfrac{d}{\delta} = 8\ \text{时}，K = 0.65；\text{当}\ \dfrac{d}{\delta} \geqslant 20\ \text{时}，K = 1；\text{当}\ \dfrac{d}{\delta} < 8\ \text{时}，K\ \text{值迅速减小}\right)$。

149. 感应熔炼加热圆柱形导体时，表面与中心的温差是怎样计算的？

　　感应熔炼时，在考虑热效率的同时，也要考虑加热时的温度分布。当感应加热圆柱形导体时，由于集肤效应，只有表面会快速升温，而中心部分则需靠热传导，将热量从表面高温区向内部低温区传导，表面与中心的温度差 ΔT 可用下式表示：

$$\Delta T = 25 \times \frac{d}{K_c} K_t (P_0 - P_r) \tag{6-9}$$

式中　K_c——被加热物体的热导率，$W/(m \cdot K)$；

　　　K_t——小于 1 的修正系数；

　　　P_0——被加热物体的表面功率，W/cm^2；

　　　P_r——被加热物体的散热损失，W/cm^2。

　　由式（6-9）可知：ΔT 与 K_t 有关，而 K_t 与 $\dfrac{d}{2\delta}$ 有关，当 $\dfrac{d}{2\delta}$ 增大，K_t 值迅速增大；当 $\dfrac{d}{2\delta} = 8$ 时，仅与 $P_0 - P_r$ 有关。ΔT 越小，工作温度趋于均匀，有利于提高电效率。

　　由于 $\dfrac{d}{2\delta}$ 与热效率成正比，与电效率成反比，而 δ 与 f 有关，所以为了提高感应加热的总效率，频率与炉容应保持合适的关系。

150. 感应熔炼时选择的频率与炉子容量有何关系？

　　感应熔炼时选择的频率与炉子容量的关系如表 6-2 所示。

表 6-2　感应熔炼时选择频率与炉子容量间的关系

感应炉额定容量/t	配用的变频电源		
	额定功率推荐范围/kW	频率推荐范围/Hz	进线输入电压或电压范围/V
0.1	100~160	1000~2500	380~1250
0.15	100~200		
0.25~0.3	160~500		
0.5~0.8	250~1200		
1	500~1500	500~1000	
1.5	750~1800		
2~2.8	1000~2000		
3~4	1500~3000	500	
5	2000~3500		575~1250
8~10	2500~5800	200~500	525~1400
12~16	3000~7000	150~500	1250~1500
17~60	4000~12000	150~250	1300~1600

151. 什么是"驼峰"，应如何控制"驼峰"？

中频炉熔炼过程中，金属一旦被熔化后，熔体就会在电磁力作用下，形成有规律的运动。这一运动从熔池的中央开始，向线圈两端移动，由于金属受炉底和炉壁的约束，因而最终的运动总是向上的，在熔池的顶部形成一个"驼峰"。有些资料用驼峰高度对熔池直径的比值来表示熔池搅拌强度。"驼峰"形貌如图6-12所示。

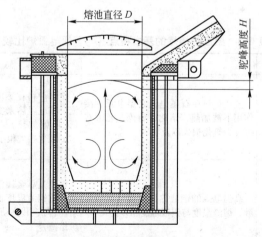

图 6-12　感应熔体"驼峰"形貌示意图

由电磁力计算公式可知：

$$F = K \frac{P}{\sqrt{f}} \qquad (6\text{-}10)$$

式中　P——炉料吸收的功率，W；

　　　f——电流频率，Hz；

　　　K——常数。

电磁力的大小与加热所用功率及电流频率有关，频率高，电磁力小，钢液面凸起高度小，即"驼峰"现象不明显；相反，频率低，而电磁力大，钢液凸起高度大，即"驼峰"现象明显。加热功率大，电磁力大；加热功率小，电磁力小。在实际生产中可用功率及频率来调整"驼峰"的最佳值。

如果所计算的驼峰高度 H 为 1 个单位值，而中频炉熔池直径 D 为 10 个单位值，则熔池搅拌强度为：$\dfrac{H}{D} = \dfrac{1}{10} = 0.1$。

根据实际经验，可以认为最适合的搅拌强度可参考表 6-3。

表 6-3　熔体金属的搅拌强度

熔体金属	H/D 值	熔体金属	H/D 值
生　铁	0.125 ~ 0.2	黄　铜	0.07 ~ 0.15
钢	0.07 ~ 0.125	铝	0.035 ~ 0.5

152. 感应炉熔炼的基本特点是什么？

由表 6-4 可知，感应炉与电弧炉熔炼方法具有各自不同的特点，所以很难相互代替，而是发挥各自的优势，因地制宜地加以选择或配合使用才能取得良好效果。

表 6-4　感应炉熔炼的基本特点（与普通电弧炉比较）

序　号	比较内容	电　弧　炉	感　应　炉
1	供热方法	金属炉料在石墨电极高温电弧直接作用下被加热、熔化、精炼，元素有挥发、氧化损失以及增碳	金属炉料在感应磁场作用下，产生涡流，靠电阻热来实现加热、熔化、精炼（无接触加热）、温度易控制。元素挥发、氧化损失很小，合金回收率高
2	造渣条件	高温电弧的钢液热源直接与熔渣接触，熔渣温度与钢液温度相差无几	熔渣是靠金属液的热量而熔化的，故渣温比钢液温度低。属于"冷渣"（相对而言），其流动性、反应能力均比电弧炉熔渣差

序　号	比较内容	电　弧　炉	感　应　炉
3	金属液搅拌条件	依靠脱碳反应产生 CO 所形成的熔池搅拌，脱氮能力较感应炉差	依靠电磁搅拌作用使钢液温度及成分均匀化，因良好搅拌而具有好的脱气（N_2）的能力
4	冶金功能	利用氧化期脱碳、脱磷，利用还原期还原渣脱硫，原料条件可放宽	不具备脱碳及脱磷、硫的功能（不采取特殊措施情况下），原料条件苛刻

153. 感应熔炼的理论基础是什么？

感应熔炼的理论主要涉及以下三个方面：

（1）就电磁热流体力学而言，它涉及电磁学、热力学和流体力学三个领域相互交叉的学科，它是研究流体与热、流体与电磁、热与电磁之间关系的，因此它是感应熔炼的理论基础，因此，要掌握感应熔炼的基本规律，就必须对电磁热流体力学有所了解；

（2）就电磁感应现象和电流热效应（即法拉第电磁感应定律和焦耳-楞茨定律）的原理而言，是感应加热原理的基础，它也属于电磁热流体力学研究的范畴；

（3）就冶金过程的物理化学反应而言，感应熔炼的过程也如其他窑炉的冶金过程一样，符合冶金物理化学、热力学与动力学的基本规律，只不过有其特点而已，因此，冶金过程的热力学与动力学的基本规律仍然可以用来指导感应熔炼的冶金过程。

154. 感应炉熔炼的基本任务是什么？

以炼钢为例，炼钢的基本任务是"四脱二去"，即脱碳、脱磷、脱硫、脱氧以及去气（H_2、N_2）、去非金属夹杂物，对各类合金钢而言还需要调整合金成分，因此还应完成合金化的任务。

对感应炉熔炼而言，一般条件下在炉内并不具备脱碳、脱磷、脱硫的条件，因此，对原料条件要求十分苛刻。冶炼各类合金钢时必需使用返回料，或符合碳、磷、硫等要求的各类金属料，金属料经熔化后再进行脱氧、合金化，最终调整成分或配以炉外精炼的方法以调整最终金属的成分。

155. 感应炉炼钢需用哪些原材料？

感应炉炼钢的主要原材料包括：碳钢、合金返回钢、废钢、生铁、工业纯铁、合金材料和脱氧剂、造渣材料等。

（1）碳钢。它是普碳钢和碳素工具钢等加工时的切头、切尾和废品，炼钢厂的包底、注余、汤道和短尺锭坯等，都可用于冶炼不同含碳量的合金钢。

（2）合金返回钢。它是合金钢钢锭加工时的切头、切尾和废品，炼钢厂的包底、注余、汤道和短尺锭坯等，用返回钢可以大量地回收合金元素，减少贵重铁合金的消耗。

（3）废钢。它是指商业上收购的废钢，可用于冶炼碳素钢。

（4）生铁。它主要用于冶炼高碳钢时的配料和熔清后钢液的增碳，感应炉用的生铁质量要求较高，尤其是增碳用的生铁要求更严格，其中硅、锰、硫、磷含量应低，而最重要的是硫和磷含量要低。

（5）工业纯铁。它是转炉或电炉生产的，感应炉冶炼精密合金、高温合金、低碳和超低碳高合金钢时需要用工业纯铁。

（6）合金材料和脱氧剂。为了使所炼钢液或合金能达到产品规格要求的化学成分，必须加入所需合金成分的合金材料，经常使用的有硅铁、锰铁、铬铁、钼铁、钨铁、钒铁、钛铁、硼铁、铌铁、铝、镍等，冶炼某些合金时需用金属钨、金属钼、金属铬、金属锰等。

为了对钢液进行脱氧需要加入脱氧剂，常用的脱氧剂有：锰铁、硅铁（粉）、铝（粉）、硅锰合金、硅钙（粉）、稀土合金等。

（7）造渣材料。通常有石灰、萤石、石英砂和普通玻璃片。

156. 感应炉熔炼时所用炼钢生铁的化学成分及其牌号是什么？

感应炉熔炼时所用炼钢生铁的化学成分及其牌号如表 6-5 所示。

表 6-5　炼钢用生铁的成分及牌号　　　　　　　%

牌号（代号）		炼 04（L04）	炼 08（L08）	炼 10（L10）
硅		≤0.45	0.45 ~ 0.85	0.85 ~ 1.25
锰	一　组	≤0.30		
	二　组	0.30 ~ 0.50		
	三　组	>0.50		
磷	一　级	≤0.15		
	二　级	0.15 ~ 0.25		
	三　级	0.25 ~ 0.40		
硫	特　类	≤0.02		
	一　类	0.02 ~ 0.03		
	二　类	0.03 ~ 0.05		
	三　类	0.05 ~ 0.07		

157. 感应炉熔炼时所用工业纯铁的化学成分及其牌号是什么?

感应炉熔炼时所用工业纯铁的化学成分及其牌号如表6-6所示。

表6-6　工业纯铁的成分及牌号

牌 号		成分(不大于)/%							
名称	代号	C	Si	Mn	P	S	Ni	Cr	Cu
电铁1	DT1	0.04	0.03	0.10	0.015	0.03	0.20	0.10	0.15
电铁2	DT2	0.025	0.02	0.035	0.015	0.025	0.20	0.10	0.15

158. 感应炉熔炼时常用合金元素及其铁合金的化学成分、牌号是什么?

感应炉熔炼常用的合金元素有 W、Mo、Nb、Ni、Cr、Si、Mn、V、B、Co 和 Ti 等。金属钼主要用于熔炼高温合金和精密合金。

(1) 钼铁主要用于熔炼含钼钢时元素钼的加入剂，钼铁的成分如表6-7所示。$w(Mo) = 55\%$ 的钼铁密度为 $9g/cm^3$，熔点为 1750℃。钼铁中 Cu、P、S 含量较高，使用时应注意。

表6-7　钼铁的成分及牌号

牌 号	成分 w/%							
	Mo (大于)	Si	S	P	C	Cu	Sb	Sn
		(小于)						
FeMo60	60.0	2.0	0.10	0.05	0.10	0.5	0.04	0.04
FeMo55-A	55.0	1.0	0.10	0.08	0.20	0.5	0.05	0.06
FeMo55-B	55.0	1.0	0.15	0.10	0.25	1.0	0.08	0.08

(2) 金属钨、钨铁。金属钨主要用于熔炼镍基高温合金和精密合金；钨铁可用于熔炼铁基高温合金以及含钨钢种，钨铁成分如表6-8所示，也可利用钨精矿熔炼含钨结构钢。钨含量为 65% ~ 70% 的钨铁密度为 $16.4g/cm^3$，熔点为 1700 ~ 2000℃。

表6-8　钨铁的成分及牌号

牌 号	成分 w/%											
	W (大于)	Mn	Cu	S	P	C	Si	As	Sn	Pb	Sb	Bi
		(小于)										
FeW-70A	70.0	0.25	0.15	0.08	0.04	0.20	0.50	0.05	0.08	0.05	0.05	0.05
FeW-70B	70.0	0.40	0.20	0.15	0.05	0.30	1.00	0.08	0.10	0.05	0.05	0.05
FeW-75	75.0	0.25	0.10	0.05	0.03	0.10	0.40	0.04	0.06	0.05	0.05	0.05

（3）铌铁。它是铌含量为 50%～65%、钽含量小于 1% 的铁合金，密度为 8g/cm³，熔点为 1500～1600℃。铌铁主要用于熔炼含铌钢，其成分列于表 6-9，磷含量是铌铁质量水平的重要标志。纯铌的熔点为 1453℃，密度为 8.7g/cm³。

表 6-9　铌铁的成分及牌号

牌　号	成分 w/%							
	Nb + Ta	Ta	Al	Si	C	S	P	Ti
	（大于）				（小于）			
Nb1	70	1.5	5	2.5	0.2	0.04	0.05	1
Nb2	70	1.5	7	2.5	0.2	0.06	0.07	2
Nb3	50	1.5	2	10	0.05	0.03	0.05	

牌　号	成分 w/%					
	Nb + Ta	Cu	As	Sn	Sb	Pb	Bi
	（大于）			（小于）			
Nb1	70	0.03	0.005	0.002	0.002	0.002	0.002
Nb2	70	0.06	0.005	0.005	0.005	0.005	0.005
Nb3	50						

（4）镍。电解镍的牌号及其化学成分如表 6-10 所示。

表 6-10　电解镍的成分及牌号

	牌号（代号）	特号镍（Ni-01）	1 号镍（Ni-1）	2 号镍（Ni-2）	3 号镍（Ni-3）
	Ni + Co（不小于）	99.99	99.9	99.5	99.2
	其中 Co（不大于）	0.05	0.10	0.15	0.50
成分/%	C	0.005	0.010	0.020	0.10
	Si	0.001	0.002		
	P	0.001	0.003	0.003	0.02
	S	0.001	0.001	0.003	0.02
	Fe	0.002	0.03	0.20	0.50
	Cu	0.001	0.02	0.04	0.15
	Zn	0.001	0.0015	0.005	
	As（小于）	0.0008	0.001		
	Cd	0.0003	0.001		
	Sn	0.0003	0.001		
	Sb	0.0003	0.001		
	Pb	0.0003	0.001	0.002	0.005
	Bi	0.0003	0.001		
	Mn	0.001			
	Al	0.001			
	Mg	0.001			

特号镍和 1 号镍主要用于熔炼高温合金和精密合金，2 号镍和 3 号镍用于生产合金钢和合金铸钢。

（5）铬。金属铬的熔点为 1857℃，密度为 7.19g/cm³。三种牌号的金属铬成分如表 6-11 所示。金属铬主要在熔炼高温合金、精密合金和电阻合金时作为铬的添加剂使用。铬铁按碳含量的不同可分为微碳铬铁、低碳铬铁、中碳铬铁和碳素铬铁四种，微碳铬铁又分为用硅热法和真空法生产的两种，普通铬铁和真空微碳铬铁的成分如表 6-12 和表 6-13 所示。各种铬铁的气体含量、熔点和密度如表 6-14 所示。微碳铬铁中 VCr3 和 VCr6 可用于熔炼超低碳不锈钢、精密合金、电热合金和电阻合金等；其他铬铁可用于熔炼不锈钢、耐热钢、结构钢；碳素铬铁可用于熔炼高碳合金工具钢、模具钢、轴承钢以及合金铸铁。

表 6-11　金属铬的成分及牌号

牌　号	成分 w/%						
	Cr	Al	Si	C	S	P	Fe
	（大于）	（小于）					
JCr99	99	0.30	0.30	0.02	0.02	0.01	0.40
JCr98.5	98.5	0.50	0.40	0.03	0.02	0.01	0.50
JCr98	98	0.80	0.40	0.05	0.03	0.01	0.80

牌　号	成分 w/%						
	Cr	Cu	As	Sn	Sb	Pb	Bi
	（大于）	（小于）					
JCr99	99	0.04	0.001	0.001	0.001	0.0005	0.001
JCr98.5	98.5	0.06	0.001	0.001	0.001	0.0005	0.001
JCr98	98	0.06	0.001	0.001	0.001	0.001	0.001

表 6-12　铬铁的成分及牌号

种　类	牌号（代号）	成分 w/%						
		Cr（Ⅰ）	Cr（Ⅱ）	C	Si（Ⅰ）	Si（Ⅱ）	P	S
		（大于）		（小于）				
微碳铬铁	微铬 3（VCr3）	60	50	0.03	1.5	1.5	0.04	0.03
	微铬 6（VCr6）	60	50	0.06	1.5	2.0	0.06	0.03
	微铬 10（VCr10）	60	50	0.10	1.5	2.0	0.06	0.03
	微铬 15（VCr15）	60	50	0.15	1.5	2.0	0.06	0.03
低碳铬铁	低铬 25（VCr25）	60	50	0.25	2.0	3.0	0.06	0.03
	低铬 50（VCr50）	60	50	0.50	2.0	3.0	0.06	0.03
中碳铬铁	中铬 100（VCr100）	60	50	1.0	2.5	3.0	0.06	0.03
	中铬 200（VCr200）	60	50	2.0	2.5	3.0	0.06	0.03
	中铬 400（VCr400）	60	50	4.0	2.5	3.0	0.06	0.03
碳素铬铁	碳铬 600（VCr600）	60	50	6.0	3.0	5.0	0.07	0.04
	碳铬 1000（VCr1000）	60	50	10.0	3.0	5.0	0.07	0.04

表 6-13　真空微碳铬铁的成分及牌号

牌号（代号）	成分 w/%					
	Cr	C	Si（Ⅰ）	Si（Ⅱ）	P	S
	（大于）			（小于）		
真铬 1（ZCr01）	65	0.010	1.0	1.5	0.035	0.04
真铬 3（ZCr03）	65	0.030	1.0	1.5	0.035	0.04
真铬 5（ZCr05）	65	0.050	1.0	1.5	0.035	0.04
真铬 10（ZCr010）	65	0.100	1.00	1.5	0.035	0.04

表 6-14　铬铁的气体含量、熔点和密度

铬铁种类	Cr/%	C/%	[H]/%	[N]/%	熔点/℃	密度/g·cm⁻³
真空微碳铬铁	70	0.01 ~ 0.10		0.015 ~ 0.04	> 1650	5.0
微碳铬铁	72	0.10 ~ 0.15	0.0012	0.044 ~ 0.30		
低碳铬铁	68	0.15 ~ 0.50	0.0003 ~ 0.0034	0.030	1620 ~ 1650	7.26
中碳铬铁	60	0.5 ~ 4.0			1570 ~ 1640	7.28
碳素铬铁	60	4.1 ~ 9.0	0.0003 ~ 0.0018	0.039	1500 ~ 1650	6.94

（6）硅铁及硅钙合金。硅是常用的脱氧元素，纯硅熔点为 1412℃，密度为 2.4g/cm³。常用硅铁的成分、密度和熔点列于表 6-15。熔炼含硅的弹簧钢和电工钢时，要求所用硅铁中铝含量尽量低。用于脱氧的硅钙合金牌号和成分如表 6-16 所示。

表 6-15　硅铁的成分、密度和熔点

牌号（代号）	成分 w/%							熔点/℃	密度 /g·cm⁻³
	Si	Mn	Cr	Al	Ca	P	S		
		（小于）							
硅 90 铝 1.5（Si90Al1.5）	87 ~ 95	0.4	0.2	1.5	1.5	0.4	0.02	1350 ~ 1370	2.78 ~ 2.50
硅 90 铝 3（Si90Al3）	87 ~ 95	0.4	0.2	3.0	1.5	0.4	0.02	1350 ~ 1370	2.78 ~ 2.5
硅 75 铝 1（Si75Al1）	72 ~ 80	0.5	0.5	1.0	1.0	0.4	0.02	1300 ~ 1340	3.27 ~ 3.03
硅 75 铝 1.5（Si75Al1.5）	72 ~ 80	0.5	0.5	1.5	1.0	0.4	0.02	1300 ~ 1340	3.27 ~ 3.03
硅 75（Si75）	72 ~ 80	0.5	0.5			0.4	0.02	1300 ~ 1340	3.27 ~ 3.03
硅 60（Si60）	65 ~ 72	0.6	0.5			0.4	0.02		
硅 45（Si45）	40 ~ 47	0.7	0.5			0.4	0.02	1260 ~ 1370	5.61 ~ 5.51

表 6-16 硅钙合金的成分及牌号

牌 号	成分 w/%					
	Ca	Si	C	Al	P	S
	(大于)		(小于)			
Ca31Si60	31	55~65	0.8	2.4	0.04	0.06
Ca28Si60	28	55~65	0.8	2.4	0.04	0.06
Ca24Si60	24	55~65	0.8	2.4	0.04	0.04

（7）金属锰、锰铁、锰硅合金。锰既是钢中的合金元素，又是脱氧元素。锰的熔点为 1244℃，密度为 7.43g/cm³。金属锰主要用于熔炼高锰钢，其牌号和成分如表 6-17 所示。电解金属锰主要用于熔炼精密合金和电阻合金，其牌号和成分如表 6-18 所示。低碳锰铁主要用于熔炼低合金钢和高锰钢，熔点约为 1380℃；中碳锰铁主要用于熔炼低合金钢和脱氧剂，熔点约为 1350℃；高碳锰铁主要用于高碳钢中锰加入剂，熔点为 1250~1300℃，锰铁的牌号和成分如表 6-19 所示。锰硅合金的熔点为 1200~1300℃，主要用作脱氧剂，其成分如表6-20 所示。

表 6-17 金属锰的成分及牌号

牌 号	成分 w/%					
	Mn (大于)	Si	P	Al	Fe	C	S
		(小于)					
JMn1	96	0.5	0.05	0.06	2.5	0.10	0.05
JMn2	95	0.8	0.055	0.08	3.0	0.15	0.055
JMn3	93	1.8	0.06	0.10	4.5	0.20	0.06

表 6-18 电解金属锰的成分及牌号

牌 号	成分 w/%				
	Mn (大于)	C	S	P	Se + Si + Fe
		(小于)			
DJMn99.7	99.7	0.04	0.05	0.005	0.205
DJMn99.5	99.5	0.08	0.10	0.10	0.31

表 6-19　锰铁的成分及牌号

牌号（代号）	成分 w/%						
	Mn（大于）	C	Si（Ⅰ）	Si（Ⅱ）	P（Ⅰ）	P（Ⅱ）	S
				（小于）			
FeMn85C0.2	85.0	0.2	1.0	2.0	0.10	0.30	0.03
FeMn83C0.4（低碳）	83.0	0.4	1.0	2.0	0.15	0.30	0.03
FeMn80C0.7	80.0	0.7	1.0	2.0	0.20	0.30	0.03
FeMn78C1.0	78.0	1.0	1.5	2.5	0.20	0.33	0.03
FeMn75C1.5（中碳）	75.0	1.5	1.5	2.5	0.20	0.33	0.03
FeMn75C2.0	75.0	2.0	1.5	2.5	0.20	0.40	0.03
FeMn75C7.5	75.0	7.5	1.5	2.5	0.20	0.33	0.03
FeMn70C7.0（高碳）	70.0	7.0	2.0	3.0	0.20	0.38	0.03
FeMn65C7.0	65.0	7.0	2.5	3.5	0.20	0.40	0.03

表 6-20　锰硅合金的成分及牌号

牌号（代号）	成分 w/%				
	Mn	Si	C	P（Ⅰ）	P（Ⅱ）
	（大于）		（小于）		
锰硅 23（MnSi23）	63.0	23.0	0.5	0.15	0.25
锰硅 20（MnSi20）	65.0	20.0	1.0	0.15	0.25
锰硅 17（MnSi17）	65.0	17.0	1.7	0.15	0.25
锰硅 14（MnSi14）	60.0	14.0	2.5	0.30	0.30
锰硅 12（MnSi12）	60.0	12.0	3.5	0.30	0.30

（8）钒、钒铁。金属钒的熔点为 1902℃，密度为 6.1g/cm³，主要用于镍基合金生产中；钒铁主要用于生产含钒钢，其成分如表 6-21 所示。

表 6-21　钒铁的成分及牌号

牌　号	成分 w/%					
	V（大于）	C	Si	P	S	Al
				（小于）		
FeV40A	40.0	0.75	2.0	0.10	0.06	1.0
FeV40B	40.0	1.00	3.0	0.20	0.10	1.5
FeV50A	50.0	0.50	2.0	0.10	0.04	0.5
FeV50B	50.0	0.75	2.5	0.10	0.06	0.8
FeV75A	75.0	0.20	1.5	0.05	0.04	3.0
FeV75B	75.0	0.30	2.0	0.10	0.06	4.0

（9）硼铁、镍硼合金。硼铁主要用于生产含硼钢，其熔点为 1380℃，密度为 7.2g/cm³，成分如表 6-22 所示；镍硼是熔炼镍基合金时硼的加入剂，其成分如表 6-22 所示。

表 6-22　硼铁、镍硼合金的成分

牌号（代号）	成分 w/%						
	B（大于）	C	Al	Si	S	P	Ni
		（小于）					
硼 20（B20）	19～24	0.1	3	4	0.01	0.02	
硼 10（B10）	9～14	0.1	6	10	0.01	0.1	
硼 15（B15）	14～19	2.5	2	10	0.1	0.2	
硼 5（B）	4～9	2.5	3	15	0.1	0.2	
镍硼 1（NiB2）	9～14	0.2	3～8	5～7	0.005		余量
镍硼 2（NiB2）	20～25	0.05	1.5	0.5			余量

（10）钛铁。钛铁主要用于熔炼铁基精密合金和合金钢，铝热法生产的钛铁的成分和熔点、密度列于表 6-23。

表 6-23　钛铁的成分、熔点和密度

牌　号	成分 w/%								熔点/℃	密度/g·m⁻³
	Ti	Al	Si	P	S	C	Cu	Mn		
FeTi30-A	25.0～35.0	8.0	4.5	0.05	0.03	0.15	0.50	3.0	1510～1540	6.52～6.99
FeTi30-B	25.0～35.0	9.0	5.5	0.07	0.04	0.20	0.50	3.0	1510～1540	6.52～6.99
FeTi40-A	35.0～45.0	9.0	3.0	0.03	0.03	0.10	0.50	3.0	1430～1510	6.25～6.52
FeTi40-B	35.0～45.0	10.0	4.0	0.04	0.04	0.15	0.50	3.0	1430～1510	6.25～6.52

（11）铝锭。铝熔点为 660℃，密度为 2.7g/cm³，金属铝主要用作脱氧剂，熔炼高温合金和精密合金的加入剂。铝锭的成分如表 6-24 所示。

表 6-24　铝锭的成分

级　别	牌　号	成分 w/%					
		Al（大于）	Fe	Si	Fe＋Si	Cu	总和
			杂质（不大于）				
特一级	Al99.7	99.70	0.16	0.13	0.26	0.010	0.30
特二级	Al99.6	99.60	0.25	0.18	0.36	0.010	0.40
一级	Al99.5	99.50	0.30	0.25	0.45	0.015	0.50
二级	Al99.0	99.00	0.50	0.45	0.90	0.020	1.00
三级	Al98.0	98.00	1.10	1.00	1.80	0.050	2.00

159. 感应熔炼钢时常用哪些造渣材料，对它们的要求是什么？

感应炉熔炼用的造渣材料包括石灰、萤石、石英砂等。石灰是碱性渣的主要造渣材料，石灰中 CaO 含量越高，质量越好；石灰的密度小，气孔面积大，石灰的反应能力越强；石灰中硫含量越低越好；石灰中水含量越少越好。冶金石灰的等级及成分如表 6-25 所示。萤石是碱性渣的稀释剂，用来调整渣的流动性，其主要成分是 CaF_2，熔点为 1200℃左右，密度约 $3.0 \sim 3.25 g/cm^3$，冶金用萤石的品级、成分和用途如表 6-26 所示。萤石在使用前应用清水洗涤并烘干。石英砂主要成分是 SiO_2，用来降低渣的碱度和熔点，改善渣的流动性。SiO_2 含量不小于 90% 的石英砂就可作为造渣材料用，普通白玻璃碎片是使用酸性坩埚熔炼时的造渣材料。

表 6-25　冶金石灰的成分

等　级	成分 w/%					灼减/%	生烧率 + 过烧率/%	活性度 (4mol HCl, 40℃，10min)
	CaO (大于)	MgO	SiO	P	S			
			(小于)					
优级品	92	2.0	1.0	0.02	0.05	≤3	≤5	>310mL
一级品	90	3.0	2.0	0.04	0.10	≤4	≤8	>210mL
二级品	85	4.0	3.0	0.05	0.15	≤5	≤10	
三级品	80	7.0	5.0	0.06	0.20	≤7	≤16	

表 6-26　萤石的品级、成分和用途

品　级	成分 w/%				一般用途
	CaF_2 (大于)	SiO_2	S	P	
		(小于)			
1	95	4.7	0.10	0.06	熔炼特殊钢和合金用
2	90	9.0	0.10	0.06	熔炼特殊钢和合金用
3	85	14.0	0.10	0.06	熔炼优质钢用
4	80	19.0	0.15	0.06	熔炼普通钢用
5	75	23.0	0.15	0.06	熔炼普通钢、化铁、炼铁用
6	70	28.0	0.15	0.06	化铁和炼铁用
7	65	32.0	0.15	0.06	化铁和炼铁用

160. 有色玻璃为什么不能用于造酸性渣的造渣材料？

有色玻璃中常含有各种金属氧化物，例如，蓝色玻璃中含有 Co_2O_3，绿色玻

璃中含有 Cu_2O，红色玻璃中含有 $AuCl_3$，这些金属被还原进入钢液中，会使得到的产品为废品，故不能用有色玻璃造酸性渣。此外含铅（Pb）的玻璃也不适合造酸性渣。

161. 感应炉熔炼时装料应注意的问题是什么?

（1）感应炉装料前应清除炉内残渣，检查炉衬损坏情况，局部损坏严重处因冷却快而变黑，应该进行修补。补炉材料的粒度应较打结材料略小，所用黏结剂应略多一些。损坏严重的大型炉子可以吊入铁模进行填补打结。

（2）由于感应炉出钢后降温很快，故应快速装料，应尽可能用料桶装料。为了加速熔化，应该根据炉内温度情况合理布料。感应炉内温度分布如图 6-13 所示。由于电流的集肤效应，接近坩埚的料柱四周表面（Ⅰ区）为高温区，底部和中部（Ⅱ、Ⅲ区）散热较差为较高温区，上部（Ⅳ区）磁通少而热损失大为低温区。

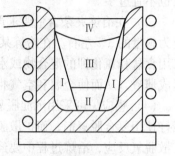

图 6-13　无芯感应炉坩埚中的温度分布

为了提前成渣，装料前可先在炉底上加入料重 1% 的渣料，碱性炉加石灰和萤石，酸性炉加碎玻璃（无色）。

162. 感应炉熔炼炉料熔化开始后应注意哪些问题?

对于使用并联电路的中频感应炉来说，应注意以下问题。

（1）熔化开始时，由于线路上的电感和电容未能迅速匹配得当，电流不稳，故在短时间内只能以低功率供电。一旦电流稳定，即应转为全负荷送电。熔化过程中应该不断调整电容，以保持电设备具有较高的功率因数。炉料全熔后将钢液过热到一定程度，再根据冶炼要求降低输入功率。

（2）应该控制适当的熔化时间。熔化时间过短，会在电压、电容选择方面造成困难，过长则会使无益的热损增大。

（3）布料不当或炉料含锈过多都会发生"架桥"现象，应该及时予以处理。"架桥"使上部未熔料不能落入已熔钢液，使熔化停滞，而且底部钢液过热容易损坏炉衬，还会使钢液大量吸收气体。

（4）由于电磁搅拌作用，钢液中部隆起，炉渣经常流向坩埚边缘黏结于炉壁上，因此熔化过程中应根据炉况不断补加渣料。

163. 感应炉熔炼中精炼和脱氧时应注意哪些问题?

（1）炉料全熔后一般不进行脱碳沸腾，虽然可以加矿粉或吹氧来脱碳，但问题很多，炉衬寿命也难保证。至于脱磷和脱硫，炉内基本不能脱磷；在一定条件下能去除一部分硫，但代价很大。因此最合适的办法是配料中碳、硫、磷都达到钢种的要求。

（2）脱氧是感应炉冶炼的最重要的任务。为了得到良好的脱氧效果，首先应选择成分合适的炉渣。感应炉炉渣的温度较低，因此应该选择熔点低而流动性好的炉渣。通常选用 70% 石灰和 30% 萤石作为碱性渣料。由于萤石在熔炼过程中不断挥发，故应随时补充，但考虑到萤石对坩埚的侵蚀作用和渗透作用，加入量也不宜过多。

（3）在冶炼夹杂含量要求严格的钢种时，应将早期渣扒除另造新渣，其数量为料量的 3% 左右。在冶炼某些含有较高极易氧化元素（如铝）的合金时，可采用食盐和氯化钾的混合物或水晶石等作为造渣材料。它们会在金属液面上迅速形成薄渣，从而使金属和空气相隔绝，减少了合金元素的氧化损失。

（4）感应炉可采用沉淀脱氧法，也可采用扩散脱氧法。采用沉淀脱氧法时，最好使用复合脱氧剂，而扩散脱氧剂用碳粉、铝粉、硅钙粉和铝石灰等。为促进扩散脱氧反应，冶炼过程中要经常进行捣碎渣壳的操作，但为防止扩散脱氧剂大量掺入钢液，应在其熔化后再进行倒渣操作。

（5）扩散脱氧剂应分批加入，脱氧时间应不短于 20min。铝石灰用 67% 铝粉和 33% 粉状石灰配成，配制时应先把石灰混水后加入铝粉，边加边搅，过程中大量放热，当混匀后放冷即成。使用前须加热烘干（800℃），约经 6h 即可使用。

（6）感应炉冶炼的合金化略同于电弧炉，有些合金元素可以在装料时加入，有些可在还原期加入。当钢渣还原完全后即可进行最后的合金化操作。易氧化元素加入前，可将还原渣全部扒除或部分扒除，以提高其回收率。由于电磁搅拌作用，加入的铁合金一般熔化较快，分布也较均匀。

（7）出钢前温度可用插入式热电偶测量，出钢前可进行最终插铝。

164. 中频炉熔炼优质钢、合金钢合理的实际操作案例是如何进行的？

以国内某厂 8t 中频炉为例。

A　装料操作

（1）装料前要认真确认合金、高合金返回料、废钢锭的品名类别，避免装料发生错误。按生产组织及品种计划要求，定量装入，并进行记录。

（2）装入炉内的合金、高合金返回料、废钢锭不得混有其他杂物，不得潮湿或带有泥土、雨水等。

（3）密闭容器严禁装入炉内。

（4）熔化合金时，如果合金的品名和块度不同，装料时要求将熔点较高的合金，如：钼铁、钨铁等放在中间；熔点较低的合金放在底部或上部；对于 Cr 合金，将块度较小的放在底部或中部，块大的放在上部。

（5）熔化铬合金。当钢水液面距炉口边缘 500mm 时，原则上不再加入铬合金或其他高熔点合金（如：钼铁、钨铁等）。如果冶炼品种需要，则加入时要求分批加入，每批不得超过 200kg。每批加入前必须保证已加入炉内合金全部熔化后方能继续加入。

（6）装入钢锭时，要求用小块料填充钢锭与炉壁缝隙，以便加快熔化速度和提高电磁利用率。

B　熔炼操作

（1）如果炉内留钢水大于 3t，装料后，送电开始可将功率调至允许的最大功率负荷；如果炉内未留钢水或留钢量小于 3t，装入钢锭或其他大块重料后，功率应按一定时间间隔进行逐步增大，在前 10～15min 时间内严禁将功率调至允许的最大负荷。

（2）送电过程要随时观察炉况，发生搭桥或架料情况时，要及时进行处理，避免底部钢水温度过高造成事故，同时避免电耗浪费。

（3）为避免钢水裸露被空气氧化，熔炼过程中，在形成熔池的部位（或钢水裸露处）加入定量的预熔型合成渣，每炉加入总量控制在 10～20kg，待炉料全部熔清后，要适当降低功率，同时要加入 1～2 袋覆盖剂。

（4）在炉役前期（50 次以前），根据炉况，如果局部因加入 20Mn23AlV 返回料黏渣严重对装料造成影响，熔炼过程在黏渣部位加入 5～10kg 硅钙块，加入总量不得 20kg。

（5）确认炉内钢锭或返回原料全部熔清后，进行测温，除了确认熔化合金以外，温度达到 1600℃，方可进行取样，取样前要通知化验室炉内所装的返回料的类别及数量。待成分确定后，要立即通知精炼工段及调度。

（6）熔炼过程中要随时观察炉内液面有无结壳现象，尤其是上部低温区，如发现有结壳情况，要求立即停电进行处理，避免事故发生。

C　出钢操作

（1）出钢温度。熔化合金时，如果含有钼、钨合金，出钢温度要求控制在 1650～1700℃；熔化金属锰，出钢温度要求控制在 1600～1620℃。除了确认熔化合金以外，熔化钢锭或其他返回原料时，根据炉内钢水成分决定出钢温度。表 6-27 提供了出钢温度的数据，出钢量是按 5～8t 计算，如果出钢量低于 5t，每少 1t，出钢温度提高 10℃。

（2）出钢量。温度达到出钢要求后，根据冶炼工序钢水成分情况及调度生产组织情况，按调度要求的出钢量进行出钢。熔炼合金、冶炼铬钼钢如果不连续操作，要求务必出尽。出钢完毕，在钢包内加入 2～3 袋覆盖剂。出钢前要将出钢槽清理干净，保证钢流通畅，不致发生堵塞或散流现象。

表 6-27　　钢水成分及出钢温度

中频炉钢水成分			中频炉出钢温度/℃	说　明
[%C]	[%Mn]	[%Cr]		
0.20 ~ 0.30	0.20 ~ 1.00	0.20 ~ 1.00	1620 ~ 1640	1. 如果 Mn 或 Cr 含量超过 1.00%，中频炉出钢温度在左栏规定出钢温度基础上再下降 1℃。例如：当 C 含量为 0.20% ~ 0.30%，Mn 或 Cr 含量为 2.0% ~ 3.0% 时，出钢温度按：1599 ~ 1629℃控制。
0.30 ~ 0.40	0.20 ~ 1.00	0.20 ~ 1.00	1610 ~ 1630	
0.40 ~ 0.50	0.20 ~ 1.00	0.20 ~ 1.00	1600 ~ 1620	
0.50 ~ 0.60	0.20 ~ 1.00	0.20 ~ 1.00	1590 ~ 1610	
0.60 ~ 0.70	0.20 ~ 1.00	0.20 ~ 1.00	1580 ~ 1600	
0.70 ~ 0.80	0.20 ~ 1.00	0.20 ~ 1.00	1570 ~ 1590	2. 如果 Mn、Cr 含量均超过 1.00%，下降温度进行累加。如当 C 含量为 0.2% ~ 0.3%，Mn 和 Cr 含量分别为 2.0% ~ 3.0% 时，出钢温度按 1598 ~ 1628℃进行控制
0.80 ~ 0.90	0.20 ~ 1.00	0.20 ~ 1.00	1560 ~ 1580	
0.90 ~ 1.00	0.20 ~ 1.00	0.20 ~ 1.00	1550 ~ 1570	
1.00 ~ 1.20	0.20 ~ 1.00	0.20 ~ 1.00	1540 ~ 1560	
1.20 ~ 1.30	0.20 ~ 1.00	0.20 ~ 1.00	1530 ~ 1550	

165. 中频炉与电弧炉及 LF 炉是怎样相配合生产各类合金钢的？

现以某厂实际案例加以说明。

中频炉与电弧炉、LF 炉相配合冶炼各类合金钢生产工艺流程如图 6-14 所示。

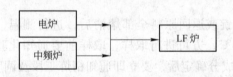

图 6-14　　中频炉与其他熔炼炉配合冶炼工艺流程

电炉（50t）粗钢水冶炼时间 60 ~ 65min，中频炉（8t）熔化合金或返回料熔化 60min，电炉钢水与中频炉熔化的合金加入 LF 钢包炉（60t）精炼 75min，部分进行 VD 真空脱气处理。所生产各类钢种主要包括：车轴钢、车轮钢、气瓶钢、模具钢、合金结构钢等几大系列。

166. 感应熔炉冶炼磁性能差的钢种应注意的问题是什么？

（1）冶炼一些导磁性能差或非磁性材料时，由于磁导率降低，使主磁通 Φ 减小，降低了热效率。

（2）主磁通与漏磁通是同时存在的，往往漏磁通要比主磁通大，当冶炼导磁性能差或非磁性材料时，由于漏磁通的增大，表现出来的现象是直流电流大而中频感应电压（直流电压）低。

（3）晶闸管的可靠换流是靠反向电压使晶闸管可靠关断实现的，如中频电压和直流电压低，会使晶闸管换流困难，甚至会出现不关断直通短路现象，严重威胁中频电源及晶闸管的安全运行。

（4）导磁性能差的钢种有 RH13、20Mn23AlV、民用 917（45Mn17Al3）。冶炼上述导磁性能较差的钢种时，一定要忽略功率，密切注意电流的变化，一要使直流电流在 KP 管额定电流 60% 以下运行；二要注意直流电压，尽量使其在高电压运行，以便使 KK、KP 管可靠换流。

167. 感应炉与 AOD 炉配合生产不锈钢的工艺流程是怎样的？

感应炉与 AOD 炉配合生产不锈钢的工艺流程如图 6-15 所示。

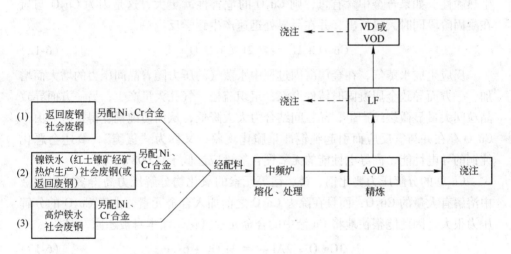

图 6-15　MFF-AOD 工艺流程

运用感应炉与 AOD 炉配合生产不锈钢时，所用金属料可根据生产企业的具体供料条件而定，如图 6-15 指出（1）或（2）或（3）三种配制金属料。配制好的金属料加入中频炉经熔化与处理后，即可将初炼钢水兑入 AOD 炉，经精炼后炼成不同牌号的不锈钢可直接进行浇注成铸锭（连铸坯）或铸件。也可根据品种质量的要求将 AOD 精炼后的不锈钢经 LF 炉处理后进行浇注或再经 VD 或 VOD 炉进一步处理后进行浇注。

168. 用感应炉熔炼铜合金具有什么特点？

铜及其铜合金的熔炼具有多种熔炼方式，但感应熔炼具有速度快、能精确地调整和控制熔炼温度和时间、元素烧损小、合金成分均匀等特点，因而被广泛地应用在生产中，特别是较重要的紫铜和铜合金工艺品的生产中。

169. 铜液的氧化具有哪些特性，为什么要进行脱氧处理？

铜及铜合金熔炼时之所以需要脱氧，是由它的氧化特性所决定的，在熔炼的高温下，铜液表面很容易被空气所氧化，其氧化反应如下：

$$4Cu + O_2 \Longleftrightarrow 2Cu_2O \qquad\qquad (6\text{-}11)$$

Cu_2O 在铜液表面生成后，能不断溶于铜液中。

铜液凝固时所析出的 Cu_2O 对纯铜及锡青铜、铝青铜等有很大的危害性，它比其他氧化物，如 Al_2O_3、SiO_2、SnO 等，对其力学性能的破坏作用更大，这是由于 Cu_2O 在凝固阶段析出时，以低熔点的共晶体分布在晶界处，从而使纯铜产生热脆性。如果合金中含有氢，则 Cu_2O 的危害性就更大，这是因为 Cu_2O 与氢在凝固阶段同时大量析出，并在晶界处迅速产生化学反应：

$$Cu_2O + H_2 \Longleftrightarrow 2Cu + H_2O_汽 \uparrow \qquad\qquad (6\text{-}12)$$

反应生成水蒸气，在金属凝固过程中水蒸气的压力随着晶间压力的增大而增加，一方面导致金属凝固时铸件上涨，组织疏松，气孔大量产生；另一方面导致晶粒间大量显微裂纹产生，晶粒间结合力大大降低，从而使纯铜变得很脆。由于 Cu_2O 存在并与氢反应而引起纯铜严重脆化现象，又称为"氢脆"，氧还会恶化纯铜的导电性能，高导电性能的无氧铜含氧量应远低于 0.008% 以下。

Cu_2O 的分解压力要比铝、镁、锰等元素的氧化物分解压力高得多，当铜液中溶解有大量的 Cu_2O，而且在除去 Cu_2O 之前加入合金元素，由于 Cu_2O 的分解压力很大，因此能很快地将 Cu 液中的合金元素氧化，而本身被还原，即：

$$3Cu_2O + 2Al \Longleftrightarrow Al_2O_3 + 6Cu \qquad\qquad (6\text{-}13)$$

$$2Cu_2O + Si \Longleftrightarrow SiO_2 + 4Cu \qquad\qquad (6\text{-}14)$$

所生成 Al_2O_3、SiO_2 氧化物悬浮弥散在铜液中，危害性极大，为此，铜及铜合金熔炼时，必须首先彻底除去 Cu_2O，然后再加入其他合金元素。基于以上两方面原因，铜及铜合金熔炼时应进行脱氧处理，也即要求使铜液中的 Cu_2O 还原。

170. 铜液的脱氧方法有哪些种类？

能溶解在铜及铜合金中的氧化物只有 Cu_2O，因此，铜液的脱氧就是使铜液中的 Cu_2O 还原的过程。脱氧方法可分为：沉淀脱氧、扩散脱氧以及沸腾脱氧（CO、H_2）三种。

171. 铜液脱氧时对脱氧剂的选用应有哪些要求?

（1）脱氧剂的氧化物分解压力应小于 Cu_2O，其氧化物分解压力值与 Cu_2O 分解压力值相差愈大，脱氧反应进行得愈完全、愈迅速。

（2）脱氧剂溶解在铜液中，应对铜及铜合金无坏影响，而锑、砷、硅、铝对锡青铜危害性很大，因此，虽然它们的氧化物分解压力小于 Cu_2O，但不能作为铜合金的脱氧剂。

（3）脱氧产物熔点要低，相对密度要小，才能使脱氧产物易于凝聚、上浮和被排除。某些氧化物如 Al_2O_3（熔点为 2050℃）、SiO_2（熔点为 1710℃）和 CaO（熔点为 2572℃），由于其熔点高，与铜及铜合金熔点相差太大，因此这些氧化物在铜液中不凝聚，而是以细小的氧化物质点弥散在铜液中，相对密度虽然都小于铜，但却不易上浮，成为铜液中的非金属夹杂物，既降低了合金液的流动性，又使合金的力学性能恶化。因此，铝、硅、钙等元素虽能使 Cu_2O 还原，但不能达到完全脱氧的目的，因而不能作为铜合金的脱氧剂。

（4）脱氧剂应该是价格便宜，来源广泛的物质。

172. 铜液脱氧时常用的脱氧剂及其使用要点是什么?

铜液脱氧时常用的脱氧剂及其使用要点如表 6-28 所示。

表 6-28　常用脱氧剂及使用要点

脱氧剂	应用范围	使用要点
P	紫铜、锡青铜、铅青铜、磷青铜	以 P-Cu 合金形式加入
Zn	紫铜、锡青铜、铅青铜、黄铜	对青铜在紫铜和旧料熔化后加入 0.5% ~1%；对黄铜则以合金成分加入。用锌脱氧的青铜用于制造导电零件
Mn	铝青铜	紫铜化后以 Cu-Mn 中间合金加入，加入量以 Mn 占铜液重量的 0.5% ~1% 计算，用 Mn 脱氧可减少 Al_2O_3 杂质，提高合金质量
Be	导电用紫铜及所有铜合金	浇注前以 Cu-Be 中间合金加入，加入量以 Be 占合金液的 0.01% ~0.02% 计算，用 Be 脱氧的合金，其组织致密，强度高
Li	导电用紫铜及所有铜合金	浇注前以 Cu-Li 或 Li-Ca 中间合金加入，加入量以 Li 占铜液重量的 0.01% ~0.02% 计算
Mg	导电用紫铜及其他铜合金（不能用于铝青铜）	浇注前以 Cu-Mg 中间合金加入，加入量以 Mg 占铜液重量的 0.04% ~0.06% 计算
食盐	铝青铜及特殊黄铜	浇注前加入 0.5% ~1%
硼砂	黄铜及特殊黄铜	浇注前加入 0.05% ~0.1%
硼渣	紫铜、硅青铜等	浇注前加入 0.05% ~0.1%

173. 磷铜脱氧的反应是如何进行的？

脱氧剂磷是以磷铜中间合金（磷含量为 8% ~ 14%）形式加入铜液，由于为沉淀脱氧，脱氧速度快，脱氧彻底，当磷铜合金加入铜液后，脱氧反应即在整个熔池内进行，其脱氧过程如下：

第一阶段，磷蒸气（磷沸点为 280℃）立即与铜液中 Cu_2O 作用

$$5Cu_2O + 2P \Longrightarrow P_2O_5\uparrow + 10Cu \tag{6-15}$$

反应生成的 P_2O_5 沸点为 347℃，在铜液中呈气态，故生成后立即以气泡形式上升，一部分 P_2O_5 气泡逸至金属液面外；

第二阶段，另一部分 P_2O_5 气泡在上升过程中继续与 Cu 液中 Cu_2O 起反应：

$$Cu_2O + P_2O_5 \Longrightarrow 2CuPO_3 \tag{6-16}$$

当 Cu_2O 含量较高，磷蒸气逸出较缓慢时，磷也可直接与 Cu_2O 作用生产 $CuPO_3$（偏磷酸铜）：

$$6Cu_2O + 2P \Longrightarrow 2CuPO_3 + 10Cu \tag{6-17}$$

生产的 $CuPO_3$ 熔点低，相对密度小，在铜液中呈球状液体，很易聚集和上浮。

反应 (6-15) ~ 反应 (6-17) 三个反应实际上是同时发生的。

174. 磷脱氧为什么必须采用 P-Cu 中间合金（含磷 8% ~ 14%）的形式加入？

磷脱氧必须采用 P-Cu 中间合金（含磷 8% ~ 14%）的形式加入，这主要是因为磷具有很低的熔点（44.1℃）和沸点（280℃），较小的密度（1.8g/cm³），而且有毒性，如果磷直接加入铜液，会引起铜液的沸腾、飞溅，导致磷大量蒸发、烧损以及操作不安全并有害人体健康。

P-Cu 中间合金熔点为 714 ~ 1022℃，其组织由 Cu_3P 与（$\alpha + Cu_3P$）共晶体所组成，Cu_3P 硬而脆，故 P-Cu 中间合金呈脆性，很容易砸成小块，便于配料。

175. P-Cu 合金加入量是怎样确定的？

P-Cu 合金加入量主要取决于铜合金液中含氧量、P-Cu 合金的含磷量，而且与铜合金液温度及操作工艺有关。实际生产中磷的加入量一般为铜合金液总量的 0.03% ~ 0.06%，如果按含磷 10% 的 P-Cu 合金计算，则 P-Cu 合金的加入量一般为铜合金液总量的 0.3% ~ 0.6%。磷加入量过多，使铜合金液中残余磷含量过高，也恶化了铜的导电性能，而且会促使铜合金液与铸型中水蒸气起反应：

$$2P + 5H_2O \Longrightarrow P_2O_5 + 10H \tag{6-18}$$

反应生产的氢很快溶解在铜合金液中，因而增加了铸件的针孔度，这种现象

又称为"铸型反应"。当采用砂型铸造时，很易产生铸型反应，因此残余磷含量应限制在 0.005% ~ 0.01% 范围内，只有在金属型铸造时才允许有较高的残余磷含量。一般砂型铸造时加入 0.03% ~ 0.04% 的磷，金属型铸造时加入 0.05% ~ 0.06% 的磷，此时不仅能较完全脱氧，而且铸型反应也很弱。在实际生产中如果采用氧化法熔炼锡青铜时，磷的加入量可比其他铜合金高一些，当锡青铜采用金属型铸造时，磷的加入量可达到 0.07% ~ 0.1%。

应该指出，磷脱氧处理后铜合金液中如果一点残余的磷也没有，那么铜合金中必然还有大量的氧存在，凝固时所含的少量氧很易与凝固时析出的微量的氢发生反应，生成水蒸气 $[H_2O_{(汽)}]$ 从而增加了铸件中气孔缺陷和"氢脆"的产生。

此外，磷能显著降低铜合金液的表面张力，增加铜合金组织中易熔共晶体的数量，因此，能提高铜合金液的流动性和充填铸型的能力，所以对薄壁小件铜合金，可以适当提高磷的加入量，这时虽然残余磷含量增加，但由于薄壁件凝固很快，"铸件反应"来不及进行，故危害性不大。电工器材用的高电导率的紫铜材料若含有微量的磷，将大大降低其电导率，故用 P-Cu 脱氧是不合适的，应用其他脱氧剂代替。

176. P-Cu 合金的加入方法是怎样进行的?

对熔炼锡青铜（铜和锡为主要成分的合金）而言，是首先在氧化性气氛下（不加覆盖剂）使紫铜快速熔化。P-Cu 中间合金一般分两次加入，第一次是紫铜熔化后，当铜液温度达到 1150 ~ 1200℃ 时，加入应加 P-Cu 合金总量的 2/3，其主要目的是把紫铜中的 Cu_2O 还原，然后加入合金元素，当所加合金元素有锡、锌、铅时，可先加锌，后加锡、铅。这是因为锌的熔点比锡和铅要高，且锌有良好的脱氧作用，先加入后可使铜液彻底脱氧，从而能避免 SnO_2 的产生。但锌蒸发量要大一些，如果先加锡，往往因紫铜脱氧不充分而生成 SnO_2 夹杂物，很难去除。

第二次加 P-Cu 合金是在浇注前，加入剩余的 1/3 的 P-Cu，起辅助脱氧和精炼作用。

应该指出，一般铜合金熔炼都需要加磷脱氧，但普通黄铜中含锌最高，锌本身就是铜液的优良脱氧剂，因此，不需要加磷脱氧。磷是铝青铜的有害杂质，因此常用 Mn-Cu 合金脱氧，而不用磷脱氧。

如果熔炼紫铜，则应在紫铜熔化后，首先强烈氧化铜液以去除铜液中的氢，常用的氧化性熔剂为氧化铜，加入量为 1% ~ 2%。氧化去氢后，应立即进行脱氧，常用的脱氧法有青木（新鲜松木）和磷铜脱氧两种。用磷铜脱氧，磷铜可一次加入，其磷的加入量应增多，加磷量应为 0.15% ~ 0.20%，磷铜中按磷含量 10% 计算，加入量为 Cu 合金液总量的 1.5% ~ 2.0%，才能确保 Cu_2O 的去除。

177. 熔炼铜合金为什么必须去气?

熔炼铜合金时炉气中的气体有 H_2、O_2、CO_2、CO、SO_2、H_2O 蒸气等,这些气体不仅能使合金氧化(如 O_2、CO_2、H_2O 蒸气等),而且能溶解在铜合金液中(如 H_2、H_2O 蒸气等),导致铸锭(件)中气孔的产生。

SO_2 不仅能溶解于铜合金液中,而且能与 Cu 迅速发生反应生成 Cu_2S,Cu_2S 在凝固时析出在界面上,成为有害的夹杂物,导致铜合金产生热脆。如果铜合金中同时有 Cu_2O 的存在,则会产生如下反应:

$$Cu_2S + 2Cu_2O \Longrightarrow 6Cu + SO_2 \tag{6-19}$$

铜合金液凝固时 SO_2 以气泡析出,如来不及析出则形成气孔,因为炉气中一般 SO_2 含量很低,因此形成的气孔缺陷很少。

178. 熔炼铜合金时为什么可用氧化法去气,氧化法去气的特点是什么?

为去除气体可采用氧化法,所谓氧化法去气就是利用铜合金中氢、氧浓度间相互制约的关系,首先增加铜液中氧含量,以尽可能排除氢,然后再进行充分脱氧,脱氧后立即浇铸,这样可以达到即去气又脱氧的目的。

应该指出,氧化法去气适用紫铜和锡青铜等制作金属工艺品的合金熔炼,对于一些合金液中已含有氧化物分解压力较低的活泼元素的铜合金,则不适宜用氧化法去气熔炼,这是因为氧化法能使合金元素剧烈氧化,氧化物夹杂含量增大,且不能达到去氢的目的。

氧化法脱气时常用的熔剂是一些在高温下不稳定的高价氧化物,如锰矿石(MnO_2)、高锰酸钾($KMnO_4$)、氧化铜(CuO)等。氧化剂加入量为 $1\% \sim 2\%$,用氧化性熔剂熔炼时,P-Cu 脱氧剂加入量比通常的情况要高,视铜液氧化程度来决定,一般强氧化气氛下熔炼加磷量为 $0.04\% \sim 0.06\%$,强氧化下熔炼加磷量为 $0.15\% \sim 0.20\%$。

179. 熔炼铜合金时为什么要精炼,精炼是怎样进行的?

在铜合金熔炼时,铜液中常会含有呈固态小质点高熔点不熔性的氧化物夹杂(Al_2O_3、SiO_2、SnO_2 等)弥散其中,这些氧化物分解压力很低,很难用氧化法使其还原。精炼的主要目的就是去除铜合金液中不溶性氧化物夹杂,由于这些氧化物夹杂大多呈酸性或中性,因此常用碱性熔剂来去除这些杂质。

常用的碱性精炼熔剂有苏打(Na_2CO_3)、冰晶石(Na_3AlF_6)、萤石(CaF_2)、碳酸钙($CaCO_3$)、硼砂($Na_2B_4O_7$)等,这些精炼剂与酸性氧化物夹杂作用后生成低熔点的复盐。这些复盐不仅熔点低且密度小,易于聚集和上浮而进入熔渣被排除。

应该指出，一般情况下熔炼铜合金时是不加熔剂的，只有在使用含有杂质量大的杂铜以及某些氧化物较严重的铜合金时才使用熔剂精炼，因为精炼后渣量较大，因此必须彻底清渣。

参照钢液喷射冶金的经验，用惰性气体（N_2、Ar 等）喷吹清洗铜液，也是铜液精炼的一种方法。已有人开始着手在研究。

180. 在工业生产中都用哪些方法生产铸造铝合金？

生产各类铸造铝合金时，首先用电解法生产出的原铝，循环利用的再生铝经反射炉、电阻炉或感应炉将它们熔化，并配以各类中间合金使其符合所生产品种的化学成分的要求，最终浇注成各种铸件（或锭、坯）。

181. 铸造铝合金是怎样进行分类的？

铸造铝合金的分类如表 6-29 所示。

表 6-29　铸造铝合金的分类

类　别	合金名称	主要合金成分 （合金系）	热处理和性能特点	举　例
铸造 铝合金	简单铝硅合金	Al-Si	不能热处理强化，力学性能较差，铸造性能好	ZL102
	特殊铝硅合金	Al-Si-Mg	可热处理强化，力学性能较好，铸造性能良好	ZL101
		Al-Si-Cu		ZL107
		Al-Si-Mg-Cu		ZL105ZL110
		Al-Si-Mg-Cu-Ni		ZL109
	铝铜铸造合金	Al-Cu	可热处理强化，耐热性好，铸造性和耐蚀性差	ZL201
	铝镁铸造合金	Al-Mg	力学性能好，抗蚀性好	ZL301
	铝锌铸造合金	Al-Zn	能自动淬火，宜于压铸	ZL401
	铝稀土铸造合金	Al-Re	耐热性好，耐蚀性高	ZL109Re

182. 氢在铝液中的溶解度是怎样的？

氢在铝中的溶解度如图 6-16 所示。

由图可见，在高温液态下（700～800℃）氢具有较高的溶解度，但由液态向固态转变时，氢的溶解度明显减小，固态时为 0.036mL/100g，液态时则为 0.68mL/100g，两者差值为 0.64mL/100g，若不及时将氢排出，凝固后的铸件

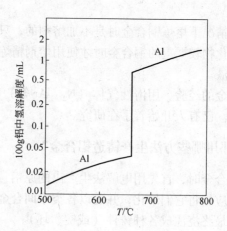

图 6-16　0.1MPa 氢分压下，氢在铝中的溶解度

（或锭、坯）就会产生较多的气孔。

183. 铝液中气体是从哪里来的？

溶入铝液中的气体绝大部分是氢，研究证明，铝液中的氢和氧化物夹杂来自铝液和水汽的反应。

铝在液态下与水蒸气发生下列反应：

$$2Al_{(液)} + 3H_2O_{(气)} \Longrightarrow \gamma\text{-}Al_2O_3 + 3H_2 \qquad (6\text{-}20)$$

$$3H_2 \Longrightarrow 6H \qquad (6\text{-}21)$$

$$2Al_{(液)} + 3H_2O_{(气)} \Longrightarrow \gamma\text{-}Al_2O_3 + 6H \qquad (6\text{-}22)$$

在一般熔炼温度下，例如，温度 $T = 1000K$，$p_{H_2O} = 1kPa$（相当于我国东南沿海夏季的湿度）时，根据热力学计算，由于铝液与水蒸气发生上述反应的结果，使得铝液表面上氢的分压 p_{H_2} 可达约 $1.2 \times 10^{10} MPa$，因此，氢便强烈地溶入铝液中，式（6-21）也是一个极有害的反应。由此可见，熔炼温度愈高，铝液与水蒸气就愈易发生反应，其危害也就愈大。

184. 为了防止氢溶入炉液应注意哪些问题？

（1）炉料及熔炼工具经表面清理后，必须预热，除去表面吸附的水汽，方能进入铝液。

（2）各种溶剂、变质剂使用前必须烘干或脱水预熔，炉衬必须烘干，砂型中的水分应严格控制。

（3）铝锭不应露天堆放，而应贮存于干燥的仓库中，以防止产生铝锈。对于已经生锈的铝锭，熔炼前应彻底清除，否则，其他工艺操作即使控制很严格，也难获得优质的铝液，严重时甚至可能整炉炉液报废。

（4）应严禁使用沾有油渍的炉料。这是因为各种油脂都是复杂的碳氢化合物，铝液与油脂接触会产生下列反应：

$$\frac{4m}{3}Al + C_mH_n \longrightarrow \frac{m}{3}Al_4C_3 + \frac{n}{2}H_2 \tag{6-23}$$

这一反应也是铝液吸氢的来源。

185. 熔铝时为什么使用的铝锭必须贮存于干燥的仓库以防铝锈的产生？

研究证明，固态的铝锭在低于 250℃ 的条件下即能与空气中的水蒸气发生反应：

$$Al_{(固)} + 3H_2O_{(气)} \rlap{=}{=} Al(OH)_{3(固)} + \frac{3}{2}H_{2(气)} \tag{6-24}$$

$Al(OH)_3$ 分布在铝锭的表面（见表 6-30），是一种白色粉末，组织疏松，对铝锭没有保护作用，称"铝锈"。当用带铝锈的铝锭作炉料时，在高温下（大于 400℃）铝锈按下式分解：

$$2Al(OH)_3 \longrightarrow Al_2O_3 + 3H_2O \tag{6-25}$$

此时产生的 Al_2O_3 组织疏松，能吸附水蒸气和氢，熔炼时混入铝液中，增加铝液中的气体含量和氧化夹杂物含量，因此铝锭不应露天堆放，而应贮存在干燥的仓库中，以防止产生铝锈。对于已经生锈的铝锭，熔炼前要彻底清除。

表 6-30　某露天铝锭的表层组成　　　　　　　　　　　　　　　　%

组成 部位	水分	Al(OH)₃	Al₂O₃
表面铝锈	12.99	69.98	1
离表面 1mm 处	0.48	27.0	4.7

186. 在采用感应熔炼时，熔剂法净化的工艺原理是什么？

在铝合金的熔炼中，铝及多数铝合金液表面有一层致密的氧化膜，阻碍了铝液中的氢逸入大气。如果向铝液中加入适量的熔剂，能使铝液表面致密的氧化膜破碎成为细小颗粒，并将其吸附和溶解。因此铝液表面撒上熔剂后，阻碍氢逸入大气的表面氧化膜就不存在了，氢很容易通过熔剂层进入大气（同时熔剂层有隔离铝液与大气中水汽接触的作用）；另一方面，熔剂吸附和溶解铝液中的氧化夹杂物，同时也去除了吸附在氧化夹杂物表面上的小气泡，最后扒除铝液表面熔剂及熔渣，从而达到了铝液净化的目的。这就是熔剂法净化的工艺原理。

在熔炼各种铝合金返回料、切屑等废料，以及 Al-Mg 合金时，均必须在熔剂覆盖下进行，以便获得较为洁净的铝液。

187. 在感应熔炼铝合金时，对使用的熔剂有何要求？

根据熔剂法净化的工艺原理及处理方法，对铝液净化用熔剂应有以下要求：

（1）不和铝液发生相互作用，既不产生化学反应，也不相互溶解；

（2）能吸附或溶解 Al_2O_3 等氧化物，有良好的净化作用；

（3）熔点应低于熔炼温度，并在液态下有良好的流动性，这样，在熔炼时容易在铝液表面形成连续的覆盖层，起覆盖作用，而在浇注前又能结成硬壳，易于扒除，以免造成熔剂夹杂；

（4）熔剂的密度明显地小于铝液的密度，以使铝剂容易上浮，便于排除；

（5）来源充足，供应方便，价格便宜。

188. 在感应熔炼铝合金时，对铝液净化用熔剂及其工艺性能有何要求？

一种好的金属液净化用熔剂应具备良好的覆盖性能、分离性能及净化性能。这些工艺性能主要是由熔剂的表面性能决定的。

（1）覆盖性能，熔剂的覆盖性能亦可称为铺开性能，指熔剂在金属液面上自动铺开，形成连续的覆盖层的能力。

（2）分离性能，熔剂的分离性能亦称扒渣性能，指熔剂与金属液的自动分离能力。熔剂具有良好的分离性能，以便于扒渣，不使熔剂和金属液相互混杂形成熔剂夹杂。

（3）净化性能，熔剂的净化性能指其除渣除气的能力，这里主要是指其吸附、溶解铝液中氧化夹杂物的能力。

189. 在感应熔炼铝合金时，常用熔剂的选择及其要求是什么？

根据净化工艺对熔剂提出要求，合理选择熔剂，其中最本质的是根据对熔剂的工艺性能要求，正确选配熔剂。铝液的熔剂，多数为盐类混合物，熔剂的工艺性能与其表面性能（铺开、分离等）密切相关，而其表面性能又直接与熔剂的各成分相联系。铝合金常用熔剂的组成如表6-31所示。

表 6-31　铝合金常用熔剂的组成

序号 \ 熔点/℃	成分 w/%								用　途
	NaCl 801	KCl 772	NaF 985	Na$_3$AlF$_6$ 995	Na$_2$SiF$_6$	CaF$_2$ 1330	MgCl$_2$ 710	其他	
1	50	50							一般铝合金覆盖剂
2		40						60BaCl$_2$	
3	47	47		6					
4	20	50						30CaCl$_2$	
5								25CaCl$_2$	
6	45		40	15					Al-Si 合金覆盖兼净化（含 NaF 者有变质作用）
7	25		60	15					
8	50	10	30	10					
9	50	35	15						
10	62.5	12.5			25				
11	37					18	45		Al-Mg 合金覆盖兼净化
12	8					10	67	15MgF$_2$	
13		31				11	14	44CaCl$_2$	
14								100 光卤石①	
15						10 ~ 20		70 ~ 80 光卤石①	
16	39	50		6.6		4.4			废料重熔覆盖与净化
17	50	35		15					
18	40	50	10						
19	60		20			20			
20	60		20			20			
21	60 ~ 70		5 ~ 10	6 ~ 10				14 ~ 25BaCl$_2$	

①以无水光卤石加入，其成分为 MgCl$_2$ 50% 和 KCl 40%，其余为 CaCl$_2$ + NaCl。

190. 在感应熔炼铝合金时，其工艺要点是什么？

（1）中频炉熔炼条件下，应根据炉子容量、熔化原料条件及铝合金磁导率的特点，选择合适的功率及频率，否则会效果不佳，为了适应熔铸的要求，电源可采用串联电路即"一拖二"或"一拖三"的配置。

例如，某厂 5t 中频感应铝熔炼炉（2 台），中频电源采用 12 脉整流，功率选定为 1800kW，输出频率为 200Hz。

（2）使用原料必须严格管理，为了控制铝液与水蒸气所产生的有害反应，炉料及熔炼工具经表面清理后必须预热，各种熔剂、变质剂使用前必须烘干或脱水预熔，铝锭不应露天堆放，防止产生铝锈，已经生锈的铝锭应该彻底除锈，且不含油渍。

（3）针对不同合金选择合适的熔剂，在熔剂的覆盖下进行熔炼以便获得纯净的铝液。

（4）严格控制出炉及浇注温度，防止铝液吸氢过多。

（5）结合实际情况，采用各种有效措施对炉液进行净化，例如 Alcoa469、FILD、各种陶瓷过滤器、MINT、动态真空法等。

191. 在感应熔炼银及其合金时，应如何掌握银及其合金的特点？

银是贵金属，其熔点为 960.8℃，密度为 $10.49g/cm^3$，常温下不氧化，纯银为银白色，它能与任何比例的金或铜形成合金，当合金中含金或铜比例增高时，颜色随之变黄。银与铝、锌共熔时，也极易成合金。在所有金属中，以银的导电性最好。

银在一般冶金炉中熔炼时，会氧化并具有挥发性。但当有贱金属存在时（贱金属是指金、银及铂族金属的矿石、精矿和冶金厂中间产品中，共存的和呈杂质存在的低价格金属，其中主要包括铜、铅、锌、镍等有色重金属和铁以及可能存在的其他金属杂质）氧化银很快就被还原。在正常熔炼（炉温 1100 ~ 1300℃）条件下，银的挥发损失约在 1% 以下，但当氧化强烈、熔融银上面无覆盖剂以及炉料含有较多的铅、锌、砷、锑等易挥发金属时，银的损失都会增大。

银在空气中熔融时，约能吸收自身体积 21 倍的氧。这些氧在银冷凝时放出并形成沸腾状，俗称"银雨"，会造成细粒银珠的喷溅损失。

192. 在感应熔炼银及其合金时，其工艺操作要点包括哪些方面？

银提纯精炼的最终步骤是将电解法或化学法制的高纯度银粉或银板熔化后，浇铸成符合国家标准或其他规格的锭或粒等。

用于金、银等贵金属熔铸的中频感应炉，可根据金、银的日处理量来选择容量，通常为 50 ~ 200kg 左右，如有特殊需要也可采用较大的中频炉，中频炉熔铸银的技术操作要点如下所述。

（1）加入适量的熔剂和氧化剂。一般为硝石加碳酸钠或硝石加硼砂，熔剂和氧化剂的加入量随金属纯度不同而增减。如熔铸含银 99.88% 以上的电解银粉，一般只加入 0.1% ~ 0.3% 的碳酸钠，以氧化杂质和稀释渣；而熔炼含杂质较高的银时，则可加入适量的硝石和硼砂，以强力氧化一部分杂质使之造渣而除去，同时也应适当增加碳酸钠量，氧化剂的加入量不宜过多，否则坩埚会被强烈氧化而损坏。

经过氧化和造渣的熔炼过程，铸成锭块的银品位较之原料银有所提高，所以加入适量的保护熔剂和氧化剂是很必要的。

（2）加强银的保护和脱氧。银在空气中熔融时，能溶解大量的气体，这些气体在冷凝时放出，给生产操作带来困难，并会造成金属的损失。

银在空气中熔融时，能溶解约 21 倍体积的氧，这些氧在金属冷时放出，形成"银雨"，造成细粒银的喷溅损失，来不及放出的氧气则在银锭中形成缩孔、气孔、麻面等缺陷。

实际操作中，当熔融金属银的温度升高时，氧在银中的溶解度下降。为了减少浇铸时的困难，浇铸前应提高银液的温度，并在银液面上覆盖一层还原剂（如木炭、草木灰等），以除去氧。也有在炉料中加入一块松木的，主要是随着银的熔融而燃烧以除去部分氧。还有在浇铸前采用木棍搅动熔融液以达到除氧的目的。

（3）掌握好浇注温度。银金属浇铸时，由于金属温度提高有利于降低气体的溶解量，且过热的金属浇入模中，冷凝速度慢，有利于气体的放出，减少锭块的缺陷。通常银的浇铸温度应为 1100 ~ 1200℃。

（4）模壁要采用涂料，浇注操作要合理。银锭浇铸时，选用乙炔或石油（重油或柴油）火焰于模具内壁上均匀地熏上一层薄烟，使用效果良好。

另外，浇铸操作的好坏与锭块的质量关系很大。对于立模浇铸，液流要稳，流要正中，不得撒料，不能冲刷内壁。开始细流，然后迅速加大液流，至金属液面充满模高五分之三左右，逐渐减速，以便让气体充分排出。当浇至浇口时，要注意补流，一直补到溶液不往里抽为止。对于敞口整体平模，操作比较简单，只要将模具置于水平面上，坩埚垂直于模具的长轴，将金属液均匀浇入模心即可。为了保护模具内壁，浇铸时要不断改变金属浇入的位置，以免将模具中心侵蚀成坑。

第7章 中频感应炉底吹氩技术的应用

193. 底吹氩精炼的原理是什么?

底吹氩精炼技术已广泛应用于炼钢的各种炉外精炼中,尽管其特点不同,但基本原理还是一致的。

当惰性气体 Ar 由炉体底部（或钢包底部）吹入钢液中时,形成大量小气泡,其气泡对钢液中的有害气体（H_2、N_2）来说,相当于一个真空室,使钢中 [H]、[N] 进入气泡,使其含量降低,而且可进一步除去钢中的 [O],同时,氩气气泡在钢液中上浮而引起钢液强烈搅拌,提供了气相成核和夹杂物颗粒相碰撞的机会,有利于气体和夹杂物的排除,并使钢液的成分和温度均匀化。

图 7-1 ~ 图 7-4 形象地说明了这一过程。

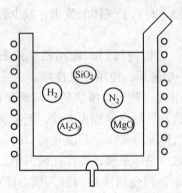

图 7-1 中频炉金属液含有气体和杂质

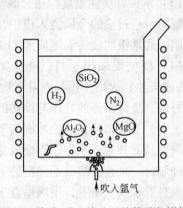

图 7-2 氩气进入熔池对熔体进行搅拌

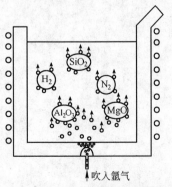

图 7-3 熔液中的气体和杂质被氩气泡吸附

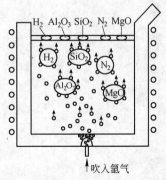

图 7-4 杂质上浮进入熔体表面的渣中

194. 底吹氩在中频炉中实际应用会取得哪些效果?

（1）减少金属熔体中气体、夹杂物，从而减少了铸件的针孔，提高了成品率，改善了铸件的质量。

（2）使熔体的温度及成分（合金元素及脱氧剂）均匀化，这不仅有利于提高铸件质量，而且有利于提高炉衬寿命。

195. 哪些实际案例能说明中频炉底吹氩的实际效果?

案例 1　温度均匀化

用户：英国一家熔化高镍合金的工厂，容量为 5t 的中频炉。

问题：在炉底以上大约 250mm 的位置由于局部温度过高出现严重的侵蚀。

问题解决：安装 GD（气体扩散器）后立刻消除了这一问题，过去该用户炉衬寿命大约为 1 周，使用 GD 后寿命提高到 2 周。

案例 2　减少氮含量

用户：英国一家生产 MOCRV 高合金铸铁的工厂，容量为 600kg 的中频炉。

问题：在安装 GD 前熔体中平均［N］含量是 0.041%，当铸造液压密封铸件时，按照标准规定，当［N］大于 0.040% 时判定为废品。

问题解决：安装 GD 一周后，［N］含量降到 0.033%，最低为 0.022%，达到了很好的降［N］的效果。

案例 3　净化熔体

用户：美国一家生产耐磨高 Ni、高铬铁及合金钢的厂家。

问题：非金属夹杂超标。

问题解决：安装 GD 后，显著地降低了非金属夹杂物，经吹氩气处理后，渣子明显增多，金相检查了净化金属的全过程。

案例 4　延长炉子寿命

用户：英国一家用石蜡铸造生产 316 不锈钢精密铸件的厂家。

问题：一般情况下，炉子炉龄达 80 炉左右时就需要重新打炉子，因炉壁黏渣而使炉子容量减小。

问题解决：安装 GD 后，炉子平均寿命达到 140 炉。

196. 底部吹氩搅拌时供气元件有哪些种类?

底部吹氩搅拌时所用供气元件的种类如图 7-5 所示。

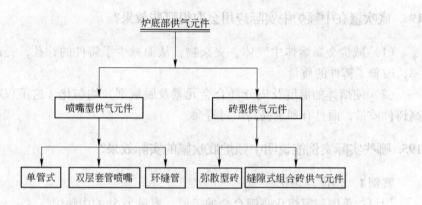

图 7-5　底部吹氩气搅拌供气元件的种类

197. 单管式的结构及存在的问题是什么？

单管式结构是最早使用、最为简单的，存在的主要问题是：

（1）气量调节范围小（一般调节幅度为 2～3 倍）；

（2）当出口气流速度低于音速时，产生非连续性，易使喷嘴因灌钢而堵塞；

（3）气体流股射向液态金属时，会产生非连续性的反向冲击（气体后坐），冲击频率受压力影响很大，这种气流的"后坐"现象，在频率高时易使喷嘴及耐火材料侵蚀速度加快。

故底部吹氩单管式目前已基本被淘汰。

198. 双层套管式喷嘴（采用冷却介质）的结构及存在的问题是什么？

自从氧气转炉复吹开发成功后就被应用至今，复吹时将环缝的冷却介质 C_xH_y 化合物改为中心孔同样喷吹惰性气体，外层缝隙引入的气流流速和压力均比内管高，有较好的保护效果，此类供气元件仍在 STB、LD-CB 转炉上采用。

存在的主要问题是气量调节范围不大，不能根据钢种和冶炼工艺要求较大范围内调节气量，同心度也不易得到保证。

199. 环缝管的结构及其特点是什么？

环缝式喷嘴实质上是将套管的中心管堵死而成为环缝喷嘴（single Ammular），此种喷嘴环缝宽度 t 一般为 0.5～5.0mm。由于环形喷嘴具有调节气量范围大、后坐频率低、喷嘴及炉底寿命提高等优点，因此应用较广。其问题是如何保持双套管的同心度，使环缝均匀，保证供气的稳定。

200. 弥散型砖（透气砖）的结构及其特点是什么？

这种砖有许多微孔弥散分布，孔径大小约 0.15mm，相当于 100 目上下。

优点：气流分布均匀，可中断或间断供气。

缺点：砖的体积密度较低，强度差，加之气体通过树状微孔时阻力大、透气量小，对砖产生冲刷，严重影响使用寿命，且砖体不能过大。

201. 缝隙式组合砖供气元件的结构及其特点是什么？

缝隙式组合砖供气元件由多块耐火砖以不同形式拼凑组合成各种缝隙，外包不锈钢板或碳素钢板，气体经砖体下部气室，通过砖缝进入熔池。

缝隙式供气元件的优点是气量调节范围较大，可间断供气，不易堵塞，但供气不稳，砖缝透气能力受温度（炉役期内温度不断升高）和炉底结渣状态的影响。渣层过厚时产生气沟，使吹入气体不经熔池即排出；渣层过薄则会降低使用寿命。另外，还时常发生开裂现象，同时砖与钢板壳间的缝隙很难保证，造成各缝隙供气不均匀，大部分气体沿钢板壳流入炉内，造成元件供气不稳。

为克服缝隙砖元件砖缝不均匀的缺点，奥钢联开发了直孔透气砖，如图 7-6 所示。

气流通过沿砖断面分布的很多贯通孔道，经直孔道进入炉内，不仅气流阻力小，而且实现钢流股稳定分散供气，但仍然存在气流冲刷砖衬，造成寿命偏低的缺点。

202. 多微管透气塞供气元件 MHP(Multiple Hole Plug)的结构及其特点是什么？

多微管透气塞供气元件也可称为多孔塞砖，如图 7-7 所示。

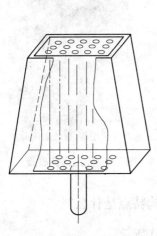

图 7-6　直孔型透气砖

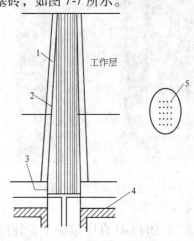

图 7-7　多孔塞砖的剖面图
1—耐火袖砖;2—钢套;3—钢板;4—炉壳;5—微孔

　　多孔耐火塞砖由许多埋在母体耐火材料中的细金属管组成，金属管下端连在透气室上，金属细管的内径为 $\phi 1.5 \sim 4mm$。如果孔内径小于 $0.1mm$，会使供气阻力过分增大并堵塞透气孔；大于 $3 \sim 4mm$ 会使承受钢水及渣的静压力增大。气速过小时易出现小孔黏结和堵塞，设计的管口气流速度可达 $1000m^3/s$，通常每块供气元件中埋设的细金属管数为 $10 \sim 150$ 根，气体穿过金属管以分散细流的状态进入熔池，根据气泡泵的原理，不仅可以减小阻力，并可以完全避免对耐火材料的冲刷。

　　MHP 供气元件的优点为：

　　（1）气量调节范围大，可达 10 倍以上；

　　（2）气体在金属管内流动，阻力损失小；

　　（3）金属管起了对耐火砖的增强作用，使砖不易剥落、开裂，提高了寿命；

　　（4）金属管焊接在一个集气箱内，气密性好，不易漏气；

　　（5）每块供气元件的单位时间透气量较大。

203. 现在在中频炉上运用较为成熟的透气砖其结构及特点是什么？

　　目前米纳克(MINELCO)天津矿业有限公司所提供的陶瓷气体扩散器件(GD)——透气砖及其供气系统在工业生产中已取得良好效果，如图 7-8 和图 7-9 所示。

图 7-8　透气砖及天然多孔砖

图 7-9　导流式扩散器

204. 米纳克的 GD 在中频炉上安装位置及其结构特点是什么？

　　米纳克的 GD 在中频炉上的安装位置如图 7-10 所示。

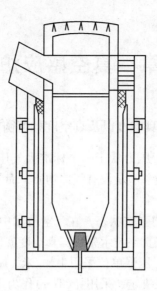

图 7-10 GD 安装位置图

由图 7-10 可知，GD 是安装在炉底的，但它不直接接触金属液，GD 上还要打一个具有透气性垫层（约 70mm 左右），以便保护 GD 的正常使用。该 GD 可持续或间歇性地工作，并配合干粉捶击式炉衬使用，可以取得良好的效果。

第 8 章　真空感应炉装备

205. 什么是真空，什么是真空度以及真空度如何衡量?

（1）工业上的真空是指压力低于一个标准大气压的稀薄气体的特殊空间状态，即真空环境，真空环境并不是没有气体物质，而是指低于大气压的压强，故仍用压强的单位来衡量。

（2）为了衡量所获得的真空状态，在真空技术中常用"真空度"这一名词来表示气体的稀薄程度，在真空技术领域，真空度就采用压强的单位。

（3）在国际单位制中，压强单位采用牛顿/米^2（N/m^2）或帕斯卡（Pa）。此前曾根据第一次国际真空会议决定，采用托（Torr）作为真空度的计量单位来替代毫米汞柱（mmHg）。托（Torr）是以水银气压计的发明者 E. Torrioelli 命名的单位，在工程上可以认为 1Torr = 1mmHg。

206. 真空度是怎样具体划分的?

目前，我国习惯的真空度划分如表 8-1 所示。

表 8-1　真空度的划分

真 空 度	压强/Pa	气 体 性 质
低真空（粗真空）	$1.01 \times 10^5 \sim 133.3$	黏滞流
中真空	$133.3 \sim 1.33 \times 10^{-1}$	黏滞分子流
高真空	$1.33 \times 10^{-1} \sim 1.33 \times 10^{-5}$	分子流
超高真空	$1.33 \times 10^{-5} \sim 1.33 \times 10^{-10}$	
极高真空	$< 1.33 \times 10^{-10}$	

207. 真空度及主要压力单位的换算是怎样进行的?

1Torr = 133.322Pa（用于真空领域）;

1mmHg = 133.322Pa（常用于真空领域、医药、化学等方面）;

1bar = 10^5Pa（常用于气象，有时候也用于真空领域）;

1atm（标准大气压）= 101325Pa（常用于化学工业和泵容器的内压）;

1kgf/cm^2（千克力/平方厘米）= 98066.5Pa（主要用于工业）;

1at（工程大气压）= 98066.5Pa（主要用于工业）;

1mmH$_2$O（毫米水柱）= 9.80665Pa（主要用于微压）。

208. 什么叫真空冶金，真空冶金的特点是什么？

真空合金就是在低于 1 大气压或更高真空状态条件下的冶金过程，也称低压气氛冶金。目前在真空冶金工艺中，常用的压力范围是 0.0133 ~ 13332Pa（10^{-5} ~ 100Torr）。

真空冶金一般应用于金属及合金的冶炼、提纯、精炼、成形及处理，其特点如下：

（1）可保护金属不被大气中氧等物质污染；

（2）可分离沸点不同的物质并可降低金属中的气体或其他杂质等；

（3）可以实现在大气压下无法进行的冶金过程，提高金属及合金的质量。

209. 国外拥有 10t 以上真空感应炉的代表性企业有哪些？

国外拥有 10t 以上真空感应炉的代表性企业如表 8-2 所示。

表 8-2　国外 10t 以上真空感应炉的拥有企业和建造年份

序　号	炉容量/t	电源主要参数	建造年份	国家（或）企业
1	6/12	1500kW，150Hz	1968	英国 Sheffield
2	15	4200kW，60Hz	1969	美国 Huntington Inco Alloy International
3	12	3000kW，180Hz	1975	美国 Armco Steel
4	30/15/7.5	6000kW，50Hz	1976	苏联 Kramatorsk
5	10	3600kW，180Hz	1980	美国 Caltech
6	25	6000kW，50Hz	1980	苏联 Metallurgimport
7	15	3000kW	1983	美国 Huntington
8	25	3000kW，60Hz	1994	日本 Hitachi Metal
9	18	2400kW，250Hz	1994	德国 KM-Kabelmetal
10	20	5000kW，180Hz	1996	美国 Carpenter
11	10	1700kW，250Hz	1997	日本 Hikari city

210. 我国真空感应炉建设发展的概况是怎样的？

1957 年　中科院金属研究所从瑞士进口 5kg 级的真空感应炉，并开展高温合金精密铸造的研究。

1996 年　宝钢集团五钢公司研究二所从美国 CONSARC 公司引进的 4.5t 真空感应炉，功率为 1250kW，频率为 150Hz，主要用作高温合金和特钢的生产，另一台容量为 3t/6t，是 1978 年投产的，功率为 1800kW，频率为 150Hz。

2006 年　攀钢集团四川长城特殊钢有限责任公司新建 6t 真空感应炉,已投入生产。

2006 年　宝钢特殊钢分公司从德国引进国内最大、具有世界一流水平的 12t 真空感应炉,已投入生产,主要承担高温合金及特种钢锭和电极棒生产。

同年,抚顺基地重点技改项目,建成具有世界先进水平的 12t 炉子已顺利投产。

2009 年我国振吴电炉有限公司自行设计并制造了一台国内目前容量最大的 13t 真空感应炉。该炉拥有自主知识产权,并填补了国内空白。

211. 真空感应炉是由哪些部分组成的?

真空感应炉主要由下列部分组成:感应炉本体(含熔炼装置)、真空系统、供电装置、水冷系统、液压系统、气动系统、电气控制系统、中频电源。传统的真空感应炉的结构如图 8-1 所示。

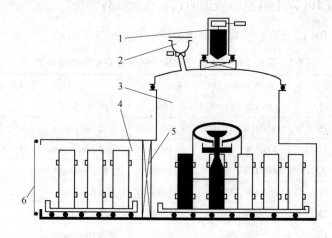

图 8-1　传统的真空感应炉

1—主加料室;2—合金加料室;3—熔炼室;4—模锭室;5—内门;6—外门

熔炼室内安装有感应圈、水冷供电电缆、液压倾炉油缸、模车进出传动装置。在模锭室和熔炼室之间有一扇很大的门,俗称内门,把熔炼室和模锭室隔开。模锭室设置有外门,通过开关内外门操作模车进出,保持熔炼室真空度,实现半连续炼钢。主加料室、合金加料室也有阀门与熔炼室隔开,以使加料时不破坏熔炼室的真空。传统的真空感应炉其熔炼室很大,例如 5t 容量的炉子,其熔炼室的容积为 60m^3。即使如此之大,其内部检修起来也十分困难,运行费用也很高(主要是氩气消耗)。而模锭室是根据锭子的数量、排列所决定的,一般很难缩小。真空感应炉模锭室的容积是根据炉子的容量、用户要求的锭子数量、直径和长度所决定的,很难缩小。

212. 真空感应炉是怎样进行分类的?

（1）感应线圈设置在炉体内的称为内热型真空感应炉，设置在炉外的称为外热型真空感应炉。

（2）按其生产条件可分为半连续式和周期式真空感应炉。

（3）按其结构形式可分为立式和卧式真空感应炉。

213. 半连续式和周期式真空感应炉有何特点?

（1）半连续式。半连续式真空感应熔炼是在真空条件下，利用中频感应加热原理，将置于坩埚中的金属炉料在感应圈产生交变磁场作用下熔化，熔融的炉料浇注到铸锭中，在真空下通过内门进入模锭室。关闭内门后再进行抽真空、加料、再熔炼等操作。而此时可在一定时间打开炉门，取出铸锭，如此循环。其特点是各个功能室之间均相互分隔，熔炼室真空状态不被破坏，通过阀门的关闭来完成浇铸过程。过程中可不断地加料出钢，往复关闭开启阀门，所以称之为半连续式（也称紧凑式）真空感应熔炼过程。

近 10 多年来，国外发展了一种紧凑型的炉子，把坩埚熔炼装置和熔炼室设计成一体，水冷电缆和液压传动油缸放置在真空室外。浇注时，整个熔炼室及炉盖一起倾转，钢液在真空状态下通过流槽，注入模锭室（见图 8-2）。以 5t 炉为例，紧凑型炉子的熔炼室容积仅为 11m³。由此带来的好处是所配置的真空机组的抽气时间可大为减少，氩气消耗少，能保持快速熔炼；而且节省了投资费用，降低了辅助设备的投资和运行费用，即使在熔炼过程中电缆、油缸发生故障，也可以进行检修。

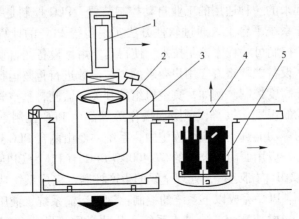

图 8-2 半连续式真空感应炉

1—主加料室；2—熔炼室；3—流槽；4—中间包室；5—模锭室

（2）周期式。周期式真空感应炉则只能一次加足炉料，在整个过程中不能补给炉料，如果想取出锭模必须将整个炉子破真空，然后在大气压环境下重新加料、抽真空、冶炼，每炼一炉一周期，所以称之为周期式炉。

214. 立式和卧式真空感应炉有何特点？

真空熔炼使用真空感应加热熔炼炉，按结构形式可分为立式和卧式两种系列。按出料方式立式系列又分为上出料、下出料，侧出料三种；卧式系列又分为底出料及上出料两种形式。

在实际生产中，立式真空感应炉无论是设计和制造上都比卧式的真空感应炉容易，其主要原因有两点：第一从感应线圈方面考虑，立式的布线更加容易，在真空感应炉中，一般使用的是中频电源，炉子高度直径比值通常要不小于 2.0，这是由于线圈之间必须要有一定的距离（即匝间距）来保护中频电源，避免线圈之间产生电弧等安全事故，所以从匝间距方面可看到，立式真空感应炉设计起来更加容易；第二是从真空因素方面来考虑，一般情况下，炉子的炉顶是靠炉盖压住炉顶橡胶圈来密封的，炉盖凭借自身压力来压住橡胶圈，采用卧式结构的时候，其炉盖的重量要比立式的大得多，不仅影响橡胶圈的寿命而且会影响密封性。大重量的炉盖也会对整个炉子施加巨大的压应力，对线圈乃至对这个真空感应炉都会带来不良的效果。

215. 真空感应炉为什么要采用 PLC 技术？

PLC（Programmable Logical Controller）通常称为可编程逻辑控制器（又称为可编程控制器），它是一种以微处理技术为基础，综合了计算机技术、自动化和通信技术发展起来的一种通用的工业自动控制装置。PLC 控制是基于 PC 机，建立在一定的操作系统平台上，通过软件方法实现传统 PLC 的计算、存储以及编程等功能。PLC 控制可编程序控制技术，使得真空熔炼设备的自动化和半自动化运行成为可能，设备能严格遵守用户要求的工艺参数进行重复运行，对设备运行和工艺过程实施高度控制。例如，真空机组的开关、监测，真空阀门的开闭、连锁、切换，故障的识别、报警，预防误操作等等都由 PLC 控制。我国天津钢管集团有限公司的多功能真空感应熔炼炉中，系统主要由两台 PLC 进行控制。PLC 是系统控制核心，应用西门子公司的 S7-400 型 PLC，CPU 为 CPU414-2DP，用户程序在 CPU414-2DP 内部运行，处理全线的生产控制，完成系统功能和网络的信息交换。1 台本体 PLC 完成以下系统的控制：钢包运输系统、液压提升系统、测温取样系统、氩气搅拌系统、冷却水系统、公共介质；另一台 PLC 完成合金及渣料配料计算、称量、物料的添加控制。

计算机辅助配料计算的实质是有约束多元线性规划问题的最优基本可行解，用计算机可方便求解。计算机配料计算速度快，成本低，可有效利用各种资源。

合金元素的添加量，在精炼后期取样分析后一般要调整合金成分，在中间分析的基础上，按合金成分的要求，补加入的合金元素的数量用计算机计算更快捷，并由打印机记录存档。

216. 什么是真空泵?

从密闭容器中排出气体或使容器中的气体分子数目不断减少的设备称为真空获得设备或称真空泵，它是用来获得、改善及维持真空的装置。

217. 通过什么方法可以获得真空?

可以通过两种办法获得真空：
（1）通过泵内的某种机构的运动把气体直接从密闭容器中抽出、压缩并排出；
（2）通过物理、化学或物理化学等方法将气体分子吸附或冷凝在低温表面上。

218. 在工业生产、科学研究及真空冶金生产中，为什么要由不同的真空泵组成真空抽气系统?

当前真空应用技术飞速发展，在工业生产和科学研究领域中，其应用压强范围从大气压力到压力为 10^{-13} Pa，压力降低范围很大，所以单一的真空泵很难满足所需要的真空技术指标，这就必须依靠由不同的真空泵组成的真空抽气系统，通过串联的方式来完成抽气任务，尤其是在工业生产中更是如此。

根据真空泵的工作原理，真空泵大致可分为气体传输泵和气体捕集泵两种类型。

219. 什么是气体传输泵，其类型有几种?

气体传输泵是将密封容器内气体不断吸入泵内，然后排出泵外的真空泵，按其气体运动方式则分为容积式真空泵和动量传输式真空泵。

220. 什么是容积式真空泵，其类型有哪些?

容积式真空泵是利用泵腔容积的周期性变化来完成吸气和排气过程的一种真空泵，气体在排出前被压缩，这种泵又分为往复式及旋转式两种：
（1）往复式真空泵是利用泵腔内活塞做往复运动，将气体吸入、压缩并排出，因此，又称为活塞式真空泵；
（2）旋转式真空泵是利用泵腔内活塞做旋转运动，将气体吸入、压缩并排出，旋转真空泵又分为油封式真空泵、干式真空泵、液环式真空泵、罗茨真空泵。

221. 什么是动量传输泵，其类型有哪些?

这种泵是依靠高速旋转的叶片或高速射流，把动量传输给气体或气体分子，使气体连续不断地从泵的入口传输到出口。具体可分为下述几种类型。

（1）分子真空泵，它是利用高速运动的转子把能量传输给气体分子，使之压缩、排气的一种真空泵。它有以下几种类型：

1）索引分子泵，气体分子与高速运动的转子相碰撞而获得动量，被送到出口，因此是一种动量传输泵；

2）涡轮分子泵，泵内装有带槽的圆盘或带叶片的转子，它在定子圆盘（或定片）间旋转，转子圆周的线速度很高，这种泵通常在分子流状态下工作；

3）复合分子泵，它是由涡轮式和牵引式两种分子泵串联组合起来的一种复合式分子真空泵。

（2）喷射真空泵，它是利用文丘里（Venturi）效应的压力降产生的高速射流把气体输送到出口的一种动量传输泵，适于在黏滞流和过渡流状态下工作。这种泵又可详细地分成以下几种：

1）液体喷射真空泵，以液体（通常为水）为工作介质的喷射真空泵；

2）气体喷射真空泵，以非可凝性气体作为工作介质的喷射真空泵；

3）蒸气喷射真空泵，以蒸气（水、油或汞等蒸气）作为工作介质的喷射真空泵，其中使用油蒸气的喷射泵也称为油增压泵，或称油扩散喷射泵。

（3）扩散泵，以低压高速蒸气流（油或汞等蒸气）作为工作介质的喷射真空泵，气体分子扩散到蒸气射流中，被送到出口。在射流中气体分子密度始终是很低的，这种泵适于在分子流状态下工作。油扩散泵具有分馏装置，使蒸气压强较低的工作液蒸气进入高真空工作的喷嘴，而蒸气压强较高的工作液蒸气进入低真空工作的喷嘴，它是一种多级油扩散泵。

222. 什么是气体捕集泵，捕集泵分为哪几种类型？

这种泵是一种将气体分子吸附或凝结在泵的内表面上，从而减小了容器内的气体分子数目以达到抽气目的的真空泵，有以下几种类型：

（1）吸附泵，主要依靠具有大表面的吸附剂（如多孔物质）的物理吸附作用来抽气的一种捕集式真空泵；

（2）吸气剂泵，这是一种利用吸气剂以化学结合方式捕获气体的真空泵，吸气剂通常是以块状或沉积新鲜薄膜形式存在的金属或合金；

（3）吸气剂离子泵，它是使被电离的气体通过电磁场或电场的作用吸附在有吸气材料的表面上，以达到抽气的目的；

（4）低温泵，利用低温表面来冷凝捕集气体的真空泵，如冷凝泵和小型制冷机低温泵。

223. 用哪些主要参数来检验真空泵的性能？

真空泵在工作过程中所表现出的工作状态，能够反应该泵的优劣特性。对于真空泵现已规定方法来检验其性能，其主要参数有以下几种：

（1）极限压力，极限压力对于真空来说也叫极限真空度，是在没有负载的条件下获得的最大真空度，是把容器与真空泵相连，进行长时间的抽气，当容器内气体压力值稳定时，此压力即为极限压力；

（2）流量，在真空泵吸气口处，单位时间内流过气体量称为泵的流量，在真空技术中，流量＝压力×体积/时间，单位为 $Pa \cdot m^3/s$，通常要给出泵的流量与入口压力曲线的关系；

（3）抽气速率，其单位是 m^3/s 或 L/s，是指泵装有标准试验罩，并按规定条件工作时，从试验罩流过的气体流量与在试验罩指定位置测得的平衡压强之比，或者说在泵的吸气口处，单位时间内流过气体的体积称为泵的抽气速率，简称泵的抽速；

（4）真空泵的启动压强，其单位为 Pa，它是指泵无损坏启动并有抽气作用时的压强；

（5）泵的前级压强，其单位为 Pa，它是指排气压强低于一个大气压的真空泵的出口压强；

（6）真空泵的最大前级压强，其单位为 Pa，它是指超过了能使泵损坏的前级压强；

（7）真空泵的最大工作压强，其单位为 Pa，它是指对应最大抽气量的入口压强，在此压强下，泵能连续工作并保持好的工作状态而不恶化或损坏；

（8）压缩比，它是指泵对给定气体的出口压强与入口压强之比；

（9）返流率，其单位是 $g/cm^2 \cdot s$，它是指泵按规定条件工作时，通过泵入口单位面积的泵流质量流率。

224. 真空泵在各种不同工作领域中所起的作用是什么？

由于各种真空泵的性能除均能满足对容器进行抽真空这一共同点之外，尚有一些不同之处，因此在选用时，必须明确泵在真空系统中所承担的工作任务是十分重要的。根据不同的抽气能力和工作环境，确定泵在各种不同工作领域中所起的作用，总体上可以分为以下几个方面：

（1）主泵，就是真空系统对被抽容器直接进行抽真空，以获得满足工艺所要求真空度的真空泵；

（2）粗抽泵，对系统进行抽真空直到系统压力降低到另一抽气系统开始工作的真空度；

（3）前级泵，它是指用于使另一个泵的前级压强维持在其最高许可的前级压强以下的真空泵；

（4）维持泵，它是指当真空系统抽气很小时，不能有效地利用主要前级泵，为此，在真空系统中配置一种抽气速度较小的辅助前级泵以便维持主泵的正常工作或维持已抽空的容器所需的低压的真空泵；

（5）粗（低）真空泵，它是指从大气开始，降低被抽容器的压强后工作在低真空或粗真空压强范围内的真空泵；

（6）高真空泵，它是指在高真空范围工作的真空泵；

（7）超高真空泵，它是指在超高真空范围工作的真空泵；

（8）增压泵，通常指工作在低真空泵和高真空泵之间，用以提高抽气系统在中间压强范围的抽气量或降低前级泵抽气速率要求的真空泵。

225. 常用真空泵的工作压强范围及启动压强是怎样确定的？

由于各种真空泵所具有的工作压强范围及启动压强均有所不同，因此在选用真空泵时必须满足这些要求，才能够使真空泵正常工作。表 8-3 给出了各种常用真空泵的工作压强范围及泵的启动压强值，以供参考。

表 8-3　常用真空泵的工作压强范围及启动压强

真空泵种类	工作压强范围/Pa	启动压强/Pa
活塞式真空泵	$1 \times 10^{5} \sim 1.3 \times 10^{2}$	1×10^{5}
旋片式真空泵	$1 \times 10^{5} \sim 6.7 \times 10^{-1}$	1×10^{5}
水环式真空泵	$1 \times 10^{5} \sim 2.7 \times 10^{3}$	1×10^{5}
罗茨真空泵	$1.3 \times 10^{3} \sim 1.3$	1.3×10^{3}
涡轮分子泵	$1.3 \sim 1.3 \times 10^{-5}$	1.3
水蒸气喷射泵	$1 \times 10^{5} \sim 1.3 \times 10^{-1}$	1×10^{5}
油扩散泵	$1.3 \times 10^{-2} \sim 1.3 \times 10^{-7}$	1.3×10^{1}
油蒸气喷射泵	$1.3 \times 10 \sim 1.3 \times 10^{-2}$	$< 1.3 \times 10^{5}$
分子筛吸附泵	$1 \times 10^{5} \sim 1.3 \times 10^{-1}$	1×10^{5}
溅射离子泵	$1.3 \times 10^{-3} \sim 1.3 \times 10^{-9}$	6.7×10^{-1}
钛升华泵	$1.3 \times 10^{-2} \sim 1.3 \times 10^{-9}$	1.3×10^{-2}
锆铝吸气剂泵	$1.3 \times 10 \sim 1.3 \times 10^{-11}$	1.3×10^{1}
低温泵	$1.3 \sim 1.3 \times 10^{-11}$	$1.3 \sim 1.3 \times 10^{-1}$

226. 真空系统是由哪些部分组成的？

真空系统是由真空室、真空获得设备、真空测量装置、连接导管、真空阀门、捕集器以及其他真空元件及电气控制系统组成。真空泵机组是真空系统中非常重要的一部分，它是根据炉子工作压力和抽气量大小，分别选择不同抽速的真空泵。

227. 目前工业生产中典型的真空系统是怎样的?

目前工业生产中典型的真空系统如图 8-3 和图 8-4 所示。

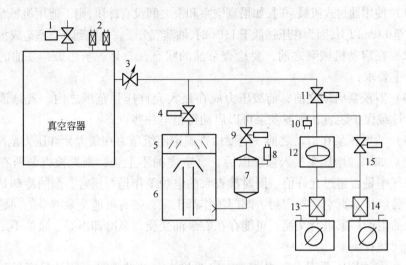

图 8-3　典型真空系统之一

1—真空室充气阀;2—真空测量规管;3—流量调节阀;4—高真空阀;5—冷阱;6—油扩散泵;

7—储气罐; 8—热偶计规管;9—前级阀;10—真空膜盒继电器;11—预抽阀;

12—罗茨泵; 13, 14—机械泵（其中一台可兼做维持泵）;15—旁通阀

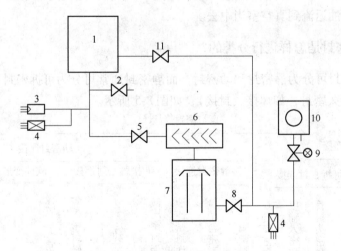

图 8-4　典型真空系统之二

1—真空室; 2—放气阀;3—电离真空计;4—热偶真空计; 5—高真空阀; 6—冷阱;

7—扩散泵; 8—前级真空泵; 9—电磁真空泵; 10—机械泵; 11—管道阀

228. 真空泵使用中应注意的问题是什么?

以 500kg 级多功能真空感应炉为例,对真空泵应提出以下几点作用要求:

(1) 使用油封式机械泵时,如果真空室和泵之间没有冷阱,则不能用机械泵直接抽真空至 13Pa 以下,因为在压强低于 13Pa 时,油蒸气分子将返流到真空室造成污染;

(2) 在启动机械泵之前,要检查泵油的状态,看是否被污染,泵油的油位是否合乎要求;

(3) 罗茨泵启动之前,前级压力应在最大允许压强范围之内,若是该罗茨泵具有过载保护装置,则罗茨泵可以启动得稍早一些;

(4) 油增压泵在启动之前一定要检查确定前级压力在最大允许压力范围内;

(5) 如果油增压泵接入系统以后,真空度抽不上去,则先检查泵所在的系统的漏气率是否超过允许值,同时检查泵的电炉工作是否正常、泵的冷却是否正常,若已经排除真空容器密封、阀门工作都正常,则有可能是泵本身的问题,需要和泵的生产厂家进行交流,可能存在着泵油变质、泵冷却不好、泵油不足或泵过热等问题;

(6) 在油增压泵通大气之前,一定要检查泵油的温度,若是温度过高,则会把泵油氧化;

(7) 真空系统不工作时,除了机械泵通大气以外,真空系统的其他部件最好在真空条件下封存;

(8) 在油增压泵开启或停止工作的时候,应该首先关闭油增压泵入口的阀门,防止泵油返流到真空室当中去。

229. 真空密封是怎样进行分类的?

真空密封可分为静密封和动密封,而静密封通常可分为可拆密封和不可拆密封(又称永久密封,如焊接、封接),如图 8-5 所示。

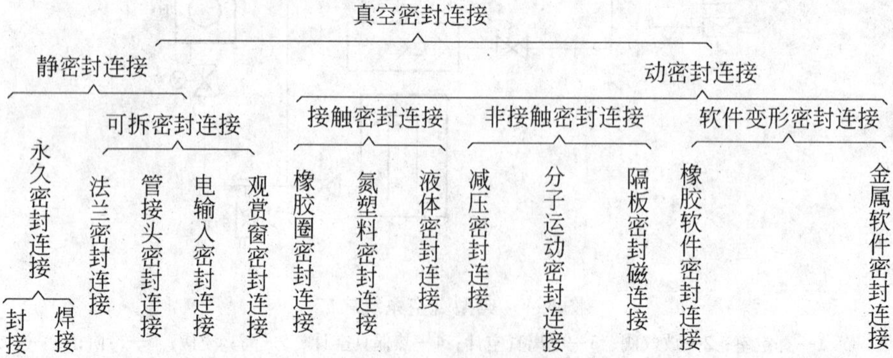

图 8-5　密封的分类

230. 什么是可拆密封？

可拆密封是指连接处由于安装结构要求或工艺的需要经常拆装的密封。这种密封结构拆装后仍能保持密封性能，而且可以随时更换损坏或老化的密封元件。

密封材料一般分为金属密封材料和橡胶密封材料。真空炉使用的密封材料一般都是橡胶（丁腈橡胶）密封材料。

231. 什么是动密封连接？

在真空技术中，经常遇到要将运动从外部传递到真空容器的内部当中去，此时运动件和静止件的密封统称为动密封。

真空感应炉中传动机构需要密封的部件主要是加料室与真空室间的挡板，氧枪也要通过该通道进入炉内。

232. 为什么要进行真空系统的检漏？

一般对于真空系统和真空容器来讲，绝对密封是不可能存在的，在真空度很高的情况下，漏气现象则更为严重，此时漏气的趋势是很强烈的，这种情况下，所要求的真空度达不到工业上的要求是个相当普遍的问题。对真空系统进行检查，找出漏气位置，确定漏孔大小，及时排除，确保真空系统正常工作非常重要。

233. 真空容器进行长时间抽气后仍然达不到要求的真空度，可能是哪些原因造成的？

造成这种情况的原因有以下几种可能：
（1）真空泵工作不良；
（2）真空系统内的材料放气；
（3）真空系统漏气；
（4）漏气和放气同时存在。

234. 一些重要的真空检漏术语是什么？

（1）虚漏，这是一种相对真正漏气而言的物理现象，这种现象是由于材料放气、解气、凝结气体的再蒸发、气体通过器壁的渗透及系统内死空间中气体的流出等原因引起真空系统内部压力升高。

（2）气密性，这是表征真空系统器壁防止气体渗透的性能，气体的渗透包括通过漏孔（或间隙）的漏气和材质的渗气。

（3）最小可检漏率，这是指某种检漏方法能够检测出的漏率的最小值。

（4）最佳灵敏度，这是指检漏仪器或检漏方法在最佳条件下所能检测出的最小漏率，对于检漏仪器来讲，最佳灵敏度又称仪器灵敏度。

（5）检漏灵敏度，这是指在具体条件下，某种检漏方法所能检测出的最小漏率，又称为有效灵敏度。

（6）反应时间，这是指从检漏方法开始实施（如开始喷吹示漏气体）到指示方法（如仪表显示）所做出反应的时间。

（7）消除时间，即从检漏方法停止（如停止喷吹且开始抽出示漏气体）到指示方法的指示消失的时间。

235. 真空检漏的方法有哪些?

根据被检件所处的状态可分为压力检漏法、真空检漏法和其他检漏法。

236. 什么是压力检漏法?

在被检件内部充入一定压力的示漏物质，如果被检件上有漏孔，示漏物质便从漏孔漏出，用一定的方法或仪器在被检件外部检测出从漏孔漏出的物质，从而判断漏孔的存在、位置及漏率的大小，这种检漏方法称为压力检漏法。

237. 什么是真空检漏法?

被检件和检漏器的敏感元件处于真空状态，在检件的外部施加示漏物质，如果有漏孔，示漏物质就会通过漏孔进入被检件和敏感元件的空间，由敏感元件检测出示漏物质，从而可以判定漏孔的存在、位置及漏率的大小，这种检漏方法称为真空检漏法。

238. 其他检漏法包括哪些?

被检件既不充压也不抽真空或其外部施压等方法归入其他检漏法。背压法就是其中的主要方法之一，它是利用背压室先将示漏气体由漏孔充入被检件，然后在真空状态下，使示漏气体再从被检件中漏出，以某种方法（或检漏仪）检测漏出的示漏气体，从而判定被检件的总漏率的检漏方法。

239. 目前对炼钢脱气系统的低真空范围的检测仪表有哪几种，一般各自安装在真空系统的什么地方?

检测仪表主要有：电子真空计、薄膜真空计和压缩真空计三种。

电子真空计的压力传感器布置在抽气管道上，在主真空截止阀与真空泵之间；薄膜真空计和压缩真空计布置在主真空截止阀和真空罐之间，通过计算机和仪表可监视和控制真空泵的运行和真空度。

240. 如何控制真空系统的泄漏?

（1）真空系统中除了必不可少的维修和更换易损件的部位采用法兰连接外，其余连接部位尽可能采用焊接方法。

（2）检漏是必不可少的步骤，应贯彻在系统各部件出厂检验和现场组装调试的全过程中。

（3）真空泵、真空管道组装后采用正压皂液法检漏，充以 0.15~0.2MPa 的压缩空气，保压 24h，每小时平均压降约为 0~4% 是完全可以做到的。如真空容积为 170m³，则压升应小于 20Pa/h。

第9章 真空感应炉熔炼原理与工艺技术

241. 真空感应熔炼冶金过程的基本特点是什么?

（1）在减压条件下进行精炼或处理钢液，由于熔化、精炼和浇注金属在真空中进行，所以是保证金属不受污染的最有效措施。

（2）钢液经真空处理后能够去除其中的气体等达到脱氧，减少非金属夹杂物的目的，并可均匀及准确地控制钢液成分和温度，提高钢的内在质量。

（3）真空冶金也是冶炼活泼性金属不可缺少的方法。

242. 真空脱气的基本原理是什么?

钢中气体的溶解度与金属液上该气体分压的平方根成正比，只要降低该气体的分压力，则溶解在钢液中气体的含量就随之降低。

243. 真空冶炼中脱氢的效果如何及其影响因素又是什么?

钢液真空处理能有效地脱氢，经真空精炼的钢液，氢含量一般可以小于 1.5×10^{-6}，精炼过程脱氢率可达 60% ~ 90%。影响脱氢率的因素是多方面的，大致归纳为以下几个方面。

（1）真空度及其保持时间。理论上可以确定 p_{H_2} 与铁液内平衡含氢量有关系，根据 $\lg K_H = -\dfrac{1670}{T} - 1.667$ 在 1550℃、1600℃、1650℃ 条件下考查氢分压力 p_{H_2} 与铁液中溶解氢之间的关系如图 9-1 所示。

由图 9-1 可看到，随着铁液面上氢气分压力减小，溶解于铁液内的平衡含氢量也不断降低，在 $p_{H_2} = 133.32Pa$ 时，其铁液中含氢量为 1×10^{-6}。

根据理论计算认为：

101.3kPa 时，铁液中氢的平衡值为 0.0027%；

1013Pa 时，铁液中氢的平衡值

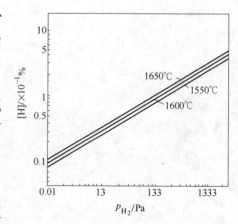

图 9-1　在 1550 ~ 1650℃时不同氢气分压力下
氢在铁液中的溶解度

为 0.0027% ;

　　133Pa 时，铁液中氢的平衡值为 0.000098% ;

　　67Pa 时，铁液中氢的平衡值为 0.000069% 。

　　目前，真空处理装置、真空脱气室内已达到约 133Pa 以下（一般为 40 ~ 67Pa）。如果真空冶炼操作时的真空度为 0.1Pa 左右，而气体的分压大致与它相等，那么在平衡状态下 $[H] = 0.027 \times 10^{-6}$ 。

　　真空脱气反应没有达到平衡，实际上脱气后含氢量约为平衡值的 10 倍，可是对于钢铁材料进行真空冶炼或真空处理来说，仅从去氢的观点出发，这个程度就已经足够了。例如，重轨是"白点"敏感度较强的钢种，发生白点的临界含量为 $(2.95 ~ 3.10) \times 10^{-6}$ ；此外，如电机轴钢为高白点敏感性的钢种，其含氢量也仅要求不大于 2.5×10^{-6} 。达到上述含氢量水平，只要 67 ~ 133Pa 的真空度就够了，要将钢中的氢含量降低到 10^{-6} 级以下水平是可以达到的。这些要求，在真空冶炼或真空处理中，通过合理的操作制度是完全能够实现的。

　　在实际操作中还应注意真空保持时间要合理控制，根据钢种的不同要求可以设定不同的真空保持时间，这样工艺更合理、更有效。

　　（2）钢液中合金元素。在钢液中存在碳、硼、铝等元素的情况下，会增加钢液中相平衡的含氢量，但合金元素的影响要比 p_{H_2} 小些。

　　（3）原材料或耐火材料所含水分。由于 $H_2O = 2[H] + [O]$，水分既使钢液氧化又能增氢，其影响不能忽略，而且钢中含有氧时，使氢的溶解度降低。有些试验研究证明，当脱气前钢中 [Si] 控制在 0.10% ~ 0.15% 较好，既可获得较好的脱气去氢效果，又能减小钢液喷溅，操作容易控制。为了获得较好的精炼效果，初炼钢液含氢量应尽量降低，一般应控制在 6×10^{-6} 以下为宜，此外，应注意脱气后到浇注阶段，如果采用的是非真空加热，会使钢中氢含量增加，钢液平均吸氢量约为 0.13×10^{-6} 。

　　除上述一些因素外，真空处理时如配以吹氩气搅拌，要注意吹氩气搅拌会影响真空脱气过程的进行，吹氩气搅拌强烈会加速钢液流动，使内部钢液上浮而不断更新表面脱气过程的钢液，加速脱气过程的进行，通过调节氩气压力、流量来控制吹氩气搅拌的强度。此外，炉渣的黏度也应注意，渣层厚度会影响真空条件下脱气处理效果，因此脱气前要调整好炉渣，使其保持良好的流动性，合理的渣量和炉渣还原性有利于脱气。

244. 真空冶炼时脱氮的效果如何及其特点是什么?

　　钢液经真空处理脱氢有明显效果，但脱氮效果就不如脱氢明显。

　　从氮溶解反应平衡可知：$[\%N] = K_N \sqrt{p_{N_2}}$（在 1600℃ 和 1atm 下，氮在纯铁中溶解度平衡常数 $K_N = 0.045$。有的资料报道，当温度在 1500 ~ 1700℃ 之间时，$K_N = 0.042 \sim 0.047$），降低 p_{N_2} 则可降低溶于铁液中的氮含量。

根据热力平衡计算，当温度为 1600℃时，不同 p_{N_2} 条件下，氮在铁液中溶解度的平衡值：

101.3kPa 时，铁液中氮的平衡值为 0.044%；

1013Pa 时，铁液中氮的平衡值为 0.0044%；

133Pa 时，铁液中氮的平衡值为 0.0016%；

67Pa 时，铁液中氮的平衡值为 0.0012%。

但实际上真空处理时，脱氮率一般仅波动在 10% ~ 30%，一方面这是由于钢中氮与铝等其他元素生成稳定的氮化物，这些氮化物在真空条件下也很难分解（有些文献报道，在 1600℃时，锰、铬和钒的氮化物在 13.3kPa 下才开始分解，氮化硅在 2533Pa 才开始分解，而氮化铝的分解压力为 10Pa）。即使钢中没有这些元素，脱氮率也难以超过 30%，这是由动力学条件所决定的。氮扩散速度慢，例如在钢液中氮的扩散系数为：$D_N = 7.8 \times 10^{-5}$ cm²/s，这样氮原子要从钢液内部扩散到气-液界面上需要较长时间。在钢液表面上存在富集的表面活性物质（如氧、硫），占据了表面位置，使氮不能向气相转移。所以真空处理时，由于动力学条件的限制，脱氮不能达到预期效果。

245. 真空冶炼时真空脱氧的特点是什么？

在炼钢温度下，饱和含氧量（0.23%）的铁液，其平衡氧分压为 7.80×10^{-4}Pa，这说明只有真空度低于此值时，才有可能脱除饱和含氧量铁液中的氧，实际上钢液中含氧量要比饱和值低得多，加之钢中还存在形成氧化物的其他元素，想单纯依靠真空脱氧，必须有相当高的真空度才行，而目前在工业规模的真空处理条件下，这样的高真空是难以实现的。

实际上真空处理钢液脱氧是靠真空条件下碳氧化反应，碳的脱氧能力随着系统压力降低而增加，而碳的脱氧反应的生成物是气体，它能从钢液中逸出而不在钢中留下夹杂物。

还应指出，在考察真空处理的脱氧效果时，应该了解钢液处理前的脱氧程度，即与钢液中含氧量高低有密切关系。脱氧处理前钢液中含氧量高，脱氧不完全时则处理时的脱氧效率高。如某厂处理未加铝和少量加铝的钢种，钢中氧在 $(150 \sim 250) \times 10^{-6}$ 之间，经真空处理后（一般钢液循环 4 次）钢中氧降到 40×10^{-6} 以下，这类钢液的脱氧效率达 80%。但对处理前加铝完全脱氧，并经吹氩的钢，钢中氧含量已达 40×10^{-6}，此时真空处理脱氧效果就不明显。有些资料报道，在完全脱氧的情况下，真空处理脱氧仅达到 20% ~ 50% 左右，所以根据具体情况应用具体分析。

246. 真空冶炼时真空下脱碳的特点是什么?

在真空条件下，碳的脱氧能力大大提高，利用碳进行脱氧时，伴随着钢中 [O] 含量的降低的同时 [C] 也相应降低，也就是同时发生了脱碳反应。

为了生产含碳极低的钢种（例如汽车用深冲钢板、硅钢片、不锈钢及其他软磁钢），目前常应用真空脱碳法。

采用真空脱碳法时，所能达到的含碳量与含氧量以及初始碳含量有关，当初始碳含量低时，在真空脱碳的开始阶段就能达到较低的含碳量；当初始碳含量较高时，钢液中所含的氧不足以将碳降低到最低值，因此可按初始碳含量、氧含量的不同，或者添加氧化剂来进一步降碳，或者添加少量碳来进一步脱氧。

真空脱碳的规律性和脱氧规律类似，在减压下 1600℃ 时的 [C]-[O] 关系如图 9-2 所示。

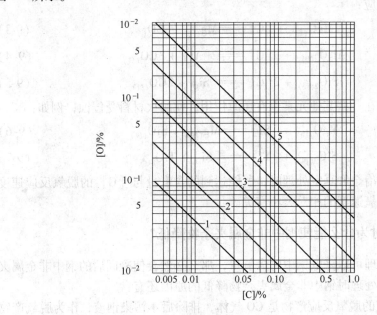

图 9-2　在不同气相压力下铁液中与碳相平衡的含氧量

$1—p_{CO} = 13.3Pa$；$2—p_{CO} = 40Pa$；$3—p_{CO} = 133Pa$；

$4—p_{CO} = 400Pa$；$5—p_{CO} = 1333Pa$

由图 9-2 可知，越是减压，相对于同样碳含量的氧含量就越低。在一定的温度下，越进行减压，[C]-[O] 的乘积越低，在这种情况下含氧量降低某一数值 Δ[O]，其含碳量也会相应降低。

有些研究认为，碳含量随氧含量相应地按以下比例降低：Δ[C] = 0.75 Δ[O]，其中的 0.75 是碳原子质量与氧原子质量之比。

247. 真空处理时钢液与耐火材料、非金属夹杂物有哪些反应？

耐火材料或一次脱氧产物通常以氧化物形式存在（如 MgO、Al_2O_3、SiO_2 等），它们在真空下分解，直接向钢液中供氧。MgO 和 SiO_2 的分解反应使钢液中的氧饱和，因此钢液中含氧量显著增加，而 Al_2O_3 分解反应虽然也提供氧，但比之 MgO 和 SiO_2 提供的氧要少得多。

铁液与耐火材料之间还会直接发生下列反应：

$$Fe_{(流)} + MgO_{(固)} \longrightarrow Mg_{(气)} + [O] \tag{9-1}$$

$$Fe_{(液)} + SiO_{2(固)} \longrightarrow SiO_{(气)} + [O] \tag{9-2}$$

在真空条件下，随着系统的压力降低，钢液中 $[C]$ 的还原能力增加，由于碳的还原能力的作用，会使耐火材料受侵蚀或使钢液中悬浮的氧化物夹杂还原，产生以下一些反应：

$$MgO_{(固)} + [C] = Mg_{(气)} + CO_{(气)} \tag{9-3}$$

$$Al_2O_{3(固)} + 3[C] = 2[Al] + 3CO_{(气)} \tag{9-4}$$

$$SiO_{2(固)} + 2[C] = [Si] + 2CO_{(气)} \tag{9-5}$$

在钢液中存在一些其他元素也有还原作用，使耐火材料受侵蚀，例如：

$$MgO_{(固)} + [Si] = Mg_{(气)} + SiO_{(气)} \tag{9-6}$$

$$SiO_{2(固)} + [Ti] = [Si] + TiO_{2(气)} \tag{9-7}$$

所以，真空冶金和真空处理时，所能达到的含氧量与 $[C]$ 的脱氧反应速度和耐火材料的供氧速度的相对大小有关。

248. 真空处理时为什么能使钢中非金属夹杂物降低？

既然真空处理可以降低钢中的含氧量，那么必然会使凝固后的钢中非金属夹杂物减少。真空处理时钢中非金属夹杂物降低的原因还有：

（1）由于碳的脱氧反应产物是 CO 气体，排除后不污染钢液，作为脱氧产物的氧化物夹杂自然会少；

（2）在真空处理时，氢与 CO 气泡上浮过程中吸附夹杂物，促使它们上浮；

（3）在低压下，提高钢液中碳的脱氧能力，同时可以还原钢中氧化物的夹杂；

（4）在真空处理时，钢液的运动搅拌有利于夹杂物凝聚、长大及上浮；

（5）真空浇铸时，可防止二次氧化现象。

因此，真空处理可降低钢中夹杂物的含量，其中易被还原的 MnO 及 SiO_2 等夹杂物减少得最多，Al_2O_3 夹杂物则减少得最少。由于钢液在真空处理过程中运动及搅拌，有利于较大颗粒夹杂物上浮，故残留在钢液中夹杂物颗粒较非真空处理的颗粒要小，但各种处理方法其效果不尽相同。

249. 什么是真空蒸馏?

真空蒸馏是在真空条件下，利用主金属和杂质在同一温度下，蒸气压和蒸发速度的不同，控制适当的温度，使某种物质选择性地挥发和选择性地冷凝来使金属纯化的方法。这种方法以前主要是用来提取某些低沸点的金属（或化合物），如锌、钙、镁、镓、硅、锂、硒、碲等，随着真空和超真空技术的发展，特别是冶金高温、高真空技术的发展，真空蒸馏也用于稀有金属和熔点较高的金属如铍、铬、钇、钒、铁、镍等的提纯。

250. 蒸馏的主要过程是怎样进行的?

蒸馏的主要过程是蒸发和冷凝，在一定温度下，物质都有一定的饱和蒸气压，当蒸气中物质分压低于它在该温度下的饱和蒸气压时，该物质便不断蒸发，蒸发的条件是不断供给被蒸发物质的热量，并排出产生的气体；冷凝是蒸发的逆过程，气态物质的饱和蒸气压随温度下降而降低，当气态组分的分压大于它在冷凝温度下的饱和蒸气压时，这种物质便冷凝成液相（或固相），为使冷凝过程进行到底，必须及时排出冷凝所放出的热量。

251. 影响真空蒸馏提纯的效果有哪些因素?

（1）各组分的蒸气分压。分压差越大，分离效果越好。

（2）蒸发和冷凝的温度以及动力学条件。一般温度降低可增大金属与杂质蒸气压的差距，提高分离效果。

（3）待提纯金属的成分。原金属中杂质含量越低，分离效果越好。

（4）金属的蒸发和冷凝时材料的作用。要求蒸发、冷凝材料本身有最低的饱和蒸气压。

（5）金属、残余气体的相互作用。

（6）蒸馏装置的结构。

（7）真空蒸馏分为有坩埚式和无坩埚式两种，无坩埚蒸馏一般通过电磁场作用将金属熔体悬浮起来。

252. 二元铁合金铁液的蒸气压及挥发系数 α 值是怎样的?

当 α 在 10 以上时，杂质元素通过蒸发而去除，铁液中溶质元素的 α 值如表9-1 所示。由该表可见，锰、铜、锡等元素能够比较容易地被蒸发去除，而硫、砷则难以被去除，镍、钴、磷等元素反而在钢液中浓缩。

表 9-1　二元铁合金铁液的蒸气压及 α 值

元　素	1600℃的蒸气压/Pa	铁液中的活度系数 γ_B	1600℃的蒸气压/Pa		α 值	
			$w = 0.2\%$	$w = 1\%$	计算值	实验值
Mn	5600	1.3	14.66	73.33	900	150
Al	253.3	0.031	0.032	0.16	1.4	—
Cu	133.3	8.0	1.867	9.333	125	60
Sn	106.6	1	0.101	0.507	9.1	18
Si	56	0.0072	0.0016	0.008	0.07	10
Cr	25.3	1	0.533	2.666	3.3	—
Co	4.133	1	0.008	0.034	0.5	—
Ni	3.866	0.67	0.005	0.002	0.32	—
S	>101325	—	—	—		7.5
As	>101325	—	—	—		3
P	>101325	—	—	—		0.6

还应指出，钢液中蒸发现象除决定于该合金元素蒸气压大小外，还与该合金元素的活度有关，即当钢液中存在能增加 γ_B 的因素，会促进蒸发现象。

253. 真空感应炉熔炼的主要特点是什么？

真空感应熔炼方法已经成为工业生产中的冶炼金属的主要手段，其主要特点为：

（1）感应加热温度范围宽，既可以熔化高熔点金属，也可以用于低熔点金属；

（2）在真空条件下，其冶炼全过程避免了与大气接触所产生的污染，并且采用还原剂碳脱氧时产生的氧化物污染也容易被排除；

（3）可以除去低熔点金属杂质和一些微量元素，消除二次氧化；

（4）电磁力的强烈搅拌可使熔体的成分均匀；

（5）电磁感应圈放在真空室内，其余设备放在真空室外，减小了真空室容积，而且较容易密封。

高温度的熔融金属与坩埚内壁接触，在真空下，金属容易被污染。可以对坩埚内壁进行涂料处理，以减轻污染。

其主要应用包括：

（1）可浇注自耗电极供重熔精炼使用；

（2）主要熔炼高熔点金属及高强度钢；

（3）与其他熔炼手段相结合生产超纯铁素体不锈钢；

（4）铜合金精炼；

（5）有色金属的蒸馏提纯。

真空感应炉熔炼的整个周期可以分为装料、熔化、精炼、合金化和脱氧浇注等几个阶段。

254. 真空感应熔炼中对炉料和装料有哪些要求？

一般都采用高纯度的原料，因为高纯度的原料对控制成分、掌握冶炼过程和缩短冶炼时间都是很有利的。采用返回料时，必须注意返回料的成分和纯度。对配料时所用的纯金属必须注意它的有害元素和气体含量。除对原料的成分有要求外，对其块度的大小也必须注意，以保证在坩埚底部能装得紧密。对于装在坩埚上部的炉料，必须考虑到在熔化时能使它顺利下落而不架桥。

常压的感应炉装料所应用的一些规则在真空感应炉上也同样适用。装料的一般原则包括：

（1）上松下紧，以保证能输入较大的功率和防止熔化时出现架桥；

（2）高熔点不易氧化的炉料装在高温区即坩埚的中、下部；

（3）易氧化的炉料应在金属液脱氧良好及其真空度良好的条件下加入；

（4）少量或微量的合金元素用铝箔包好在精炼期加入；

（5）易挥发的元素在熔炼室充氩提高压力之后加入。

255. 真空感应熔炼熔化过程是怎样进行的？

在主要炉料已装入坩埚，同时一些补加材料也装入加料器后，开始抽真空。当真空度达到要求时，开始送电熔化。

考虑到金属炉料在熔化过程中的放气作用，在真空感应炉的熔化过程中，就不再要求输入最大功率，而是根据金属炉料的不同特点，按规定在熔化期逐级增加输入功率，保证炉料以适当的速度熔化。在补炉量过大，炉料放气量过大或坩埚在大气下暴露时间过长的情况下，在熔化期还可以适当延长小功率炉供电时间，以放慢熔化速度。

在高真空下快速熔化会导致熔池强烈沸腾，严重时会产生喷溅。沸腾对去气和去除非金属夹杂物是有利的，但是沸腾太激烈，发生喷溅会使坩埚上部形成一层凝固的金属硬壳，这层硬壳在后续的冶炼过程中很难熔化，从而造成一部分的炉料损失，使得合金成分调整困难，妨碍出钢和浇注，对后续冶炼的成分亦造成影响。所以在熔化的过程中应避免过分激烈的沸腾和喷溅发生。当出现该现象时，可立即采取降低熔化速度（减小输入炉子的功率）及提高熔炼室压力（调节真空阀门或充入一定量惰性气体）来控制。

当炉料不能一次装入时，余下的炉料应在坩埚内炉料熔化 70% ~ 80% 时加入，待补加炉料开始发红时，再提高输入功率。否则高温的金属熔池骤然加入冷料，冷料中的气体大量放出，就会引起严重的喷溅。

256. 真空感应熔炼过程精炼是怎样进行的?

炉料熔化后，在真空下保持一段时间，就可以达到精炼的目的。在这个过程中进行着金属的脱氧、去气及去除挥发性的夹杂物等反应。在真空下由于不断的抽气，有利于碳氧反应的进行，随着 CO 气泡从金属熔池中生成及逸出，可使 [H] 与 [N] 同时析出，从而去除金属液中的气体和夹杂，达到精炼的目的。一般来说精炼时间愈长，精炼反应进行愈全。但是在实际冶炼中发现，在真空下金属中氧含量下降到一定数值后，其氧含量反而逐渐增加。发生这一现象的原因是在低压的条件下发生了坩埚耐火材料与金属液的相互作用，耐火材料中的 Me_xO_y 发生分解，既增加金属含氧量，又降低坩埚寿命。

达到规定的精炼时间后，如熔池温度合适，即可加入合金元素，调整钢液成分，由于合金元素的活泼程度（与氧、氮等元素的亲和力）及蒸气压等的不同，应按一定的顺序加入。合金元素的加入顺序合理与否，在很大程度上会影响所炼金属的质量和纯洁度。一般情况，各种合金加入的时间是：铁、镍、钴、钨、钼等在装料时加入；而在熔化和脱氧后加入铬；随后加入硅、钒等；钛、铝、硼及锆等只在浇注前才加入熔池。锰的挥发性很大，一般在出钢前 5 ~ 10min 加入。当加入数量多而块度大的合金料时，加入速度应缓慢，避免产生沸腾，必要时可用关闭阀门的方法提高熔炼室的压力以抑制沸腾。每加入一种合金料后，应输入大的功率，以搅拌熔池。

257. 真空感应熔炼计算合金元素的加入量时应如何考虑到它们在真空下的挥发及氧化损失?

计算合金元素的加入量时，必须考虑到它们在真空下的挥发及氧化损失。其损失主要取决于真空下保持的时间、真空度以及该元素的蒸气压。表9-2 列出了真空感应熔炼时某些元素的损失情况。

表 9-2　真空感应熔炼时某些元素的损失情况

元素名称	常压熔化时元素含量 $w/\%$	真空状态下元素含量 $w/\%$		
		熔炼室压力 =67Pa	熔炼室压力 = 0.133Pa(45min)	熔炼室压力 = 0.133Pa(15min)
C	0.29	0.28	0.29	0.27
Mn	1.03	1.02	0.12	0.02
Si	0.61	0.62	0.62	0.65
Ni	10.18	10.25	10.43	10.86

元素名称	常压熔化时 元素含量 w/%	真空状态下元素含量 w/%		
		熔炼室压力 =67Pa	熔炼室压力 = 0. 133Pa(45min)	熔炼室压力 = 0. 133Pa(15min)
Cr	9. 32	9. 40	9. 08	8. 52
Co	9. 30	9. 28	9. 48	9. 70
W	1. 91	1. 89	1. 98	2. 05
Mo	1. 8	1. 86	1. 98	2. 03
V	0. 97	0. 98	0. 91	1. 00
Al	0. 85	0. 42	0. 30	0. 27
Ti	1. 80	1. 68	1. 68	1. 70
B	0. 0060	0. 0062	0. 0072	0. 0075

258. 真空感应熔炼精炼后的钢液是怎样进行浇注的?

可以在真空中或压力为 6. 67 ~ 13. 33kPa 的惰性气氛下，把钢液或合金注入有保温帽的钢锭模。钢液不应该过热，其温度最好低于相应牌号的钢在空气中的浇注温度。浇注时由于锭模壁和金属凝固时的放气而使真空室压力稍有增高。

259. 多功能真空感应炉的主要功能有哪几点?

多功能真空感应炉的实体照片如图 9-3 所示。

图 9-3　500kg 多功能真空感应炉
(资料来源：苏州振吴电炉有限公司)

多功能真空感应炉其主要功能有以下几点：（1）具有常规真空冶炼和浇注

功能；（2）具备顶吹氧气、底吹氩气能力，具备喷粉能力，可以进行闭环控温，真空状态下加渣料、合金料、取样、测温和定氧等功能；（3）真空状态下浇注圆锭、方锭、扁锭等多种规格的钢锭。

该设备具有常规的真空冶炼和真空浇注功能，这种功能在不喷粉和不吹氩、吹氧的条件下正常实现。同时，为了某些特定的实验需要，该设备可以在真空条件下进行底吹氩和顶吹氧的功能。另外，满足真空条件下喷粉功能，并要在真空范围之内完成浇注。

260. 国内外多功能真空感应炉发展的概况是怎样的？

1985 年联邦德国海拉斯地区 ALD 公司在 VID（Vacuum Induction Degassing）基础上开发了一种专利技术 VIDP（Vacuum Induction Degassing Pouring）。虽然从字面上理解是真空感应脱气浇注，但是这种炉子不仅具有 VID 的功能，还可以和其他浇注设备组合成多功能的真空感应炉，完成真空浇注任务。这种工艺将真空感应熔炼室、合金装料室与模锭室用真空阀门进行连接和分隔，从而使真空室大大缩小。在熔炼时，把真空阀门关闭，模锭室里可以更换铸锭模，加料室可以加料。这样可以缩短整个过程时间，缩短生产周期。它可以浇注自耗电极供重熔精炼用，可以经济地生产高合金钢、超合金钢、高纯铜或铝与活性元素合金的有色金属材料。

1990 年以后，VIDP 炉在德国、英国、美国、韩国、日本等国家的钢铁公司、有色合金厂、特钢厂得到应用。他们用 1～20t 的 VIDP 炉来生产高合金、有色合金和不锈钢等。在欧洲，奥地利 Kapfenberg 的 Bohler 特殊钢厂在 2000 年中期建成一座 VIDP 炉，用于真空熔炼和重熔特殊钢及镍基合金和钴基合金，这是欧洲的自动化程度非常高的炉子。英国 Sheffield 的 Ross&Catherall 工厂，有一座 VIDP 炉，炉容量为 8t。在美国宾州的 Cartech 工厂，拥有着熔炼为 22t 的 VIDP 炉，主要用于生产铸锭、特殊钢的电极重熔、镍基精密合金。

我国生产特种钢、有色合金等一般采用真空感应炉的形式。随着 VIDP 炉的发展和国内对高精金属材料的需求，VIDP 将会备受关注。

第 10 章　液态金属的电磁处理

261. 什么是液态金属的电磁处理技术?

利用电磁泵输送液态金属，使液态金属在非接触条件下运动，并按照工程技术的要求，使液态金属的运动速度和传输量得到控制，这就是液态金属的电磁处理技术。该项技术可在冶金、铸造及其他领域中得到有效的应用。

262. 电磁泵有哪些类型?

电磁泵主要分为直流电磁泵和交流电磁泵两大类，直流电磁泵包括传导式电磁泵（平面式、螺旋式）和热电-电磁泵；交流电磁泵包括单相交流电磁泵（平面传导式、环形感应式）和三相交流电磁泵（平面感应式、螺旋感应式、圆柱感应式），如图 10-1 所示。

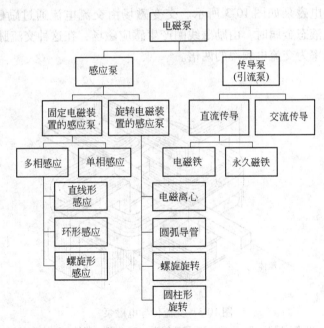

图 10-1　电磁泵的分类

263. 直流电磁泵熔炼时的主要特点是什么?

电磁泵的最简单的类型是直流电磁泵，如图 10-2 所示。直流传导式电磁泵的结构比较简单，它适于输送的压头为 0.2 ~ 0.3MPa（2 ~ 3kg/cm²）左右、流量较大的液态金属，其应用范围较广。

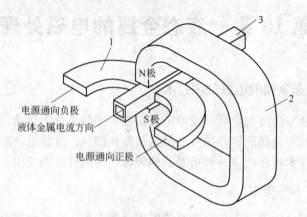

图 10-2　直流传导电磁泵
1—汇流排；2—永久磁铁；3—泵的输送管

264. 交流传导电磁泵的结构及其特点是什么？

交流传导电磁泵如图 10-3 所示。交变磁场由交流电流通过励磁线圈产生，交变电流通过液态金属时，由励磁线圈产生感应磁场，在这种交流脉动泵中压力产生变化，频率为交流电频率的两倍。

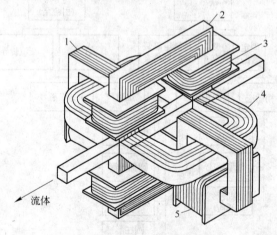

图 10-3　交流传导电磁泵
1—电流互感器；2—磁路；3—励磁线圈；4—衔铁、附件；5—初级线圈

265. 旋转电磁泵的结构及其特点是什么？

在旋转感应电磁泵中（见图 10-4），定子或磁场是由一个通过定子的三相感应电机作为电源的。

　　旋转感应电磁泵定子叠片为 360°环行,像感应电机一样,因而可产生一个旋转磁场,使其延伸穿过壳壁,同时使液体金属在其中成反向流动。环行叠片的旋转感应电磁泵的出现与扁平线性感应泵和环形线性感应泵相比是一个重要的进展。这是由于磁场在扁平线性感应泵或者环形线性感应泵中,从不连续的定子叠片到每一个终端组成的部分,磁场有一很强的稳定性的变化,这就使得液态金属进出处外部产生涡流损耗;另一方面在扁平线性感应泵和环形线性感应泵中由于不连续的叠片会产生相电流不平衡,三相感应电机衰变的不平衡电流在绕组中形成(扭矩和效率的损耗)。同样的情况也导致任何用多相绕组的电磁泵其压力减小。

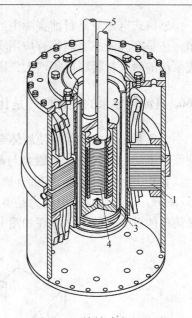

图 10-4　旋转感应电磁泵
1—定子叠片结构;2—壳壁;3—液体金属空间;4—环流轨迹;5—液体金属管

　　扁平线性感应泵、环形线性感应泵以及旋转感应电磁泵均具有稳定的磁场结构,这是能够可靠应用的一个因素。

　　螺旋旋转电磁泵具有良好的性能,而且使高效率电磁泵的实际使用成为可能。图 10-5 是循环-旋转电磁泵实际应用的例子。

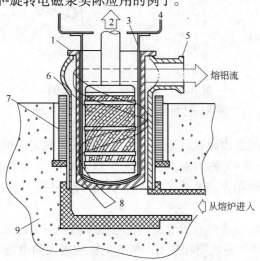

熔铝流

从熔炉进入

图 10-5　用于熔铝循环-旋转电磁泵的断面
1—环行罩；2—伺服电机；3—防热保护装置；4—支架；5—排出孔；6—螺旋旋转；
7—低碳钢反向流动垫片；8—泵框架；9—反射炉炉衬

感应式电磁泵是目前实际生产中应用较多的一种电磁泵，无论是低温易熔金属，还是高温液态金属都有应用实例，但在输送温度较高的液态金属时，制作槽式泵沟的耐火材料厚度须增大，因此效率较低。

266. 直流传导泵的工作原理是什么?

电磁泵是以力的作用使液体金属或其他导电流体加速流过管道的设备。在促使液体流动的过程中，电磁泵与离心泵或活塞泵的不同之处在于力的产生方式上。在电磁泵中电流通过金属液体，产生一个磁场，并由此产生洛伦兹 (Lorentz) 力，而这种电磁力是可以近似地计算的。直流传导泵是电磁泵中一种最简单的设备，其工作原理如图 10-6 所示。

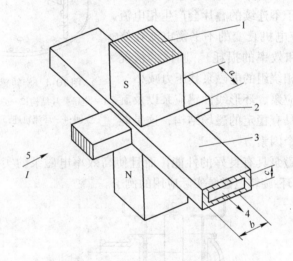

图 10-6　直流传导泵工作原理图
1—磁极；2—铁芯；3—电极；4—泵沟；5—电流

由图可知，该类泵由磁极、电极、泵沟等组成。在定向恒稳定磁场 N-S 极之间，通过泵沟 ($a \times b \times c$ 称为泵沟有效区) 两侧的电极向液态金属中通入直流电，直流电方向与磁场方向垂直，按左手法则产生电磁力驱动液态金属沿泵沟流动。

直流传导泵必须具备自有的专用直流电源，当采用电磁铁建立定向恒稳磁场 N-S 时，向电磁铁的激磁线圈和泵沟两侧的电极所通入的电流可以只用一套整流设备把两者串联起来供电，也可用两套供电设备分别供电，向电极供电的特点是电压较低而电流很大。

267. 交流传导泵的工作原理是什么?

图 10-7 与图 10-8 是同一种形式的交流传导泵, 交流传导泵是由电极、铁芯、主（副）线圈和泵沟组成。当图 10-7 中交流传导泵的主线圈通入工频交流电时, 在铁芯的气隙中便产生交变的磁场, 该交变磁场作用于泵沟中的液态金属上, 同时铁芯产生的交变磁场又感应铁芯上的副线圈, 在副线圈上感应出交变电动势, 电极及液态金属所组成的回路中通过交流电, 在任何一瞬间泵沟有效区磁场的方向和通过液态金属的电

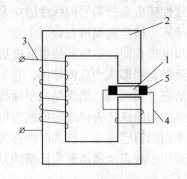

图 10-7　交流传导泵的工作原理之一
1—泵沟;2—铁芯;3—主线圈;4—副线圈;5—电极

流方向按左手法则判断所产生的电磁力的方向是一定的, 电磁力驱动液态金属在泵沟中定向流动。

图 10-9 所示的交流传导泵与图 10-7 及图 10-8 所示的交流传导泵的工作原理相同, 只是在电源部分需要有单独的变压器向激磁绕组供电并把该导线与泵沟两侧的电极串联。

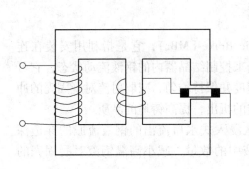

图 10-8　交流传导泵的工作原理之二

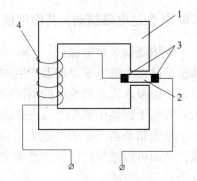

图 10-9　交流传导泵的工作原理之三
1—铁芯;2—泵沟;3—电极;4—串极线圈

由于交流传导泵在工作期间铁芯发热,特别是图 10-7 所示的交流传导泵的主、副线圈的相位不能完全一致,比直流传导泵效率低,因此工程上应用也较少。

268. 感应式电磁泵的工作原理是什么?

感应式电磁泵可分为单相及三相感应式电磁泵两大类,单相感应式电磁泵虽然理论上行得通,但由于泵的结构复杂,泵沟不易清理且启动困难,在实际使用

中受到限制。所以有实际使用价值的均为三相感应式电磁泵。

三相感应式电磁泵的工作原理与异步电动机相似。

线性感应泵分为平面线性感应泵、圆柱形线性感应泵和平面螺旋线性感应泵三种形式，输送高温液态金属主要使用平面线性感应泵。感应器绕组的下线方法与异步电机相同，感应器绕组通电后产生一个行波磁场，在行波的作用下，泵沟中的液态金属即成为载流导体，它与行波磁场相互作用产生的电磁力，驱动泵沟中的液态金属流动。如果是双平面线性感应电磁泵，当把泵沟另一侧的感应器绕组和感应器的铁芯去掉之后就成为单平面线性感应泵，当只去掉泵沟一侧的感应器线圈而保留感应器的铁芯时则称为带铁芯的单平面线性感应泵。单平面线性感应泵适用于液态金属通道为流槽的方式，其效率较低。

269. 选择电磁泵时应注意哪些基本因素？

（1）金属的物理性质，其中电阻系数是最重要的性质，但在确定液体的摩擦损失与静压力时，液体的黏性和密度也是至关重要的；

（2）液态金属的流量、流速；

（3）泵的压力；

（4）液态金属的温度，该温度将影响泵道的壁厚、制作管道的材料以及液态金属与管壁的电阻系数。

270. 什么是电磁制动，其作用是什么？

电磁制动又称电磁闸（Electromagnetic Brake-EMBr），它是指利用安装在连铸机结晶器上的电磁制动器产生的静磁场来控制结晶器内的钢液流动状态，它可以减小由浸入式水口流出的钢液射流的速度并保持均匀，减弱射流对凝固壳的冲击，有利于铸坯中的非金属夹杂物和气泡的析出，提高铸坯的品质。

电磁制动器产生的电磁力可以减小从浸入式水口流出的钢液流股的穿透深度，从而可以减少连铸保护渣等卷入钢液中的数量，减小高温钢液对凝固壳的冲击。

271. 什么是电磁封闭阀，其作用是什么，有何特点？

电磁封闭阀完全改变了传统封闭液态金属出口的方式，克服了传统封闭方式的弊病。工作人员只需控制电源开关、电源极性、电流大小便可实现封闭过程，过程安全可靠、方便。

电磁封闭阀可分为直流传导式电磁封闭阀和感应式电磁封闭阀。直流传导式电磁封闭阀不足之处是：既需要设置通往直流电的电极，还要保证电极与液态金属浸润良好，尽量降低接触电阻，以提高该封闭阀的效率和稳定性，同时还要考虑电极的耐高温液态金属侵蚀能力、安放稳固、密封等。感应式电磁阀弥补了直流传导式液态金属电磁封闭阀的不足，但在使用过程中一定要保证行波磁场的透入深度，才能在液态金属中产生足够的电磁力，与液态金属的流出口处的静压力平衡，把液态金属在容器里封闭住。

272. 什么是电磁挡渣法，其特点是什么？

电磁挡渣法是在转炉出钢口外围安装电磁泵，出钢时启动电磁泵，通过产生的磁场使钢流变细，使得出钢口上方钢液面产生的吸入涡流高度降低，可以有效地防止炉渣通过出钢口流出。

这种方法是日本钢管公司发明的，该公司在 250t 转炉上安装了可产生 1500Gs 磁场的电磁泵，挡渣效果显著，出钢时间约 20min，钢水温度几乎不降低。

273. 什么是双辊薄带连铸电磁的侧封技术？

该技术是一种全新的侧封技术，由于磁场的超距作用，可以不与高温金属液接触而利用电磁力实现侧封，避免了侧封板的消耗和磨损。这种方法可取代传统的固体侧封板，解决固体侧封板现存的问题。根据施加的电磁场的不同，可以将电磁侧封装置分为交变磁场式、交变磁场组合式和稳恒磁场＋直流电式几种。

274. 金属液电磁净化技术的特点是什么？

利用电磁场可以净化金属液，该技术有以下一些主要特点。

（1）当非金属夹杂物与金属液之间密度非常接近而难以靠上浮或沉积来去除时，利用电磁净化技术便能解决这一问题。因为不管密度差异如何，非金属夹杂物与金属液之间的电导率总是存在巨大的差异。

（2）在电磁场作用下，非金属夹杂物颗粒受到的挤压力与金属液所受的电磁力有关，电磁力越大，夹杂物颗粒受力也越大，其迁移速度相应地也越大，从而夹杂物颗粒越容易去除。当电磁力足够强时，金属液中微米级的非金属夹杂物也能被去除，而靠常规的方法则很难实现这一目标。常见金属如铝、镁、钛、铜中，难以去除的夹杂物也主要是那些密度与金属液接近，粒径细小的夹杂物，特别是在镁熔炼中，不但夹杂物与金属液密度接近，大多数还是液态，导致即使采取过滤器净化也难以去除，如利用电磁净化技术，将会使这些问题得到圆满解决。

实际上利用电磁场使颗粒产生迁移的现象，并不仅限于将颗粒排除出金属，在某些领域中，它还有可能促进非金属颗粒按照需要分布于金属中。目前金属基复合材料应用越来越广泛，在经济而实用的铸造法中，经常会发生非金属增强相颗粒（如 Al_2O_3、SiC、TiB、AlN 等）被凝固界面排斥或者由于密度差的原因而产生颗粒偏聚，导致颗粒不均匀分布的现象。如果将电磁场加在此体系中使增强相颗粒受到力的作用，则颗粒的偏聚行为将发生改变，原来远离凝固界面运动的颗粒，则有可能朝向凝固界面移动，使原来被凝固界面排斥的颗粒，转变为被凝固界面吞没，反之亦然。由此可见，施加电磁场能改变颗粒在金属中分布，这将为制备金属基复合材料提供一种新途径。

275. 电磁净化处理技术的基本原理是什么?

电磁净化的基本原理是设置一种工艺装置，使液态金属处于一种磁场中，而且让液态金属本身带有电流，这样液态金属就成为处于磁场之中的载流导体。载流导体与磁场相互作用，液态金属将受到电磁力，但由于夹杂物与液态金属之间的电阻率相差很大，它们所受的电磁力也相差很大，非金属夹杂物颗粒将向电磁力反向迁移，调整电磁力方向，可以使夹杂物迁移至渣层或衬壁被吸收，达到净化金属液的目的。这种净化金属液的办法被称为金属液电磁净化法。

276. 电磁净化处理时按加磁场的方法不同可分为哪些类型?

（1）直流电流 + 恒定磁场；
（2）交流磁场或交变电流；
（3）行波磁场；
（4）旋转磁场；
（5）高频磁场；
（6）超强磁场（5 ~ 20T）。

第11章 电磁搅拌工艺技术及其装备

277. 电磁搅拌的类型有哪几种?

根据直流电动机、感应电动机以及直线电动机运动原理和在固定磁场下运动导体感应受力的原理,电磁搅拌可相应地分为 4 种类型,如图 11-1 所示。

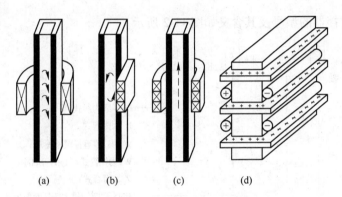

(a)　　　　(b)　　　　(c)　　　　(d)

图 11-1　各种搅拌装置示意图

(a)旋转型;(b)直线型;(c)螺旋型;(d)静磁场通电型

电磁搅拌就其基本原理而言,可以说明如下:

(1)移动磁场产生的电磁感应搅拌。移动磁场也称为运动磁场,它主要应用于钢的连铸机的结晶器和液芯部分的搅拌,或者以金属熔体搅拌为主要目的的熔炼装置。

(2)固定磁场产生的电磁搅拌。以金属料加热为主要目的的电磁感应熔炼设备,例如感应电炉采用单相线圈装置,产生一个静止的磁场,当在连铸坯外面围以直流线圈,也产生沿铸坯方向的静磁场,若通过夹辊使铸坯液芯感生电流,则液芯在磁场作用下产生运动。

(3)行波磁场电磁搅拌。行波磁场搅拌器即展平的感应电动机,它驱动钢液做直线运动。

(4)加电后产生的电磁搅拌。许多熔炼设备的能源是电能,如电弧炉、自耗电极电渣炉等,电流从金属熔池中通过或经由熔渣通过金属,也会产生一个电磁场并引起熔渣和金属液的运动。

278. 连续铸钢的电磁搅拌装置可分为哪些类型?

连续铸钢的电磁搅拌装置使用最多的是旋转磁场型以及直线移动磁场型,也有螺旋磁场及静磁场、通电型等多种类型。

圆坯、小方坯和一部分方坯多用于旋转型电磁搅拌装置,而板坯和多数方坯多用直线型或静磁场通电型。这是由于随着铸坯断面的不同,各种搅拌所形成的钢液流动范围、流动方向、流动阻力也随之不同。只有使搅拌装置尽可能适合铸坯断面的工艺要求,才能得到较好的搅拌效果。

279. 电磁搅拌器（EMS）的型号及其含义是什么?

电磁搅拌器的型号及其含义如图 11-2 所示。

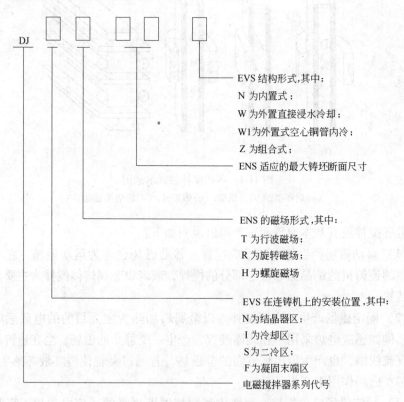

图 11-2　电磁搅拌器的型号及其含义

280. 电磁搅拌器的主要参数有哪些?

电磁搅拌器的主要参数如表 11-1 所示。

表 11-1　一些电磁搅拌器的主要技术参数

型　号	安装位置	磁场类型	铸坯断面/mm × mm	视在容量/kVA	频率/Hz	电流/A	外形尺寸/mm × mm × mm	重量/kg
DJMR-1212N	结晶器区	旋转磁场	120 × 120	140	3 ~ 6	400	$\phi550 \times \phi325 \times 370$	260
DJMR-1515N			150 × 150	140	3 ~ 6	400	$\phi550 \times \phi325 \times 370$	260
DJMR-2020N			200 × 200	188	3 ~ 6	400	$\phi665 \times \phi415 \times 380$	350
DJMR-2023N			200 × 230	240	3 ~ 6	550	$\phi665 \times \phi415 \times 380$	350
DJMR-2832N			280 × 320	260	2 ~ 6	550	$\phi830 \times \phi550 \times 420$	550
DJMR-1313W			130 × 130	200	3 ~ 6	400	$\phi780 \times \phi430 \times 480$	700
DJMR-1414W			140 × 140	250	3 ~ 6	400	$\phi830 \times \phi480 \times 500$	800
DJMR-1515W			150 × 150	270	3 ~ 6	400	$\phi830 \times \phi480 \times 500$	800
DJMR-1822W			180 × 220	330	3 ~ 6	500	$\phi840 \times \phi540 \times 530$	900
DJMR-1838W			180 × 380	380	1 ~ 5	600	$\phi1240 \times \phi830 \times 530$	1500
DJST-15525Z	二冷区	行波磁场	1550 × 250	475	4 ~ 16	700 2	1350 × 1350 × 500	1100 × 2
DJST-19025Z			1900 × 250	500	4 ~ 16	700 2	1616 × 1616 × 500	1500 × 2
DJFR-1212	凝固末端	旋转磁场	1900 × 300	290	50	400	$\phi440 \times \phi225 \times 600$	500
DJFR-1414			1200 × 120	310	50	400	$\phi740 \times \phi400 \times 600$	700
DJFR-2427			240 × 270	320	12 ~ 20	400	$\phi750 \times \phi430 \times 840$	1000

281. 电磁搅拌器都安装在什么位置?

电磁搅拌器安装的位置不同,搅拌装置也不尽相同,图 11-3 为搅拌区位置图。

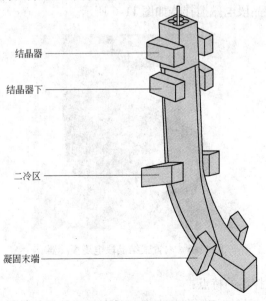

结晶器

结晶器下

二冷区

凝固末端

图 11-3　搅拌位置图

282. 二冷区电磁搅拌器的装置是什么样的？

安装在二冷区的电磁搅拌器如图 11-4 所示。

283. 凝固末端电磁搅拌器装置是怎样的？

安装在凝固末端的电磁搅拌器装置如图 11-5 所示。

图 11-4　二冷区电磁搅拌器　　　　　图 11-5　凝固末端电磁搅拌器

284. 内置式的电磁搅拌器有何特点？

结晶器电磁搅拌器根据其结晶器的相对位置不同可分为内置式及外置式电磁搅拌器。内置式结晶段电磁搅拌器如图 11-6 所示。

图 11-6　内置式结晶段电磁搅拌器

内置式电磁搅拌器的特点：

（1）感应线圈紧靠铸坯铜套与水套，具有较好的搅拌效果；

（2）所需电力容量小、运行费用低；

（3）结晶器水冷却，不另配冷却水系统；

（4）几乎每台结晶器需配备搅拌线圈，所需配件多。

285. 外置式的电磁搅拌器有何特点？

外置式的电磁搅拌器如图 11-7 所示，由于其安装于结晶的外部，根据其绕组导线的不同，可分为直接浸水冷却（a）和空心铜管（b）两种。

(a)　　　　　　　　　　　　　　　(b)

图 11-7　外置式水冷电磁搅拌器

外置式直接浸水冷却电磁搅拌器的特点：

（1）方便更换结晶器；

（2）能耗较大，运行费用高；

（3）所需备件少；

（4）结晶水冷却，不另配冷却水系统。

外置式空心铜管内冷电磁搅拌特点：

（1）方便更换结晶器；

（2）空心铜管内冷，冷却效率高；

（3）线圈包围在硅橡胶内，使用寿命长；

（4）所需备件少；

（5）能耗较大，运行费用高；

（6）需配单独的冷却水处理系统。

286. 带电磁搅拌器的结晶器有何特别要求？

电磁搅拌是通过安装在结晶器外侧的感应圈产生感应磁场，磁场穿过结晶器，作用在铸锭内的液态金属上，产生电磁力而驱动钢流运动，达到搅拌的目的。因此，为了减小磁场损失，发挥最大功效，应降低结晶器的磁阻，增大电磁的透入深度。由于透入深度与材料的电阻率成正比，与磁导率和电流频率成反比，因此结晶器材质的电阻率越大，磁导率越小，电流频率低，功率损失也就越小，故搅拌效果就越好。

287. 感应旋转磁场型电磁搅拌力如何计算?

感应旋转磁场型的电磁搅拌，其电磁力可分为径向力和切向力。一般径向力的数值较小，对钢液起旋转作用的主要是切向力。电磁搅拌的切向体积电磁力计算式如下:

$$F_\tau = \frac{4\pi n R L B^2 \varepsilon^2}{\rho_m} \times 10^{-4} \tag{11-1}$$

式中　　F_τ——液芯所受旋转方向体积电磁力;

　　　　n——旋转磁场转速，r/s;

　　　　R——旋转液芯半径;

　　　　L——电磁感应器铁芯长度;

　　　　B——磁感应强度;

　　　　ρ_m——液态金属电阻系数;

　　　　ε——穿透深度。

288. 行波磁场电磁搅拌的电磁力如何计算?

行波磁场电磁搅拌器相当于展平的旋转磁场感应搅拌器，它使钢液做直线流动，根据麦克斯韦方程，在行波磁场电磁搅拌条件下，其液芯所受体积电磁力计算式如下:

$$F = \sqrt{2} C_1^2 I^2 f \sigma_c \exp(-2 C_2 d \sqrt{\sigma_c f}) \tag{11-2}$$

式中　　F——电磁作用于钢流上的体积电磁力;

　　　　I——绕组线圈电流;

　　　　C_1——与绕组形式有关的参数;

　　　　C_2——与介质材料有关的常数;

　　　　f——电源频率;

　　　　σ_c——结晶器铜管壁电导率;

　　　　d——结晶器铜管壁厚度。

289. 电磁搅拌器在各种熔铝的反射炉中是如何应用的?

图 11-8 为电磁搅拌器在各种反射炉中的应用实例。图 11-8 (a) 所示为密闭型熔化炉中熔化废料时的应用实例，首先将废料装入反射炉内，随着废料的不断

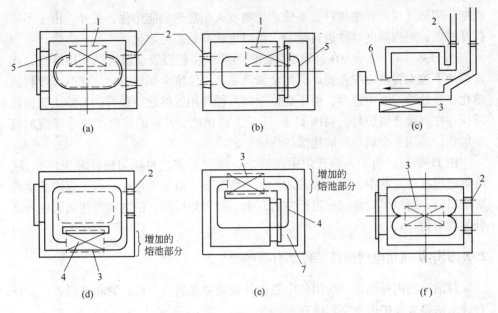

图 11-8　电磁搅拌器组装实例

(a) 密闭式熔炉; (b) 带敞开式熔池的熔化炉; (c) 快速熔化炉; (d) 带熔液循环熔池的密闭炉;
(e) 带熔液循环熔池的敞开熔池熔化炉; (f) 密闭式静置炉

1—电磁搅拌器; 2—烧嘴; 3—搅拌器; 4—连续式或分批式加废料; 5—间歇式或
上部装料式加废料; 6—加铝废料（敞开式熔池部）; 7—敞开式熔池部

熔化，达到金属液可进行循环的程度时，则可开始启动电磁搅拌器进行搅拌。搅拌可以起到促进炉内金属向未熔化废料供热的作用。因此，电磁搅拌器就设置在偏离反射炉中心的部位，从而可以容易地形成如图中所示的金属液循环。

在开放型熔化炉中熔化废金属料的实例如图 11-8（b）所示。先向炉内装入相当于炉子容量 1/4~1/3 的预熔化金属液，金属液在电磁搅拌力作用下进行循环，可促进开放式熔池中的废金属熔化。因此，应将电磁搅拌器放置在稍微偏离反射炉中心的部位，这样可容易形成图中所示的金属液在熔池内的循环流动。

图 11-8（c）中所示的是在快速熔化炉的静置炉侧，另增加一个开放的熔池部位，使之成为能更好地熔化废轻金属料的熔化炉。此时电磁搅拌器的平面布置图和图（b）的位置基本相同。

图 11-8（d）为在密闭型炉的一侧设有金属液循环用的熔池，熔池下部设置电磁搅拌器，用于促进金属液的环流和废料的熔化。向炉内加入预熔化的金属液，并在电磁搅拌器作用下形成循环流。被加热的金属液回流到循环的熔池部位，释放出热量被用于熔化并加入到熔池中的金属废料。金属液再次流回炉内加热，这样可形成循环式的热交换，使废金属料不断熔化。在这一过程中，即使像

机加工切屑这样的轻型废料，不使用烧嘴吹火焰加热也能熔化；另外，由于不必打开炉盖，炉内温度容易进行控制，可以完成高效率的熔化。

图 11-8（e）所示为在开放型熔池的熔化炉一侧设置金属液循环用熔池，在该熔池下边安置电磁搅拌器，促使金属液循环而使废金属料熔化。此时，废料的熔化在开放的熔池中进行，而不在供金属液循环用的熔池中进行。为防止该循环部位存在有废金属炉料，与图 11-8（b）方式相比，开放的熔池部位金属液的流动加快，适用于金属切屑的连续熔化生产。

图 11-8（f）所示为静置炉中设置的电磁搅拌器。对均匀搅拌金属液来说，将电磁搅拌设置在中心处是有效的。在此情况下，由于不存在妨碍金属液流动的废金属料，所以可对金属液进行左右、上下圆滑地搅拌，使之迅速达到温度和成分的均匀化。

290. 铝熔炉所用电磁搅拌装置都有哪些类型？

目前，国内外铝熔炉所用的电磁搅拌装置主要的类型有：炉底平板式、炉外直线电磁泵式和炉内中字形循环泵等。

291. 平板式搅拌器的原理及其应用的特点是什么？

炉底平板式电磁搅拌器由感应器和低频电源组成，感应器安装在炉底，如图 11-9 所示。

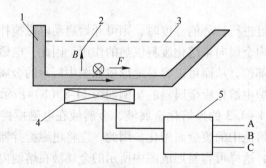

图 11-9　电磁搅拌器动作原理
1—炉壁；2—行波磁场；3—铝液；4—感应器；5—低频电源

电源柜放在电控室内，其优点是操作方便，对熔炼工艺无影响，但进行设备的改造比较麻烦，电源维护也需有一定基础。

由图 11-9 可见，这种搅拌装置是在感应器的线圈中通以 0.3 ~ 3Hz 的低频电流，感应器产生一行波磁场，这一磁场在铝液中产生感应电流，感应电流产生反磁场与磁场合并，合成磁场与感应电流相互作用，产生电磁推力，使液态金属产生定向运动，起到搅拌作用。

将平板式电磁搅拌放置炉底时，炉底要采用奥氏体不锈钢板托衬，这样做既可以使磁力线顺利穿过，又可以保护炉底强度。

低频电源的作用是将三相工频电变换为 0.3～3Hz 的二相低频电，主回路采用交-交变频方式，控制部分采用数字电路，简单、可靠。为了准确地估算感应器的各个参数，可采用多层感应磁场模型进行计算。这类电磁搅拌装置的 I 型产品，其低频电源主电路采用三相零式反并联交-交变频电路。此电路所用的元件少、成本低，且能满足电磁搅拌对低频电源的要求。但这种电路的谐波分量大、供电质量低、中线上干扰信号多、抗干扰能力差，装置的可靠性受到一定程度的影响。

为了提高供电可靠性，增强抗干扰能力，提高供电质量，减少高次谐波的影响，又研制了 II 型产品。它是由三相桥式反并联组成的交-交变频主电路，采用了模块式结构和具有锁相技术的高可靠性触发板，并与 PC 机相配合，确保了主电路的正常工作。当其控制角 α 按着 90°→0°→90° 的规律变化时，其输出电压 $U_{\mathrm{d}} = 1.35 U_{21} \cdot \cos\alpha$ 为一正弦调制波，对边相和中相线圈供电。

电磁搅拌采用 PC 控制可实现正搅、反搅、弱搅多种工作方式；可实现电压、频率连续可调；可由高精度过零检测实现安全换流，可由电流负反馈实现恒流调节，实现过流过压、缺相、短路及熔断器熔断等保护，并有相应的故障报警显示电路。其控制系统如图 11-10 所示。

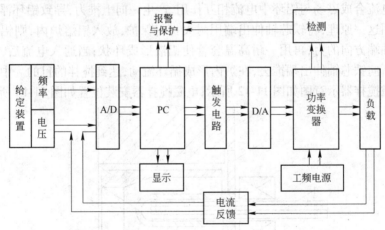

图 11-10　PC 控制系统框图

该系统的给定频率和电压，可分别控制其输出频率和输出电压，以满足熔炼工艺的要求。

292. 中字形电磁泵搅拌器的原理及其运用的特点是什么？

中字形电磁泵是运用跳跃圆环形循环器(JRC)原理而设计的，如图 11-11 所示。

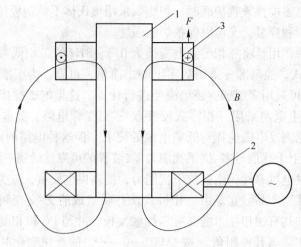

图 11-11　跳环试验示意图

1—铁芯；2—线圈；3—铝环

　　由图可见，在线圈中通以交变电流，铝环就会沿着铁芯悬浮起来，随着电流的增加，铝环浮起的高度也会增加。产生这一现象的原因是，线圈中通过的交流电流沿铁芯产生一交变磁场，磁场在铝环中产生感应电流反抗原磁场的变化，铝环电流与线圈电流合成磁场与铝环中电流相互作用，产生一向上推力，导致铝环浮起。

　　应用这一原理，将铁芯轴伸出端用耐火材料保护，放入铝熔炉内，则铝液受一向铁芯轴端方向的力，再用一耐高温套管使铝液形成环状；当通入电流后，环状铝液将不断向铁芯轴伸出端推去，在炉内形成循环流动，达到搅拌的目的。中字形电磁泵电磁搅拌器示意图如图 11-12 所示，电磁搅拌器安装位置如图 11-13 所示。

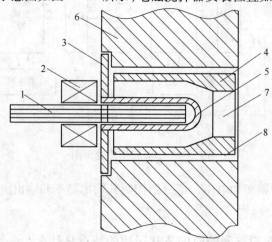

图 11-12　电磁搅拌器结构示意图

1—铁芯；2—线圈；3—端面板；4—导流管；5—套管；6—炉墙；7—出液口；8—进液口

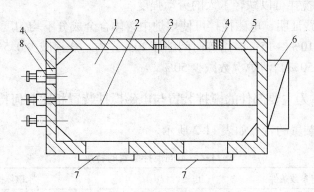

图 11-13　电磁搅拌器安装位置图
1—炉底；2—炉底料线；3—流口；4—搅拌器；
5—炉墙；6—烟道；7—炉门；8—烧嘴

实践证明，中字形电磁泵电磁搅拌装置平卧安装于铝熔炉炉墙上，有良好的技术与经济效果和效益。

293. 电磁搅拌装置在铝熔炉上应用取得哪些实际效果？

（1）由于电磁搅拌是非接触搅拌，不存在搅拌过程对熔体的污染，对熔炼高纯铝及铝合金具有重要意义。

（2）电磁搅拌充分，熔体的合金成分均匀，因而可使合金的质量得到大幅度的提高；电磁搅拌不存在人工搅拌因操作人员的技能、体力乃至劳动积极性的不同而产生的质量差异，质量控制容易。原铝液加镁锭后进行电磁搅拌，5min 后合金成分就能均匀。

（3）电磁搅拌可使铝熔炉中熔体温度趋于一致，使熔池内熔体的上部与下部温差小于 10℃，甚至可以达 5℃左右。在熔炼过程中可以降低熔体温度 50℃，节省能源，一般搅拌 2min 后，熔体温度就基本均匀。

（4）由于电磁搅拌器可对熔体实施充分的搅拌，使熔体温度均匀，合金成分能很好地扩散，改进了熔体的传质和传热，因而可缩短熔炼时间。以 10t 250kW 电阻反射炉为例，熔炼一炉次成分合格的 ZL102 合金可缩短熔炼时间 20%，设备的生产能力得到了提高。

（5）电磁搅拌不破坏熔体表面的氧化膜，可减少金属的氧化，这样既减少了烧损，又减少了氧化渣的数量。电磁搅拌可使氧化渣堆向炉门，便于扒渣，减少扒渣时间，可减轻氧化渣挂炉壁现象，减少清炉次数，大大延长炉子的使用寿命。

（6）电磁搅拌可以减轻工人的劳动强度。

国内外实践证明，电磁搅拌可使熔炉中熔体合金成分不均匀度减少到 3% 以下，能耗减少 10%～15%，熔炼时间缩短 20% 左右，烧损减少 0.5%，氧化渣数量减少 20%～50%，清炉次数减少 50%。

294. 永久磁体为主要部件的搅拌装置与电磁搅拌装置相比有何特点？

不同搅拌装置的特点如表 11-2 所示。

表 11-2　不同搅拌装置的特点

序　号	原理与参数条件	电磁搅拌	永磁体搅拌
1	工作原理	电磁感应原理与电机工作原理相同，电磁搅拌装置相当于普通电机，普通电机的磁场是电磁线圈产生的	原理为电磁感应原理，永磁搅拌装置相当于永磁电动机，永磁电机的磁场是由永磁体产生的
2	驱动力	电磁搅拌装置都是采用平移磁场，放置在炉底的电磁感应器可方便地产生一个平行于炉底的平移磁场，不需要机械运动部件	当使用永磁体产生平移磁场时，就需要使成吨的永磁体在炉底不停地做与炉底平行的运动，机械装置比较复杂
3	工作条件	电磁感应搅拌装置是通过变频装置将三相工频变换为 0.3～3Hz 的二相低频电，主回路采用交-交变频方式，感应器产生一行波磁场，由产生的电磁推力使液态金属产生定向运动，起到搅拌作用，并可实现正搅、反搅、弱搅等多种工作方式。感应圈通水冷却，能在高温下顺利工作，不存在退磁、使搅拌力下降的问题	永磁体一般采用钕铁硼等永磁材料，这些材料优点是体积小、磁能积较高，但明显的缺点是对温度敏感、热稳定性差，环境温度一旦超过规定值就会退磁，因此不适宜在高温下工作，即便在较低的温度下工作，随着时间推移，永磁体的磁场强度也会降低，使搅拌力下降
4	调节能力	电磁搅拌强度可以根据炉底的厚度、熔体的强度、熔体材料工艺要求很方便地进行调整，使之处于最佳状态	永磁搅拌永磁场是恒定的，不具备随工艺而调节磁场强度的可能

295. 永磁搅拌装置结构由哪些部分组成？

永磁搅拌装置的结构主要分为永磁体、驱动永磁体旋转的机械部分和为确保永磁体不因温度升高而退磁所采用的冷却系统三部分。

296. 永磁搅拌装置的永磁体是什么材料做成的，其特点是什么？

永磁体一般采用钕铁硼等永磁材料，而永磁体的价格占永磁搅拌装置价格的

70%~80%，一旦失去磁性，损失是很大的。永磁材料的优点是体积小，磁能积较高，但明显的缺点是对温度较敏感，热稳定性差，环境温度超过规定值就会退磁。目前这个规定值只能做到 80~180℃（不同品种的永磁体的规定值不同），提高永磁体的工作温度是一个难题。

居里点温度是衡量磁性材料的重要指标，是指磁性材料永久失去磁性的温度，一旦环境温度超过居里点温度，即使是时间很短，永磁材料也会退磁，好一些的永磁材料居里点可能高些，但随着居里点温度的提高，永磁体的价格增加很快，例如工作温度为 180℃的永磁体的价格为工作温度 80℃的三倍以上。由于这些永磁材料在温度高的环境里就会失去磁性，因此它不适合在炉底这样的高温环境下工作，即便是在温度不太高的环境里使用，随着时间的推移，这些永磁体的磁场强度也会降低，从而使搅拌力下降，正由于永磁体不良的温度特性，限制了它的使用范围。

297. 中频感应炉中电磁搅拌的基本原理与特点是什么?

感应加热金属时，中频电源经交-直-交变频后很大的电流经感应线圈产生很强的磁场，并由此产生很强的电磁力，被熔化的金属受到电磁力的作用产生强烈搅拌。

根据电流通过两导体产生的邻近效应，感应圈中电流与熔化金属中的感应电流方向相反，线圈与铁液之间有斥力，线圈受到向外推力，熔化金属则受到坩埚中心的径向作用力，如图 11-14 所示。

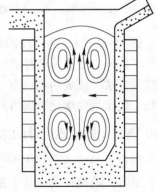

熔化金属之间可以看成是很多同方向平行载流导线，相互间有压缩力，力的方向如图 11-4 所示。铁液受斥力和压缩力合成作用，结果使熔化金属产生如图 11-14 所示的旋转运动，这种运动称为电磁搅拌。

图 11-14　感应炉液态金属受力及运动方向

电磁搅拌力 F（洛伦兹力）可按下式计算：

$$F_L = 316 \sqrt{\frac{1}{\rho f} \frac{P}{S}} \tag{11-3}$$

式中　F_L——搅拌力；

P——消耗于炉料中的功率，W；

S——炉料表面积（液柱侧面积），cm^2；

f——频率，Hz；

ρ——被加热物体的电阻率，$\Omega \cdot cm$。

由式（11-3）可知，搅拌力与输入功率成正比，与频率的平方根成反比，感应搅拌的结果，金属液面产生"驼峰"，"驼峰"的高度 h 可由下式计算：

$$h = \frac{316P}{\gamma S \sqrt{\rho f}} \tag{11-4}$$

式中　γ——液态金属密度。

"驼峰"的高度与频率成反比，感应器接线方式不同，可产生不同的搅拌效果，如图 11-15 所示。

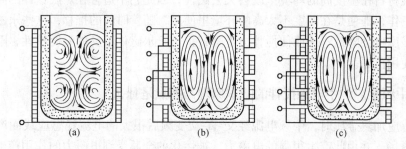

图 11-15　感应炉的四区和两区电磁搅拌
（a）单相供电，两段四区搅拌；（b）两相供电，整体搅拌；（c）三相供电，整体搅拌

图 11-15（a）为两段四区搅拌，两段四区的搅拌其缺点是密度悬殊的合金会产生偏析，若整体搅拌就能克服这一缺点。图 11-15（b）、（c）改变了感应器的接线方法，接成两相供电（两相相位差 90°）或接成三相交流供电以产生移动磁场，使坩埚内熔化金属得到整体的两区搅拌。

298. 钢包中的电磁搅拌的结构及其特点是什么？

钢包中的熔池高宽比大，是典型的深熔池。在这种深熔池中进行精炼反应，没有足够大的搅拌功率是不能成功的。钢包精炼所常用的搅拌有电磁搅拌和气体搅拌两种形式，各有其不同的特点。

挪威国家工业电子联合公司开发的一种钢包电磁搅拌技术，能使钢包内钢液成分与温度迅速均匀化。钢包电磁感应搅拌装置由一个铁芯和若干个磁极栅所组成，铁芯和极栅被一个非磁性屏蔽所覆盖。该搅拌装置安置在靠近钢包的侧壁，在侧壁处覆盖呈扇形，低频的两相电流供给线圈装置，附带一个移动的电磁场，经过钢液时形成推力以推动钢液流动。

由图 11-16 看出，随着线圈电流的提高，其推动力在增加。在试验中，频率范围为 $0.5 \sim 2.5Hz$ 时，在同一电流值下，频率高的推力极限值超过频率低的推力极限值。

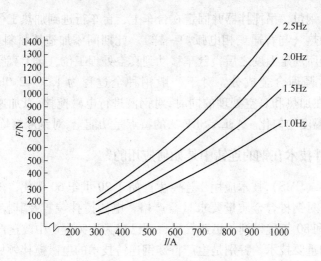

图 11-16　钢包电磁搅拌线圈电流与推力的关系

（线圈额定功率 900kV·A）

299. ASEA-SKF 钢包精炼炉的结构及其特点是什么?

ASEA-SKF 钢包精炼法是 1965 年瑞典的 ASEA 公司和 SKF 公司共同创建的，其设备的概况如图 11-17 所示。

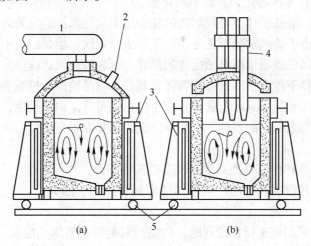

图 11-17　ASEA-SKF 法设备概况

（a）真空处理；（b）加热

1—排气孔；2—合金添加孔；3—钢包；4—电极；5—台车

这种方法由真空处理、加热和电磁搅拌等多种单元构成，是一种提高产品质量、冶炼合金钢的多功能二次精炼法。其工艺过程是，炼钢出钢后，将钢液倒入经特殊设计的钢包，吊搅拌器并固定在台车上，台车行进到加热工位，盖上加热盖进行电弧加热（与普通三相电弧炉一样）。此期间添加造渣材料和合金化剂，当钢液加热到所规定温度之后，台车移动到真空处理工位，盖上真空盖，进行脱气处理，最后调理合金成分。对于一般钢种全过程为 1.5 ~ 2.0h，合金钢为 2.0 ~ 3.0h。在加热和真空处理的同时，对钢液进行电磁搅拌，以加速精炼反应进行并使成分、温度均匀化。ASEA-SKF 法的特点是功能全，对钢液精炼效果显著。

300. 电磁搅拌技术在钢的连铸中是如何应用的?

电磁搅拌（EMS）技术应用于连铸生产始于 20 世纪 60 年代，随着连铸比不断提高及用户对钢材合金质量要求日益严格，电磁搅拌装置及其操作技术在 20 世纪 70 年代和 80 年代得到了迅速发展，现已成为连铸生产中改进产品质量的一项不可缺少的重要技术，特别是生产特殊钢连铸技术的电磁搅拌领域。

电磁搅拌是借助在铸坯液相穴内感生的电磁力强化其液相穴内钢水运动，由此强化钢水的对流、传热和传质过程，从而控制铸坯的凝固过程，起到了改善铸坯质量的重要作用。

从全世界来看，按电磁搅拌器的安装位置大致可以分为结晶器电磁搅拌（M-EMS）、二冷区的电磁搅拌（S-EMS）、凝固末端电磁搅拌（F-EMS）和电磁制动（E-MBR）多种形式，各有不同特点。

应该指出，电磁搅拌不可能解决铸坯中由于其他来源造成的铸坯缺陷，例如角裂纹可能是由于铸机状况不良造成，又如表面裂纹可能是由钢中 FeS 含量高所致，它们一旦形成就很难用电磁搅拌来消除，因为铸坯到达搅拌作用区时已形成坯壳，电磁搅拌不能搅拌固态金属管体。此外如结晶搅拌力过强会造成液面波动和卷渣，二冷区和凝固末端电磁搅拌产生的白亮带等。由此可见，在连铸设备运行正常和连铸工艺稳定的条件下，如欲使电磁搅拌取得良好效果应注意以下几个方面：

（1）电磁搅拌作用机理必须与冶金机理相结合；

（2）在采用电磁搅拌时，应密切注意铸机状态，随时注意调整使其达到最佳的运行状态；

（3）连铸采用电磁搅拌的同时，仍需与其他工艺技术相配合，如炉外精炼、过热的控制、液面的控制等。

301. 钢的连铸电磁搅拌技术在国外的发展概况是怎样的?

电磁搅拌器是由瑞典 ASEA 公司首先发明用于电弧炉炼钢，后来才被用于连铸，20 世纪 60 年代奥地利开始使用电磁搅拌浇铸合金钢。

20 世纪 70 年代，法国冶金研究院（IRSID）首次在方坯连铸机上进行了线性电磁搅拌技术的工业性试验，使硅铝镇静钢的皮下质量得到了改善，随后圆坯连铸旋转搅拌技术也取得了突破性进展。

1973 年世界首台板坯连铸机二冷段电磁搅拌器在新日铁君津厂投入使用，同年，法国冶金研究院在德国 Eillingen 厂的板坯连铸机上也使用了电磁搅拌技术。

1977 年，ASEA 提出辊后箱式搅拌的设想，安装在铸坯支持辊后面，沿拉坯方向搅拌铸流，适用于辊子辊径小，搅拌器与板坯面的距离小于 250mm 的连铸机。后来，日本神户钢铁公司在弧形板坯连铸机上安装了直线型电磁搅拌器，新日铁用结晶器电磁搅拌装置（M-EMS）控制钢液流动，大幅度提高了表面质量及合格率，铸坯初期凝壳厚度均匀，因纵裂而引发的拉漏事故明显减少。

20 世纪 80 年代，日本川崎和瑞典 ASEA 开发了结晶器电磁制动装置。90 年代，间歇搅拌器和多频搅拌器相继开发，这标志着电磁搅拌技术的发展和成熟。后来，又开发了组合式电磁搅拌装置，与单一的搅拌工艺相比，改善铸坯质量，减少中心偏析的效果更好。

1991 年日本钢管（NKK）引进了钢水能加速或减速离开浸入式水口（SEN）的 EMLS/EMLA（电磁液面减速/电磁液面加速）工艺，能使结晶器弯月面处或弯月面下钢水旋转的 EMRS。电磁减速-电磁加速是一种专为拉速超过 1.8m/min 的连铸机设计的搅拌系统，此系统由日本钢管公布的。这种多模式的电磁搅拌（MM-EMS）采用 4 个线性搅拌器，位于浸入式水口（SEN）的两边，两两并排安装在结晶器宽面支撑板的后面，它们对通过 SEN 的钢液进行减速或增速，目的在于对弯月面处钢水流动进行优化控制。日本钢管的数据显示，对弯月面处钢水流动经过优化控制后产生出来的铸坯，冷轧成卷后其表面缺陷降到了最低程度。

在高浇铸速度下，启动电磁减速系统，将钢液流动减速，这样与保护渣有关的夹杂物会消失。传统的 EMS（EMRS）只有开/关功能，不能根据实际的浇铸条件进行调整；EMLS/EMLA 代表了第二代技术，成熟的流场控制，无需手动操作，由计算机模型根据铸坯尺寸、拉速、SEN 几何形状/插入深度和氩气流量，实时调整加速、减速以及工作强度。多模式操作的 EMS 属第三代技术，在同一台连铸机上，它将三种电磁搅拌（即减速、加速和旋转）结合起来。三种操作模式如下：（1）针对高拉速下，优化的双环钢液流动方式（日本钢管 NKK）电磁减速/电磁加速模式（EMLS/EMLA）；（2）针对某种钢种（0.13%C，0.008%Al）的电磁旋转（EMRS）模式，减少皮下针孔；（3）将不稳定单环形钢液流动方式优化并转变为稳定双环钢液流动方式的持续加速电磁加速（EMLA）模式。有人把这一新理念看作为第三代电磁搅拌系统，这种系统已于 2002 年 1 月应用于 POSCO 韩国浦项厂 3 号板坯连铸机，2003 年 7 月在浦项 Kwangyang 厂 1～3 号连铸机上开始运行。高速浇铸时，EMLS 可使弯月面处钢水流速降低 50% 以上；低速浇铸时，EMLA 可使弯月面处钢水流速提高 25% 以上。EMRS 使弯月面处钢水产生旋转运动，流速达 0.35m/s，可消除弯月面 7~9mm 以内的波动，铸坯皮下缺陷减少 40%，头坯表面夹渣、针孔减少 40%~75%，汽车面板合格率提高到 77%。日本神户钢铁公司研究了一种新型的电磁搅拌技术，即对中间包到结晶器之间的铸流采用搅拌技术，解决了浸入式水口（SEN）堵塞的问题；新日铁又开发了一种铸流电磁搅拌，安装在足辊以下、二冷段以上的狭缝里，通过改进等轴晶区比率来减少中心偏析，防止内裂的产生。

综上所述，钢的连铸电磁搅拌技术在国外已经历了从开发到现在的成熟阶段，而且不断取得新的成就。

302. 钢的连铸电磁搅拌技术在国内发展概况是怎样的？

我国于 20 世纪 70 年代末才开始研究电磁搅拌技术，大致经历三个阶段：

（1）70 年代末到 80 年代中期，我国才开始摸索和探讨电磁搅拌技术，80 年代中期引进了一批特钢连铸机，都配有进口电磁搅拌装置，对我国技术发展起到一定积极作用，但还未有制造能力；

（2）80 年代后期，经过十多年的努力，终于取得突破性进展，1996 年 5 月，舞钢首次在大型厚板坯上成功使用了国内自行设计的 S-EMS 成套装置，这标志着我国结束依靠进口的历史；

（3）1977 年宝钢成功研制并在大板坯连铸机上使用的 S-EMS，价格是引进的 1/3，已经具备了研制高性能电磁搅拌装置的能力。

目前，国内连铸机电磁搅拌装置配置率与国外相比还较低，其中方、圆坯连铸机电磁搅拌配置率约为 40%，而板坯配置率不到 15%，而且基本为一级搅拌，多级搅拌方式较少。

我国目前应用于连铸设备的电磁搅拌装置有 100 多套，多为电炉连铸，绝大部分是引进的。而且引进后，也需要不断试验才能进入正常生产，例如武钢二炼钢 2 号连铸机等。2004 年，我国宝钢也引进了结晶器电磁搅拌技术（MEMS），开创了我国板坯连铸 MEMS 的先例。近几年来，仅有重庆特钢、宝钢、舞钢等少数钢厂使用过国产电磁搅拌装置，由于国内 MEMS 的应用研究还不充分，不少厂家的运用效果不够理想，主要存在以下几个问题：工艺试验不足，未对工艺参数充分优化；国内引进的 MEMS 多为早期产品，功率不足，使用效果不理想；存在水质处理问题，由于 MEMS 功率大，电磁线圈采用水冷，对水质要求很高，而国内厂家水处理达不到标准，造成线圈及接线处绝缘损坏；钢种不合适，MEMS 对高碳钢、不锈钢、厚板等特殊钢种和某些低合金钢经强电磁搅拌后，易产生白亮带和负偏析。白亮带是 C、P、S、Mn 等元素的负偏析，对钢材质量的影响，目前尚有不同观点。

为了跟上国外发展的步伐，2006 年 1 月，意大利 Danieli 为我国邯郸钢厂在新建两台特殊钢板坯连铸机时推出了先进的技术方案和装备。比如：采用 IN-MO 结晶器和集成在一起的液压振动装置，结晶器在设计上具备装备电磁制动和电磁搅拌的能力；带有动态轻压下功能的 OP-TIMUM 扇形段等新技术。按计划，该两台特殊钢板坯连铸机在合同启动后 20 个月建成并浇铸出第一块铸坯，亦即，这两台采用先进的直弧机型、垂直长度超过 2.6m、基本弧半径为 9.5m、拉坯速度大于 2m/min 的连铸机，2008 年底实现了浇铸。

2006 年，Danieli 为江苏淮钢提供一台 6 流特殊钢大断面圆坯连铸机，新建铸机采用弧形结晶器，基本弧半径为 14m，可浇铸最大直径为 500mm 的圆钢。为了使浇铸对产品质量有严格要求的钢种，如轴承钢，也能满足内部质量要求，Danieli 罗特莱克设计的 3 相/6 极电磁搅拌器能够取得最佳搅拌效果，即使是在铸坯角部也如此。结晶器采用液压振动，振动参数（频率和行程）和相应的负滑脱和正滑脱时间可分别调整，以适应结晶器保护渣特性，为其创造最佳使用条件，确保获得良好的结晶器润滑和铸坯表面质量。较浅的振痕深度（最大可减小 50%），再加上更为均匀的振痕形状，使低、中、高碳钢轧材都获得更好的表面质量。

本钢近年从 Danieli 引进的专门生产硅钢的薄板坯连铸机，今年已经显现成效。由于 Danieli 提供的先进设备和一起提供的工艺软件包：专门设计的中间包和浸入式水口；使凝固初始阶段坯壳应力最低的长漏斗形结晶器；温度分布显示，可以进行在线跟踪凝固过程、钢水流动及结晶器润滑状况等，保证了在开发新钢种时最大的灵活性。目前，可以连铸生产的硅钢种有：浇 ZJ214($w(C) = 0.005\%$，$w(Si) = 0.61\%$）钢，70mm 厚板坯，拉速 3.2m/min；浇 50BW600（$w(C) = 0.005\%$，$w(Si) = 1.70\%$）钢，70mm 厚板坯，拉速 3.7m/min；浇 50BW330（$w(C) = 0.005\%$，$w(Si) = 3.12\%$）钢，70mm 厚板坯，拉速 4.1m/min。值得注意的是，合同中要求的最高拉速 4.2m/min，是在最近拉的硅钢（$w(Si) = 3.21\%$）上得以实现。

另外，在过去几年中，我国一些钢厂所引进的连铸机（有些连铸机通过改进或改造）也相继取得了实效，例如：武钢二炼钢 2 号连铸机是 2004 年从法国罗德瑞克公司（ROTELEC）引进的，是辊式电磁搅拌器装置，经过多轮试验，确定了两对电磁搅拌器安装的最佳位置、搅拌频率、电流和搅拌模式。经过一年多的生产，该装置运行正常，能满足中厚板、硅钢及其他需要电磁搅拌钢种的要求。内部质量提高，等轴品率、中心偏析、负偏析率和白亮带级别都能满足产品的要求。

我们也应该看到经过多年发展，目前国内方、圆坯电磁搅拌技术、板坯二冷区电磁搅拌技术已达到国际先进水平，电磁搅拌设备已基本上实现了替代进口，并打入巴西、印度等国际市场，结晶器铸流控制技术也正在逐步赶超国际先进水平。

我国多年来的生产实践及研究亦已证明，要使 MEMS 在应用上有成效，不仅 MEMS 的设计和工艺参数需要优化，而且连铸工艺参数也需要作相应的调整，即把电磁搅拌和连铸工艺作为一个系统工程来考虑。从电磁搅拌机理和冶金机理结合上，对 MEMS 的设计、搅拌工艺和连铸工艺作了调整和优化，并用于特钢连铸实践，取行较好的效果。

（1）MEMS 技术是一项系统工程。实践证明，必须根据结晶器的特点，寻求 MEMS 最佳的安装位置和最佳的搅拌工艺参数，才能取得较好的效果。

（2）采用 MEMS 后，铸坯表面和皮下质量明显改善，表面和皮下的气孔和夹杂物数量减少，表面凹坑数量和深度降低，特别是 2Cr13 铸坯表面的一次检验合格率提高了 12%。

（3）采用 MEMS 后，铸坯内部质量也有较大提高。铸坯等轴晶率的平均值达到 50% 以上，最高达 63%，有效地改善了中心缩孔和中心偏析、中心疏松，特别是消除了铸坯内部的白亮带，解决了长期困扰齿轮钢铸坯质量难题。

（4）对含 Ti 和高 Cr 钢种，由于钢水黏度大、可浇性差、过热度又高，铸坯心部质量，特别是中心疏松还存在不足。根据国内外经验，采用单一的 MEMS，使铸坯心部质量达到的效果是有难度的，采用 MEMS 和 FEMS 组合搅拌技术较为合理。

303. 结晶器中电磁搅拌（M-EMS）的作用及其特点是什么？

为了更好地发挥电磁搅拌作用，法国钢铁研究院对结晶器内的电磁搅拌进行了研究。由冶金作用可知，结晶器内电磁搅拌形成的钢水流动，能折断树枝晶端并净化凝固前沿，破碎的晶体可成为等轴晶的晶核，其中一部分受过热钢水的影响重新熔化，因此，凝固前期钢水的温度梯度变小。另外，电磁搅拌引起的钢水流动可以起到净化钢水、去除非金属夹杂的作用，也可以减小树枝凝固时形成的气孔。结晶器内电磁搅拌的作用可用图 11-18 表示。

由图 11-18 可见，电磁搅拌引起钢液流动可使树枝晶中的非金属夹杂上浮到弯月面，上浮的非金属夹杂容易转移到保护渣中，并被保护渣所吸收。这样，不仅使钢坯皮下夹杂量减少，而且也减少了钢坯内部的夹杂量，因此结晶器内电磁搅拌在国际上已被广泛地重视与应用。

在结晶器内钢液搅动的形式有水平旋转和钢液上下循环（垂直线性）两种。水平旋转搅拌用于方、圆、多角形断面铸坯和宽厚比接近于 1 的矩形坯；垂直循环搅拌多用于板坯及宽厚比大的矩形坯。

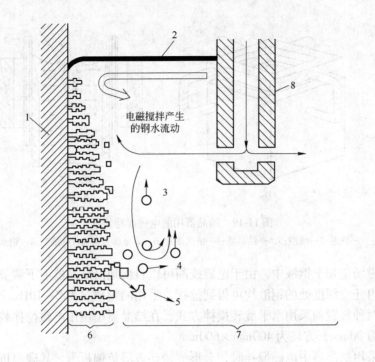

图 11-18 结晶器电磁搅拌的作用

1—结晶器；2—弯月面；3—气泡；4—非金属夹杂；5—等轴结晶；

6—凝壳；7—钢水；8—浸入式水口

在结晶器处安装电磁搅拌器的主要困难在于结晶器铜质内壁有良好的热导性和电导性，当交变磁场穿过结晶壁时，在铜壁内产生很大的涡电流，加上磁场横穿铜壁时的阻尼损失，使电能效率很低。为了解决这一问题，通常采用弥散硬化的铜合金作结晶器壁，如铜铬合金（含 Cr 0.5% ~ 0.9%）、铜银合金（含 Ag 0.003% ~ 0.1%）、铜铍合金（含 Be 1.8% ~ 2.0%）等，此外，铜合金壁厚一般不应超过 15mm。为了增加磁力线穿透能力，可采用低频电，最好为 6 ~ 12Hz。感应器磁场强度的调节要保证结晶器内的磁感应强度满足：

$$B_0 \times \sqrt{f} = 0.7 \tag{11-5}$$

式中 B_0——结晶器内磁感应强度，T；

　　　f——供电频率，Hz。

在结晶器中安装电磁搅拌装置的位置如图 11-19 所示。

（1）图 11-19（a）所示是将搅拌装置安装在结晶器上部，使用普通频率，以结晶器中钢液弯月面附近为中心进行搅拌；

（2）图 11-19（b）所示是将搅拌装置安装于结晶器侧壁，它通过结晶器壁

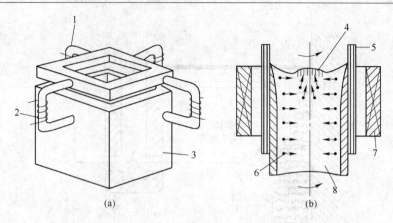

图 11-19 结晶器用的电磁搅拌装置

1—铁芯;2—线圈;3,5—结晶器;4—渣的聚集;6—非金属夹杂物;7—线圈;8—钢水

将旋转磁场施加于钢液中，由于电磁线圈可以自由地沿结晶器上下调节，因而在结晶器内任意深度处的钢液均可得到搅拌，采用的频率多为 2 ~ 10Hz。

这两种装置均采用水平旋转搅拌方式，在结晶器中使用电磁搅拌装置时，一般圆坯为90mm，方坯为400mm×600mm。

当采用结晶器中电磁搅拌时，会形成铸坯表层负偏析带，其碳偏析度和搅拌强度关系如图 11-20 所示。

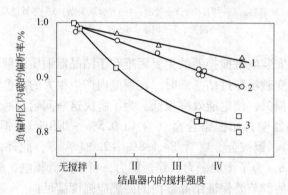

图 11-20 由于结晶器内的电磁搅拌而引起的负偏析

1—$w(C)$ =0.51% 碳钢；2—$w(C)$ =0.35% 碳钢；3—$w(C)$ =0.12% 碳钢

当钢中含碳量低时，负偏析增大，因此应根据钢种及其所要求的性能选用合适的搅拌强度。

304. 二冷区的电磁搅拌（S-EMS）的作用及其特点是什么?

在连铸电磁搅拌开始试验阶段，搅拌器主要是安装在二冷区。1970 年，法国的东方优质钢公司（SAFE）进行了具有代表性的研究工作，该公司在二冷区安装了电磁搅拌器，并证明铸坯凝固壳不影响磁力线的穿透，这对以后发展连铸二冷区的电磁搅拌技术起到了很大的作用。

由冶金作用可知，二冷区电磁搅拌的目的主要在于获得较宽的等轴晶区。但是与结晶器内的电磁搅拌相比，二冷区的电磁搅拌是在凝固前沿的两相区搅拌，有产生负偏析的趋势，特别是搅拌力处于垂直于铸坯的平面内时与钢水流动方向呈 90°的四个角将出现严重的"V"形负偏析。因此，若搅拌力能使钢水产生轴向运动时，这样严重的负偏析将受到控制。

图 11-21（a）所示的是采用旋转磁场搅拌装置，其安装位置应尽可能接近结晶器下口，以便在铸坯心部未生成树枝状晶"晶桥"之前就开始搅拌，以消除"晶桥"生成，减少中心疏松和中心偏析。此外，只有当铸坯心部未生成等轴晶之前就进行搅拌，才能达到柱状晶及早就转变为等轴晶的结晶，扩大等轴区。但这样也会因结晶器出口处的铸坯壳比较薄，而在相当一段距离内无夹持辊并得到直接喷水冷却，铸坯容易产生鼓肚，表面容易产生纵裂纹。为避免漏钢，所以在实际安装搅拌器时不能紧靠结晶器下口。一般认为，二冷区搅拌器应安装在铸坯凝固壳厚度大致等于 1/4 铸坯厚度的相应区域。

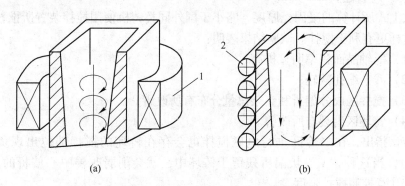

(a)　　　　　　　　　　(b)

图 11-21　用于二冷区的电磁搅拌装置
(a)旋转磁场方式；(b)移动磁场（上、下方式搅拌）
1—线圈；2—辊

图 11-21（b）所示的是采用移动磁场的电磁搅拌装置，当铸坯尺寸加大时，可沿铸坯上下方向移动磁场搅拌装置的位置，也可采用低频（2～10Hz）电源。

二冷区的电磁搅拌主要作用有以下两点：一是可以促进铸坯中等轴晶的生成；二是可以促进在铸坯特定部位聚集的大型夹杂物的分离和上浮。对铸坯内特定部位聚集的大型夹杂物的分离和上浮来说，采用图中所示的移动磁场搅拌更为有效。

二冷区采用电磁搅拌所起到的上述两项作用，已在实际和工业生产实践中得到证明。例如，我国成都无缝钢厂两台单机双流带直线段的弧形连铸机，浇注 20 管坯钢，铸坯断面为 160mm × 160mm，原来中心裂纹严重且柱状晶发达，在激冷层后 30 ~ 40mm 处也时有裂纹产生，影响钢材质量。二冷区采用电磁搅拌，搅拌器的安装位置如图 11-22 所示，在此搅拌器上端弯液面为 2190mm，当拉速为 1.5 ~ 2m/min 时，该处铸坯的凝固壳厚度 d 为：

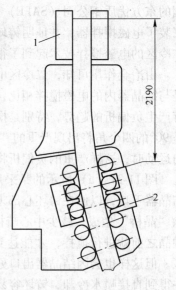

$$d = K \sqrt{\frac{L}{v}} = 35.03 ~ 31.75mm \quad (11-6)$$

式中　d——凝固壳厚度，mm；

　　　K——凝固系数（K 取 24 ~ 32，小断面取上限，大断面取下限），该厂取 $K = 29$；

　　　L——搅拌区长度，mm；

　　　v——拉速，mm/min。

图 11-22　搅拌器安装位置示意图
1—结晶器；2—搅拌器

按上式所计算的凝固壳厚度，略小于国外同类铸机使用搅拌装置所推荐的厚度，这样更有利于搅拌。试验结果表明：

（1）等轴晶面积率明显提高；

（2）残余缩孔减轻；

（3）搅拌区成分偏析和夹杂总量分布有所改善；

（4）铸坯区内裂有所改善。

应该指出，在二冷区进行电磁搅拌也会存在铸坯的搅拌部位出现负偏析（白带），当这种"V"状偏析残留于铸坯中，就会削弱改善中心偏析的效果，因此应注意控制搅拌强度。

305. 铸坯凝固末期的电磁搅拌（F-EMS）的作用及其特点是什么？

铸坯凝固末期的电磁搅拌是针对分散铸坯的中心偏析而采用的一种电磁搅拌技术，对铸坯中心偏析的形成有直接影响。但是，在单独采用这种搅拌方法时，由于搅拌是在铸坯的凝固末期进行，所以得到的等轴晶组织少，因而并不能实现分散中心偏析的目的。而且由于搅拌，反而会使铸坯中负偏析更为显著。

306. 组合式电磁搅拌（KM）的作用及其特点是什么？

采用 KM 技术，在大范围内获得微细等轴晶带的同时，可实现改善中心偏析的目的。日本住友金属工业公司和歌山钢铁厂，在方坯连铸机上采用了线性电动机型搅拌和静磁场通电型搅拌组成的多级搅拌，其安装示意图如图 11-23 所示。在二次冷却区的上部安装线性电动机，并在中部安装永久磁铁。这种二冷区的多级搅拌，不仅能增加方坯的等轴晶率，而且也使其晶粒组织更为致密，显示了多级搅拌的优越性。

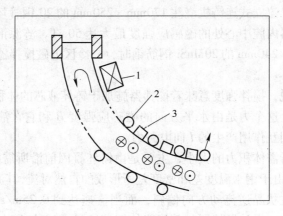

图 11-23　多级搅拌装置示意图
1—线性电动机；2—用于通电的辊子；3—永久磁铁

图 11-24 表示的是采用 KM 技术改善中心偏析的效果。

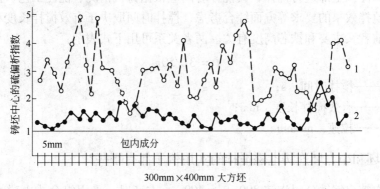

图 11-24　KM 搅拌（M＋S＋F）改善铸坯中心硫偏析效果
1—无搅拌坯；2—M＋S＋F 搅拌坯

307. 钢的连铸中电磁搅拌强度与时间是怎样考虑的？

在钢的连铸中，搅拌强度太小（或指磁感应强度太小）铸坯液芯液搅动不起来，或者不能稳定地控制柱状晶向等轴晶转变，达到不到电磁搅拌所预想的目的；相反，搅拌强度太大，搅拌过于激烈（尤其在二冷区）铸坯上会出现严重的负偏析白亮带，且不必要地加大了搅拌设备的容量。因此，应根据不同的具体条件确定最优搅拌强度，确定最优搅拌强度须采用实验与理论相结合的方法。岩田齐等用水银模拟钢液做实验，发现当磁感应强度为 5mT 时，不能搅动液芯，一旦达到 35mT 时液芯就开始剧烈地搅动。国内也做过类似试验，证明电磁搅拌时要使钢液发生旋转，磁感应强度必须在 45mT 以上。基于这些实验基础，设计重钢三厂二机二流立式连铸机浇注 170mm×250mm 的 20 钢管坯的二冷区电磁搅拌时，使搅拌器内腔中心处的磁感应强度最大达 50mT。涟源钢铁厂弧形连铸机在铸造 130mm×240mm 的 20MnSi 钢筋钢时，二冷区电磁搅拌器中心强度为 46～60mT（试验值）。

从理论上说，搅拌强度意味着搅拌器施加于铸坯液芯的体积力的大小。对于旋转型搅拌器，这个力是由水平方向的磁感应强度 B 和它在液芯中产生并垂直于 B 的电流 I 相互作用产生的 I 向电磁力。

电磁搅拌所需体积力的大小，主要是由铸坯凝固前沿所需的流速来确定的。在正常情况下，由于钢水温度差和密度差所形成的自然对流，其流速仅为 0.5m/s。在此流速下，柱状晶逆流动方向偏斜，而当流速达到 0.25m/s 以上时，柱状晶即可折断。因此，设计搅拌器时希望能使钢液流最大流速达到 0.5m/s 左右。不少研究证明，以小方坯二次冷却带搅拌器来说，要保证搅拌效果，其中磁感应强度要在 50mT 以上。

在二冷区上部进行搅拌，其搅拌时间应根据铸机情况、浇注工艺、搅拌结构以及对搅拌效果的要求等方面综合考虑，搅拌时间取决于有效搅拌长度和拉坯速度，而前者又主要和铁芯高度有关。两者关系可用下式表示：

$$t = 3L/50v \tag{11-7}$$

式中　t——搅拌时间，s；

　　　L——有效搅拌长度，mm；

　　　v——拉速，m/min。

308. 方坯和小方坯连铸电磁搅拌的实用例子都有哪些？

日本神户钢铁公司浇铸 300mm×400mm 方坯时，采用组合式电磁搅拌取得了很好的实际效果。此外，日本住友金属公司的和歌山钢厂，在其方坯连铸机上采用了由线性电动机型搅拌和静磁场通电型搅拌组成的多级式电磁搅拌，它是在二次冷却区的上部安装线性电动机，在中部安装永久磁铁。在方坯连铸机上应用这种多级式电磁搅拌，不仅增加了方坯中的等轴晶率，而且也使其晶柱组织更为致密。

德国蒂森钢铁公司在其浇铸的 250mm×320mm 方坯连铸机上显示出显著效果，于是又将它成功地应用于小方坯连铸机上。此外，日本神户钢厂在浇铸 125mm×125mm 小方坯时采用电磁搅拌所取得了实际效果，在其他国家也有类似的实例，如美国南方钢铁公司在 150mm×150mm 小方坯连铸机的二次冷却区安装了旋转磁场型的电磁搅拌装置，其电磁线圈中的最大的电流强度为 400A，最大启动功率为 170kW，电源频率为 50Hz。采用电磁搅拌后，小方坯的内外弯曲侧均有等轴晶区生成，中心偏析得到明显改善。

意大利皮特尼钢铁公司的费列尔·诺德厂，在 160mm×160mm 小方坯六连铸机的结晶器内和二次冷却区上安装了电磁搅拌装置。经采用组合式电磁搅拌后，显著减少了铸坯的中心偏析、中心疏松，提高了铸坯的品质。所浇铸的钢种包括微合金钢筋钢、冷拔低碳钢、焊丝用低合金钢等，所浇铸的小方坯可供线材厂轧制 $\phi(5.5\sim15)$mm 的线材，进而将线材冷轧或冷拉成 $\phi0.6$mm 的焊丝。

309. 举例说明圆铸坯连铸电磁搅拌的实效是怎样的？

如同方坯、小方坯一样，在圆坯连铸生产中应用了电磁搅拌技术后，也明显地提高了铸坯的品质。如日本钢管公司京浜钢铁厂，为了提高水平式连铸机浇铸的 $\phi370$mm 圆坯的质量，在结晶器、二次冷却区和铸坯的凝固末端分别设置了电磁搅拌器。这种搅拌是可以移动的，它在结晶器和拉坯机之间的移动范围为 $3.5\sim9.5$m，在拉坯机后的移动范围为 $15.5\sim22.3$m。电磁搅拌器的技术规格如表 11-3 所示。该厂采用移动式电磁搅拌技术后，显著减少了圆坯中心偏析和中心疏松，铸坯中的等轴晶率明显提高，使圆坯轧制无缝钢管的外表面缺陷减少40% 以上。

表 11-3　圆铸坯电磁搅拌器的技术规格

设置部位	S-EMS（二冷区）	F-EMS（凝固末端）
设置感应线圈的数量	2 个/每流	1 个/每流
电磁搅拌的类型	旋转型	旋转型
电磁搅拌的功率/kW	270	350
最大电流/A	550	700
电源频率/Hz	50	50
电磁感应线圈内径/mm	450	450
电磁感应线圈长度/mm	300	500

德国曼内斯曼公司胡金根钢管厂在弧形圆坯连铸机的结晶器、二次冷却区和凝固末端采用电磁搅拌，使铸坯中心疏松、中心偏析减少，明显地提高了铸坯品质，从而大大提高了用连铸圆坯轧制的无缝钢管质量，无缝钢管的废品率降至0.15% 左右。

310. 举例说明板坯连铸机电磁搅拌的实效是怎样的？

由于板坯连铸机结晶器的宽厚比大，不适合采用旋转磁场型的搅拌，因而一般采用移动磁场型的电磁搅拌。板坯连铸机一般都是大型设备，板坯一般用于生产质量要求高的扁平型钢材。为了使磁场通过结晶器的铜壁而传递到钢水中，M-EMS 均采用 2 ~ 10Hz 的低频电源。板坯连铸机的二次冷却区采用的电磁搅拌装置如图 11-25 所示。

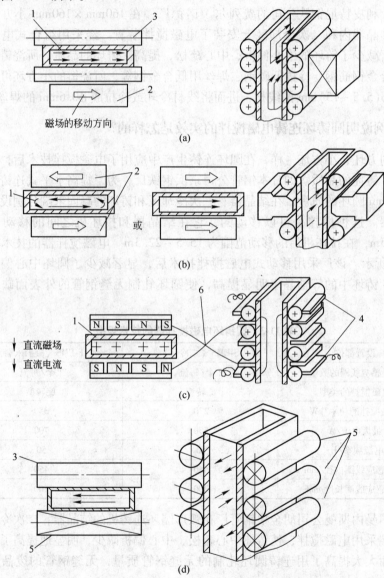

图 11-25　板坯二次冷却区的各种搅拌装置

（a）移动磁场（从辊子上部搅拌）；（b）移动磁场（从辊子间进行搅拌）；

（c）静磁场通电方式；（d）移动磁场（从辊内进行搅拌）

1—钢水；2—线圈；3—辊子；4—电刷；5—辊内线圈；6—永久磁铁

图 11-25 (a) 是通过非磁性辊将磁场施加到铸坯内部的未凝钢液中；图 11-25 (b) 是将线圈磁头插入辊子间隙中，使钢液产生搅动；图 11-25 (c) 是静磁场通电方式，它将静磁场置于辊子间隙并将辊子作为电极，用通电得到的电磁力对钢液进行搅拌；图 11-25 (d) 是在套管状的非磁性辊内安装移动磁场线圈（即辊内线圈），这种搅拌方式不打乱连铸机的辊子排列，只是将搅拌装置安装在一定的位置。电磁搅拌的结构如图 11-26 所示。

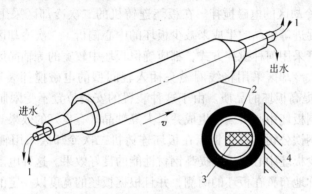

图 11-26　电磁搅拌的结构

1—电路套管；2—非磁性辊套管；3—非旋转导体；4—板坯横剖面

这种电磁搅拌辊的磁场作用在板坯与辊的接触方向上，所以它的电磁线圈处于一种和辊相分离的非旋转状态，它的线圈和铸坯距离相接近，因而电磁效率高。这种电磁搅拌辊的优点是和普通的辊具有互换性，因而能适合不同浇铸速度，自由进行装卸，并能防止板坯凸肚缺陷的产生。

日本神户钢铁公司加古川钢厂的 3 号板坯连铸机所铸的板坯尺寸为 230mm × 960mm ×1770mm，在其二次冷却区采用了辊内的电磁搅拌辊，可以根据铸速选用其中 3 对或 4 对搅拌辊进行搅拌。这种辊内的电磁搅拌的技术规格如表 11-4 所示。

表 11-4　辊内电磁搅拌装置的技术规格

参　数	1、2 对辊	3、4 对辊
搅拌辊辊径/mm	250	305
最大电流/A	365	400
最大搅拌功率/kW	52	71

连铸板坯电磁搅拌的具体效果如下所述。

（1）结晶器的搅拌。在板坯连铸的结晶器内采用电磁搅拌装置的主要目的是减少板坯表面的气泡。在结晶器内安装移动磁场型的搅拌装置，可以大大减少板坯中的气泡缺陷，板坯上的振痕深度变小，且能使板坯凝固壳的厚度更为均匀，从而有利于减少结晶器表面裂纹。日本神户钢铁公司的加古川钢厂，在板坯连铸机的结晶器上安装了一种线性电动机式的电磁搅拌器（电流为 400A，电源频率为 1~5Hz），用以控制结晶器内钢液的流动状态，使结晶器的钢液进行沿纵向向下的搅拌，显著改善了板坯弯曲内侧 1/8 厚度范围内的非金属夹杂物聚集，并大大减少了板坯内气泡的数量。

（2）二次冷却区的电磁搅拌。在板坯连铸机的二次冷却区采用电磁搅拌的目的是，通过促进等轴晶的生成来减少板坯的中心偏析。二次冷却区的搅拌方法有多种，但不管采用何种搅拌方式，都应确保板坯中较宽的等轴晶区，以减少中心偏析。在二次冷却区采用将线圈磁头插入辊间型的电磁搅拌装置（图 11-25(b)），可显著提高板坯的品质。由于这种装置的安装位置不受限制，可实现多段配置，对抑制板坯中心负偏析生成并增大等轴晶区有良好的效果。

日本神户钢铁公司加古川钢厂在板坯连铸机二次冷却区采用辊内的电磁搅拌，取得了减少板坯中心偏析和提高钢材性能的良好效果。这种电磁搅拌辊以两根为一组，对称地布置在板坯的两侧，并且根据板坯的宽度以一定的间隔沿板坯的纵向进行布置，通过合理组合多个电磁搅拌辊的方向，可使板坯内部尚未凝固的钢液都得到搅拌，从而可最大限度地减少板坯中心偏析和中心疏松。

鞍钢第三炼钢厂在立弯式双流板坯连铸机二冷区安装了辊内的电磁搅拌装置，在每个铸流上共设置了三对六根电磁搅拌辊（电流强度为 400A，电源频率为 2~10Hz），它们离结晶器钢液面距离分别为 11.78m、13.56m、15.35m，分别位于铸机的第 6、7、8 三个扇形辊段上。采用辊内的电磁搅拌后，板坯的凝固组织、中心偏析、内部裂纹和夹杂物的分布均得到明显改善，板坯中的等轴晶率达 30%，A、B 类中心偏析基本消除，C 类偏析降低一个等级。

第 12 章　电磁铸造工艺技术及其装备

311. 什么是电磁铸造，其特点是什么？

在铝合金的铸造技术中，电磁铸造（EMC）即仅依靠电磁感应所产生的洛伦兹力（F_L）推动铝液，铝液在无模（不接触模型）的情况下约束成形。这种 EMC 技术与传统的带有水冷结晶器的铸造法（直接铸造）相比，具有以下三个重要特点：

（1）金属液在电磁场作用下进行结晶，液穴范围内的熔融金属将受到电磁场所固有的力强制运动；

（2）由弯液面到直接水冷带距离比传统的直接铸造法小得多；

（3）电磁铸造不存在金属铸模与铸锭外壳之间的直接接触。

鉴于以上特点，用电磁铸造法铸造的铝或铜合金，其表面质量、宏观组织、显微结构、偏析和力学性能均有明显的改善，铸成的锭子加工性能极好，成品收得率高，无须进行表面精整处理，轧制后切边量减少，甚至不用切边，使综合成材率大大提高。电磁铸造装置的示意图如图 12-1 所示。

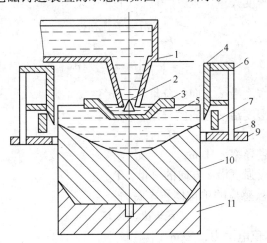

图 12-1　电磁铸造装置示意图

1—流盘；2—节流阀；3—浮标漏斗；4—电磁屏蔽罩；5—液态金属柱（液穴）；
6—冷却水环；7—感应线圈；8—调距螺栓；9—盖板；10—铸锭；11—底模

312. 铝合金电磁铸造的原理是什么？

电磁铸造法的工作原理如图 12-2 所示。在熔融金属的侧表面取中点作为坐

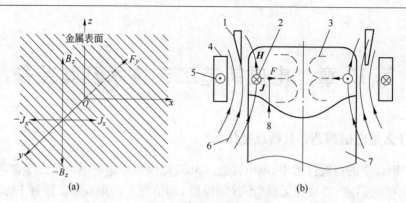

图 12-2　电磁铸造原理图

1—磁场屏蔽体；2—感应电流；3—熔融流体；4—线圈；

5—线圈电流；6—磁感电流；7—固相；8—电磁力

标原点,侧表面为 xz 平面,并在垂直于表面的向外的方向取 y 轴的正方向。通过设在金属外侧的感应线圈,在 x 方向沿着金属的表面流过电流时,则在金属内部产生 z 方向的磁通密度 $\pm B_z(\mu_m H_z)$, $\pm B_z$ 在金属中的感应电流密度可按下式计算:

$$J = \nabla \times H \tag{12-1}$$

式中　H——磁场强度, A/m;

J——电流密度矢量, 且:

$$J_x = \left(\frac{1}{\mu_m}\right)\partial(\pm B_z)/\partial y \tag{12-2}$$

$$J_y = -\left(\frac{1}{\mu_m}\right)\partial(\pm B_z)/\partial x \tag{12-3}$$

式中　J_x——电流密度沿 x 方向的分量, A/m^2;

J_y——电流密度沿 y 方向的分量, A/m^2;

μ_m——磁导率, $\mu_m = \mu_0\mu_r$, H/m;

μ_0——真空磁导率, H/m;

B_z——磁感应强度沿 z 方向的分量, T。

因此, 金属中被感应的单位体积电磁力:

$$f = \mu_m J \times H \tag{12-4}$$

式中　f——单位体积电磁力, N/m^3;

J——电流密度矢量, A/m^2。

从而得到:

$$f_y = -J_x(\pm B_z) = -\left(\frac{1}{\mu_m}\right)\left(\frac{\partial B_z}{\partial y}\right)(\pm B_z)$$

$$= -\left(\frac{1}{\mu_m}\right)\left(\frac{\partial B_z}{\partial y}\right)B_z \tag{12-5}$$

当 $B_z > 0$ 时, $\left(\dfrac{\partial B_z}{\partial y}\right) > 0$; 当 $B_z < 0$ 时, $\left(\dfrac{\partial B_z}{\partial y}\right) < 0$ 。

因此, f_y 总是小于 0, 即熔融金属表面受到压缩力。只要熔体所受电磁压力与静压力达到平衡, 即可使熔体成形。根据这一原理, 通过使用线圈加入电流就可控制熔融金属的形状。

应该指出, 由于熔融金属受到压缩力, 当拉出量和注入量保持平衡, 若将冷却水喷在铸锭侧表面, 连铸操作就成为可能。但仅仅如此, 交变磁场内的熔融金属会呈现"山形"隆起且不稳定。为了得到预期稳定的断面形状, 有必要保持液柱侧面垂直状态。为此可采用磁屏蔽罩, 作用是沿向上方向逐渐减弱磁场, 以使形成熔体的静压头与电磁压力和表面张力平衡。所以, 金属熔体的载持条件即为:

$$\rho g h = p_E + p_S \tag{12-6}$$

式中　ρ——液体金属密度, kg/m^3 ;

　　　g——重力加速度, m/s^2 ;

　　　h——液柱高度, m ;

　　　p_E——电磁压力, Pa ;

　　　p_S——表面张力, Pa 。

在铸锭半径较大时, 表面张力产生的压力 p_S 较小, 一般可忽略, 则式 (12-6) 变为:

$$\rho g h = p_E \tag{12-7}$$

只要在液-固线附近满足式 (12-7), 就可实现正常铸造。

313. 电磁铸造装置的类型有哪些?

电磁铸造装置有立式和水平式两种基本类型, 而其立式电磁铸造又可分为上拉式与下引式。目前国际上大规模投入工业化生产的均属于下引式。

314. 电磁铸造装置及其系统是怎样的?

电磁铸造装置是由中频电源、电磁结晶器 (含屏蔽罩)、流槽、底模 (相当于引锭装置)、冷却系统、液位控制系统、炉温及铸温控制系统以及铸速控制系统等部分组成, 这些部分形成了一个完整的铸造装置总系统。

315. 电磁铸造对晶闸管中频电源有哪些要求?

电磁铸造对晶闸管中频电源的要求主要有以下几点。

(1) 对电源的频率和功率有很高的要求。按照不同的工艺, 要求对不同合金、不同规格的铸锭，要求电源能够提供具有不同频率的电流和功率。频率和功率均可以通过计算最终进行确定。

（2）可进行自动频率跟踪。晶闸管中频电源要求它的负载电路为容性，当感应器和补偿电容组成振荡电路后就具有一定的谐振频率。为了得到容性负载和较高的功率因数，电路的工作频率应接近负载电路的谐振频率。在电磁铸造过程中，由于液柱的不稳定、铸速变化等因素，感应器等参数和负载电路的谐振频率也随之变化，若不采取措施，就不能保证在整个工作过程中工作频率接近于谐振频率，以致变频电路不能正常工作。

（3）电源应与负载匹配。晶闸管中频电源装置与其他电源装置一样，都有一定的额定值，如额定电压、额定电流和额定功率因数。当输出电压超过额定电压很多时，电路中各个元件的绝缘就可能损伤；当输出电流超过额定电流很多时，电路中元件温升会超过允许值，而导致元件损坏。在晶闸管中频电源中，晶闸管元件的电压、电流余量不大，承受过载能力低，还存在换流问题（换流失败，逆变电路不能工作）、启动问题（不合理的额定值，晶闸管中频电源不能启动），其中更应注意电源额定值的问题。额定电压与电流之比称为电源的额定阻抗，只有当负载阻抗等于额定阻抗时，电源的输出功率才能达到额定值；若负载大于额定阻抗，尽管电源输出电压等于额定电压，但电流小于额定电流值，功率达不到额定值；若负载阻抗小于额定值，则会使元件损坏，必须将输出电压调低，使电流达到额定值，但这样一来，尽管电流达到额定值，但输出电压小于额定值，功率也达不到额定值（过小的负载阻抗还会导致晶闸管电源不能启动或是无法工作）。为了得到最大的功率，应使负载阻抗等于电源的额定阻抗。

（4）可自动调节电压。晶闸管中频电源直接接在三相工频电网上，电网电压的变化会影响到电源的输出功率，影响电磁铸造的铸坯质量，降低生产率，故电源装置必须具有自动电压调节电路。此外，负载的波动也会导致电压不稳定，影响铸坯质量。所以，自动调压电路是晶闸管中频电源保证正常进行电磁铸造的必要条件。

（5）具有一定的保护措施。在出现故障的情况下，电路会出现过电压和过电流情况，为此需要有保护电路。晶闸管承受过电流的过电压的能力远较中频发电机组差，所以保护电路也比较复杂。

（6）应降低对电网的影响。若采用交-直-交方案，则晶闸管中频电源对电网的影响相当于一台同功率的整流器。由于支流中间环节有较大的滤波元件，故中频分量在正常情况下对电网产生的影响较小。整流器一类负载需要电网供给高次谐波电流，而高次谐波电流会使联结于电网的其他电气设备损耗增加，并使电网电压波形变坏，干扰其他电气设备的正常工作。晶闸管中频电源的容量和电网的容量之比越大，这种影响越大。晶闸管中频电源的整流电路在直流低电压和大电流运行时，会使电网功率因数变坏损耗增大，故应尽可能设法在高电压低电流状态下运行。

根据对晶闸管中频电源提出的要求，在实际选型时，可进行一些必要的计算，并可参考国际上工业装置的实际经验来选择电源装置及其系统。

316. 电磁铸造主要电参数是如何确定的？

（1）感应圈的有功功率及电源需要提供的功率：

$$P_{交} = \frac{P_{线路}}{\eta_{电}\ \eta_{变}\ \eta_{线路}} \tag{12-8}$$

式中　$P_{线路}$——感应圈的有功功率，kW；

$\quad\quad P_{交}$——电源需要提供的功率，kW；

$\quad\quad \eta_{电}$——中频电源装置效率，%；

$\quad\quad \eta_{变}$——中频电源变压器效率，%；

$\quad\quad \eta_{线路}$——线路传输效率，%。

（2）电流参数的计算与选择。电流参数的计算较为复杂，以其直观估计式为基础，可以得到通入感应器的电流与液柱高度的关系式：

$$I = 2h_1 \sqrt{2\rho g h/\mu} \tag{12-9}$$

式中　ρ——铝液密度；

$\quad\quad h$——液柱高度；

$\quad\quad h_1$——感应器高度；

$\quad\quad \mu$——铝液磁导率。

对铝合金电磁铸造而言，若感应器高 h_1 选为 0.04m，液柱高度一般为 0.04m 左右，铝液在 700℃时，密度为 2400kg/m³，铝液磁导率 μ_m 近似为 1，代入式（12-9），便可求出通入感应器的电流为 3095A，考虑到变压器、中频电源、有效高度、结晶器引起的漏磁、磁场分布不均以及线路传输引起的电流降等因素，式（12-9）计算的电流值可能偏小，实际工作中选择为 4800A。

（3）频率计算与选择。频率的选择主要从满足液体金属成形要求的角度来考虑，并且还应考虑液柱的稳定性。选择频率为 2500Hz，工业试验的实际效果证明是可行的。

有些研究认为选择频率应满足：

$$\frac{\sqrt{2}a}{\delta} > 7 \tag{12-10}$$

式中　a——液柱半径；

$\quad\quad \delta$——集肤层厚度（透入深度）。

式中考虑集肤层厚度是因为铸坯中交变磁场感应产生的电流分布是不均匀的，金属液的外表面电流密度最大，然后沿径向往中心按指数规律逐渐衰减，这就意味着系统电流主要集中在等于集肤层厚度 δ 的金属锭表面。为了方便计算，铸锭看成为一个壁厚等于渗透深度的空心筒，并且认为电流在这一层中是均匀分布的。

$$\delta = \sqrt{2/(\omega\mu\sigma)} \tag{12-11}$$

式中　ω——电流角频率；

μ——铝液磁导率；

σ——铝液电导率，$\sigma = 3.85 \times 10^6 \mathrm{S/m}$。

上式主要是从成形角度考虑的，这样选择的频率往往偏低。因此，工业装置中对于铝合金的电磁铸造，频率通常选为 2500Hz 左右。

（4）中频电源电能消耗的计算。每吨铝铸锭实际消耗的电能值为

$$W = P_{交}t \tag{12-12}$$

式中　W——铸造 1t 铝锭所需电能；

$P_{交}$——交流电功率；

t——铸造 1t 铝锭所需时间。

$$G = \rho S v \tag{12-13}$$

式中　G——1min 铸出铸锭的重量；

ρ——金属液的密度；

v——铸造速度；

S——铸锭横断面面积。

有些研究认为，超前功率因数角 ϕ、负载补偿电容以及阻抗、感应器端部电压和功率消耗等参数的计算方法，可作为设计和试验的参考。

317. 电磁铸造的结晶器结构类型及其特点是什么?

电磁结晶器由冷却水套、感应线圈、屏蔽罩等主要部件组成,目前国内外已在工业装置上应用的几种典型电磁结晶器结构如图 12-3 和图 12-4 所示。

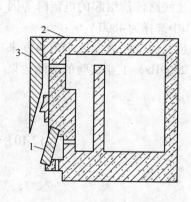

图 12-3　国内工业装置上应用的
　　　　方锭电磁结晶器

1—感应圈；2—水套；3—屏蔽罩

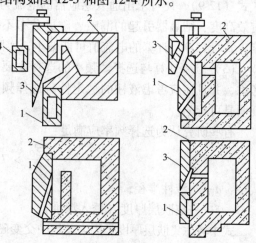

图 12-4　国外几种典型的方锭电磁结晶器

1—感应圈；2—水套；3—屏蔽罩；4—辅助屏蔽

　　电磁铸造采用的感应圈为单匝线圈（对铸造铝及其合金而言），随着铸锭断面、形状的变化，线圈导体断面结构也是多种多样。目前国际上已能制造出各种复杂断面形状的铝合金铸坯。

　　感应圈的中部通常在铸坯周边凝固线附近，使感应线圈能向凝固线处的液态金属提供最大的推力。凝固线偏上时，易产生冷带；偏下时，易产生偏析瘤。

　　感应线圈的断面可以制成圆形或矩形，也有采用异形紫铜管在上面钻有喷水孔的感应线圈。感应线圈的主要作用是在交变电流作用下产生均匀分布、强度足够的感应磁场（电磁推力），并且自身能通水冷却散热。在试验研究中制作了两种形式的用于铸造矩形铸坯的感应圈，一种是 40mm×5mm 紫铜带，背面焊接直径 10mm 的紫铜管；另一种是 40mm×5mm 的倾斜紫铜带，如图 12-5 所示。

　　瑞士铝业公司哈乐尔发明的一种可用于电磁铸造系统的"可调结晶器"，它可以用一个结晶器铸造不同尺寸的矩形铸锭。该结晶器具有可移动的端面模壁，在侧壁与端壁之间有 1.58~12.7mm 的小间隙，便于移动端壁。在扁锭的铸造中，为使铸锭角部曲率半径尽量减小，感应器角度被加工成凸形。

　　有些研究结果表明，斜边感应器以 45° 为最佳，最佳感应电流为 4400~4800A，最佳屏蔽位置 $\Delta h = 12.5~18.5$mm，感应器内磁场强度呈指数规律衰减。

　　德国在吸收瑞士铝业公司经验的基础上，采用无斜角的铝电磁屏蔽罩，这种结晶器厚度一定，但截面宽度可以改变，如图 12-6 所示。

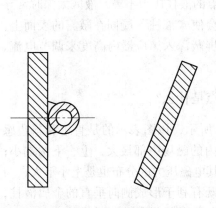

图 12-5　两种感应线圈的断面图

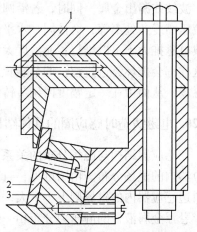

图 12-6　感应器与磁屏蔽的截面图

1—铝屏蔽；2—感应器；3—导水板

318. 电磁铸造时冷却水套的结构及其要求是什么?

　　冷却水套除了保证使冷却水均匀合理地喷射到铸锭表面的设计高度位置之外,还应作为安装感应圈的屏蔽罩等部件的载体。因此,必须采用有足够强度的非磁性材料制作,并应有较高的加工精度。在设计中,可选用夹布胶木板作为水套材料。屏蔽罩、感应圈和铸锭的冷却均由水套完成,采取水冷水幕组合式冷却,如图 12-3 所示。这种水套具有结构简单、加工制造容易、安装使用方便、使用效果好等优点。

319. 电磁铸造时屏蔽罩的结构及其要求是什么?

　　屏蔽罩应起到减弱磁场的作用,但又不能完全消除磁场,还应能满足铸锭所要求的冷却区位置(铸锭见水位置)。此外应尽量减少系统的能量消耗,即屏蔽罩材料的电阻要尽量小。

　　屏蔽罩的基本作用是在垂直方向上衰减感应圈的磁场强度(或电磁推力),使之与金属液柱由下向上逐步衰减的静压力相平衡,并控制铸锭液穴内金属熔体的流动搅拌不至于过分激烈,以免造成金属液面波动影响铸锭质量。

　　屏蔽罩由于兼作铸锭冷却水的导水板,因此它既有调节电流、磁场的作用,又有决定铸锭冷却区位置的作用。屏蔽罩的调节装置非常重要,它必须保证屏蔽罩与感应圈同心和高度方向上的相对位置。如果两者不同心(或有少量偏移),则铸锭液柱沿圆周(对圆锭而言)各处同一高度上的电磁推力与金属液静压力均会发生变化而破坏平衡,从而不能保证获得表面光滑的铸锭,铸锭则会出现横向波纹或漏出金属。同时,若沿圆周各点冷却区不在同一水平线上,则沿圆周的液压高度各处不等,会使同一水平的圆周各点的液柱压力不等。液区太深时常导致电磁推力不足以维持;而液区太浅时又常会使"液柱"凝固在敞露的表面上,这样都会破坏铸造过程。调节装置还可借助屏蔽深入感应器内高度来调节电流、磁场,从而可在一定幅度内调节铸锭直径。

320. 电磁铸造时感应圈的具体结构及其特点是什么?

　　感应器结构与磁场分布的关系如图 12-7 所示,该图表示的是直边和斜边感应器内的磁场分布。由图可见,直边感应器内的磁场中部最大,上、下两端小;斜边感应器内的磁场则上小下大,可以推知其电磁压力的分布也是上小下大,与半悬浮金属液柱的静压力分布相一致,这样既有利于形成侧向垂直的金属液柱,又因顶部的电磁驱动力较小而容易保持液柱表面稳定。

　　图 12-8 为倾斜感应器内形成的金属液柱形状,其中图(a)倾斜 0°,图

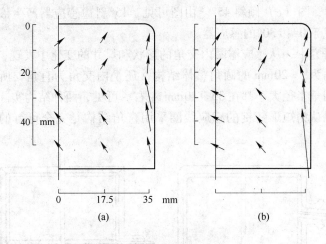

图 12-7　两种感应器的磁场分布

（a）直边感应器；（b）斜边感应器

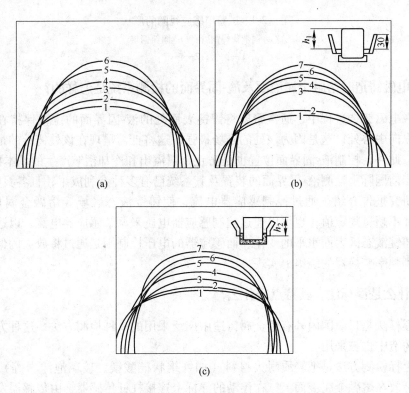

图 12-8　感应器结构与液柱形状

（a）倾斜 0°；（b）倾斜 30°；（c）倾斜 45°

1—3840A；2—3520A；3—3200A；4—2880A；5—2560A；6—2240A；7—1920A

（b）倾斜 30°，图（c）倾斜 45°。由图可见，45°斜边感应器产生液柱高且侧面垂直，明显优于 0°和 30°的感应器。

在试验研究中，从感应器圈内交角的形状和尺寸的变化中发现，无论感应器线圈是内交角为 $r = 20mm$ 的圆角整体结构，还是内交角为直角，所铸出的矩形铸锭四角的圆角半径大小都在 35～40mm 左右。可见，两种结构实际效果都差不多。因此可以认为矩形铸锭的感应线圈采用直角结构是完全可行的，如图 12-9 所示。

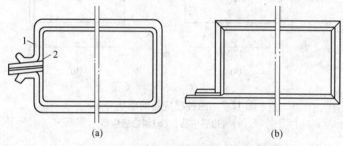

图 12-9　试验用感应线圈的形状

（a）铜带背焊铜管；（b）倾斜铜带

1—铜管；2—铜带

321. 电磁铸造时熔融金属液面及液-固界面的检测系统是怎样的？

在电磁铸造过程中，通常希望将铸锭表面处的液-固界面的位置保持在感应器的纵向中心处，这是因为该处的磁场最强，这将抵消呈现在该处铸锭的最大静压力。此外，控制液-固界面位置也是防止金属溢出和冷却褶皱产生的基本要求。

当前国际上检测液-固界面的装置及其系统已有多种专利成果，且各具特点。有些研究报告介绍了通过控制感应器电流，使铸锭液态区域（熔融金属顶部）的尺寸不超过规定值；也可以通过控制感应器电压来调节感应器电流，以适应检测的铸锭液态区表面水平的变化，而感应器的电压控制则是通过将放大的偏差信号送到频率变换器的绕组上实现。

322. 什么是浮标法，其特点是什么？

浮标法是目前国内外有色金属铸造中广泛采用的一种检测方法，这种方法在电磁铸造中也被采用。

浮标检测方法是把轻质耐火材料（如纤维状硅酸镁、玻璃泡沫岩等）制成的浮标放在熔融金属液面上，在浮动的浮标上连接杠杆传感器，由传感器发出的信号来调节流入结晶器内的金属液的流量，以此控制金属液面高低（见图12-10）。

图 12-10 所示为电磁铸造装置，1 是浮标，装置 2 包括感应圈 3、水套 4，5

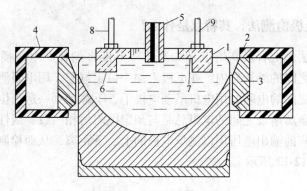

图 12-10　电磁铸造装置中的浮标

是耐火材料制成的浇注管，在浮标 6 及 7 上装有两根吊杠 8 和 9，以便于在感应圈 3 内无金属液浇注时吊住浮标。

浮标上部的传感器一般采用与电气设备相连的传感器，输出电流信号。

为了使浮标能够浮在金属液面上，浮标由上下两部分组成，如图 12-11 所示。上部的底面 1 是一平滑面，靠它漂浮于金属液面上，下部 2 浸入金属液内，由浮力原理得知，该部分所排出的液体金属重量等于浮标重量和附属装置作用在浮标上的重力之和。浮标平滑底面的面积最好不少于浮标俯视投影面积的 25%。

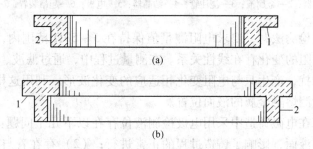

图 12-11　浮标截面示意图
(a) 浮标上部截面图；(b) 浮标下部截面图

浮标通常是环状的，因而当熔融金属注入浮标内部时，金属液面的氧化物质难以从浮标中脱除，浮标起到了有效清除浮渣的作用。为了达到这一目标，浮标的下部浸入熔融金属液内的深度最好不少于 2.5cm，不大于 7.5cm。经过改进的环状浮标位置在熔融金属液面上一直能与金属液面保持相同的相对位置，这对电磁铸造来说尤为重要。因为金属液面稍作变更，就会导致铸锭外形尺寸的变化，从而明显影响铸锭质量。

浮标采用的材料必须有足够的抗蚀能力，并在恶劣条件下有较长的使用寿命。

323. 什么是电极检测法，其特点是什么？

电极检测法是把有很高熔点（如炭精棒电极）的棒状电极插入金属熔液表面与浮动熔剂之间的熔渣层内，在电极上加一恒定电源，用电阻测量装置测量电极与熔融金属之间的电阻，用电机吊动电极上、下移动到一适当位置，使得在该位置的电极与金属熔液之间的电阻总是与预定电阻值相一致，线性电位计在电极移动时产生相应的输出电压用以测量电极的上、下距离，从而检测熔融金属的液面位置，如图 12-12 所示。

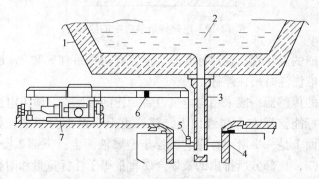

图 12-12　电极检测示意图

1—金属容器；2—金属液；3—浇注管；4—结晶器；5—电极；6—起吊装置；7—控制系统

采用电极检测法时，要求电阻测量值保持在 5 ~ 50Ω 范围内，在此范围内，距离变化与电阻的变化存在线性关系。在测量过程中，通过滤波、整流等装置可以消除外界干扰，产生只与电阻变化相适应的变化波形。利用这样的输入信号，就可以精确检测熔融金属的液面位置。

据报道，在电磁铸造中采用电极检测液位存在以下几个问题：（1）由于电极扰乱了金属液面，影响了铸造过程的正常进行；（2）存在着与熔融金属接触的初级测量设备的可靠性问题；（3）在电磁铸造区域内放置测量装置，使铸造工作变得更为复杂。

324. 什么是光电设备检测法，其特点是什么？

在连铸过程中，采用光电设备检测熔融金属液面的方法是基于光学仪器对液面的直接监测，把光信号转换成电信号，电设备生成控制输出信号对液面的位置加以调节控制，从而保持液面的稳定。

325. 什么是光电传感器测量法，其特点是什么？

法国 SERT 公司推出一种用数据传感器（BPZ 型）检测液位的方法，该光导传感器的操作原理是基于在固定物体（结晶器）和要检测的移动系统（钢水或金属液面）之间的红外线辐射反差，再通过处理单元，分拣来自传感器的数据，并产生出一个电信号，以确定金属液位，之后该信号经一比例-积分控制器处理，把控制信号送到速度控制器上。

326. 什么是涡流检测法，其特点是什么？

电涡流传感器具有一个通高频交流电流的探测头（特制的线圈），将其置于金属液面附近，当线圈通电产生交变磁场时，使金属液产生感应电流，这种感应电流称为电涡流，而电涡流产生的反向磁场能使线圈的阻抗、电感等参数均发生变化。当探头与金属液面之间的距离发生变化时，金属液产生的涡流也发生变化，并引起阻抗的变化，此时用适当的测量线路测得该阻抗的变化，即可求得金属液面与探头的距离变化，由此而得到实际金属液面高度的变化。

327. 什么是耐高温的电感式检测法，其特点是什么？

信号处理电路的耐高温电感式检测探头（图 12-13）灵敏度高，线性范围大，能满足电磁铸造的要求。信号处理电路可消除因电源波动而引起的信号变化，并可提供多种信号输出，满足多种控制系统对信号的要求。

目前这种装置采用液位控制积分分离变化系数 PI 算法，液位控制精度为 ±0.5mm，而且寿命不低于 3h，在我国西南铝加工厂工业试验中获得成功。这种无接触金属液位检测及控制装置的结构先进合理、操作灵活、抗干扰能力强、液位检测与控制精度很高。

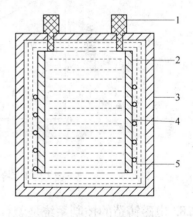

图 12-13　检测探头
1—接线柱；2—框架；3—保护套；
4—耐热绝缘线；5—隔热材料

探头检测液位变化的原理为：在电磁铸造过程中，液柱上方磁感应强度 B 是感应器所通过的电流 I 及液柱高度 h 的函数，即

$$B = f(I, h) \tag{12-14}$$

如果消去因电流 I 的变化而引起的感应电势的变化，则可从探头的感应电势的变化值中得到液位高度的变化。

从探头中得到的检测信号是幅值较小、负载能力很弱的中频交流信号，这样的信号不便直接进行显示及控制，必须先进行信号处理。

　　在铸造过程中，当液位变化时，会引起电源负载的变化，进而引起流经感应器的电流的变化。这样液位变化时，探头中输出的信号将分为两部分，其中一部分信号变化是因液位变化使磁场分布而引起的；另一部分则由于电流变化而引起的。为了消除电源电流波动而引起的信号变化，在信号处理电路中增加一个副通道，单独处理测量装置检测到的电流波动，然后再将主、副两个通道中的信号求差，经放大输出就可消除在信号中由于电流波动而引起的输出信号变化。

　　电路可提供交流电压信号、1 ~ 5 V 直流电压信号，4 ~ 20 mA 直流电流信号的输出，可满足不同控制设备及显示仪表的需要，直流电压及直流电流信号便于与微型计算机连接，电路的增益在 0 ~ 60 dB 可调，具有过压、反压保护电路。考虑在强磁场条件下，工作信号处理电路及信号传输均采取屏蔽措施，以避免强磁场的干扰，图 12-14 是液位变化与直流电压的关系。

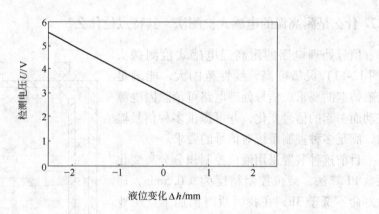

图 12-14　检测电压与液位变化关系曲线

328. 电磁铸造的控制系统是怎样建立的？

　　电磁铸造控制系统的建立和正常运行机理及结构是较为复杂的，它不仅涉及工业装置的电磁铸造控制系统要实现金属液位、冷却水流量、铸造温度与铸造速度这四个子系统的综合控制，而且要能实现多锭（5 ~ 8）的同时铸造控制，这样难度是极大的。20 世纪 70 年代瑞士、美国等国的大型铝业公司亦已实现了工业化的多锭控制。

　　工业装置的电磁铸造控制系统按其控制对象可划分为：金属液位、冷却水量、铸造温度、铸造速度四个支系统，控制系统的工艺流程如图 12-15 所示。

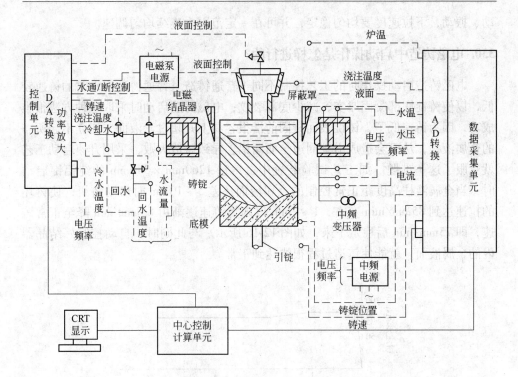

图 12-15　电磁铸造控制系统的工艺流程

329. 电磁铸造工艺实施前应做好哪些准备工作?

做好铸造前的各项准备工作，是实现电磁铸造正常运行的基础，一般应注意以下几点：

（1）启动中频电源，按选定的电参数（频率、功率、电流）调整好规定值；

（2）使计算机及其检测及控制系统处于工作状态；

（3）屏蔽罩下口插入感应线圈内适当的深度（工业装置试验表明，以 10~15mm 为宜）；

（4）屏蔽罩锥度面与挡板之间的喷水缝宽以 1.0~2.5mm 为宜，可使冷却水有足够的喷射强度和所需要的水量调节范围；

（5）底座升入感应线圈内的高度应控制在感应线圈中线下方 0~5mm 为宜，有利于在铸造开始后使铸锭尽快接触冷却水；

（6）电磁结晶器和底座应水平安放，必须测调；

（7）铸造前，底座与电磁结晶器应调对中心，铸造扁锭时应确保两边"大面"和"小面"的间隙对称一致，不得有偏斜；

（8）电磁铸造对铸机的要求比较严格，要求确保在铸造过程中不能产生晃动、振动，下拉速度要均匀稳定，并可在一定范围内连续均匀调速。

330. 电磁铸造中启动操作是怎样进行的?

电磁铸造启动操作时的工艺控制不同于普通铸造。普通铸造启动时的铸速较低，以使铸锭底部凝固厚实，减少底部裂纹；电磁铸造启动时采取这种方法很难成功，因为铸速低了，铸锭表面凝固前沿很容易上升超过弯液面，建立不起所需的金属液柱，从而会造成沿锭周边全面漏铝，导致铸造失败，采用升速启动工艺就克服了这一难题。如工艺试验装置中，铸造 1260mm × 340mm 的纯铝锭启动时，当金属液柱高度距正常控制的金属液面还差 5 ~ 10mm 时启动铸机，使铸坯的拉速达到 85mm/min 左右，1 ~ 2min 以内将铸速逐渐由 85mm/min 降至正常铸速，即 75mm/min 后稳定下来，如图 12-16 所示。与此同时，自动控制好结晶器内的金属液面，就能使铸造过程很快达到正常。

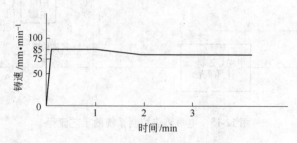

图 12-16　电磁铸造铸速控制曲线

331. 电磁铸造中的工艺参数是如何选择的?

（1）电流频率和功率的选择。根据工业装置的实际试验，确定频率选用 2400Hz 左右是比较适宜的。功率选择不可过大，否则会使金属液柱的弯液面变大，垂直段减少，对稳定铸锭外尺寸不利，并且浪费电能，这是不可取的；功率选择过小，金属容易外鼓漏铝。经过工业装置的多次实验结果表明，功率选择为 55 ~ 60kW 较为合理（对单锭 1260mm × 340mm）。这样的条件下，不但铸锭表面质量好，而且电耗低（每吨铸锭仅耗电 10 ~ 15kW·h 左右）。

（2）金属液柱高度的选择与控制。试验证明，控制金属液柱高度在 35 ~ 40mm 之间是比较合适的。在工业装置的试验中，电磁结晶期内金属液面的控制可分为两级，第一级采用手动控制，流盘内的金属液面波动在 10mm 以内；第二级采用浮漂漏斗控制，电磁结晶器的金属液面波动在 ±1mm 左右。这样已能满足电磁铸造的需要，铸锭的质量也比较稳定。

液位的控制采用电涡流传感器联动执行机构，由电涡流探头检测液位波动，并将信号输入计算机。计算机将此数据与标准液位位置进行比较，然后输出信号驱动执行机构操纵塞头控制金属流量。金属液面波动检测精度可达 0.1mm，控制方式也是可行的。

（3）冷却水的控制。电磁铸造对冷却水的水质、水量（或水压）的要求是非常严格的，特别要求冷却水的分布必须均匀，这对铸造大型扁锭尤为重要。如果扁锭的两个大面的冷却水各处协调不一致，很容易使铸锭产生裂纹。一般多采用缝隙式喷水来冷却铸锭，要求喷射的水幕有一定的强度，以保持设计要求的喷射角度。铸造时的冷却水可以通过电磁阀调节或控制水量或水压，水压一般控制在 0.1~0.15MPa 左右即可实现正常操作。

（4）铸速的选择与控制。在冷却水压选定的情况下，铸造速度的选择与控制主要是为了将铸锭表面的凝固前沿控制在感应线圈附近，力求实际的逆向导热距离与设计值相一致，从而保证铸造过程的稳定和铸锭质量。

通常电磁铸造的铸速比直接铸造法要高 10%~20%，过高的铸速会导致铸坯产生裂纹或拉漏；铸速过慢，不仅使生产率降低，而且使凝固界面上移，减小液柱高度，恶化液柱形状，使铸造过程难以进行。

（5）铸造温度的选择与控制。根据国外一些研究报道，认为采用电磁铸造法的铸造温度比直接铸造法高 10~20℃。铸温的适当提高增加了金属液的流动性，对提高铸锭的致密性、强度和塑性均有利，但过高的铸温会导致铸坯产生热裂纹；相反，如铸温过低，则不能保证正常的浇注操作，尤其是浇注开始时的流盘、流槽温度较低，如金属液温度偏低，会产生水口堵塞，而且难以实现控制，所以控制合理的铸温是十分必要的。在工业试验中，发现铸造纯铝扁锭的铸温控制在 705~715℃ 是比较合适的，所获得的铸锭质量好，缺陷少。

332. 铝合金电磁铸造的铸锭质量是怎样的？

电磁铸造与传统的带有滑动结晶器的铸造方法相比，具有三个重要的特点：

（1）金属在电磁场内进行结晶，液穴范围内的熔融金属将受到电磁场所固有的强制搅动；

（2）电磁铸造法与直接铸造法相比，由弯月面到直接水冷带的距离小得多；

（3）用电磁铸造法铸造时，不存在金属模壁和铸锭外壳之间的接触。

鉴于以上特点，用电磁铸造铝合金、铜合金的表面质量、宏观组织、显微结构偏析和机械性能方面都有明显提高，铸成的锭子加工性能极好，成品收得率高，无须进行表面精整处理，轧制后不用切边或者切边量大大减少。

333. 电磁铸造铸锭常见缺陷都有哪些？

漏铝多数发生在铸造开始阶段，当液柱高度控制不当，液柱过高，金属液柱静压力超过电磁推力时，或液柱不稳定，晃动激烈，均会导致漏铝。

当初始过渡区拉速变化不当，或拉坯速度过大或者过小，也都可能造成漏铝。拉速过大，使凝固界面下移，进入电磁压力不稳定区；拉速过小，则凝固界面上移至液柱弯月面上，此时，后续的液体则由弯月面上流淌下来。

入水套设计或安装调试不当，使供水条件不佳，造成喷水的着水点偏离，使凝固界面处于电磁压力不稳定区，电磁压力小于金属液柱静压力时亦会造成漏铝。

在铸造大型扁锭时，由于铸锭底部见水后发生急剧的收缩和翘曲，造成铸锭的"大面"或"小面"的"缩颈"太大，或因冷却不均匀等原因均会发生漏铝。

电磁铸造的铸温可以适当提高，但过高的铸温也会形成拉漏。鉴于以上各种造成漏铝（塌漏）的原因，应该针对具体的情况，采取相应的措施，以防漏铝的产生，确保铸造能正常进行。

在实际生产中，电磁铸造的铸锭在控制或操作不当时还会产生一些常见的缺陷，如波纹、表面皱褶、裂纹等。

334. 什么是波纹，它是怎样形成的？

波纹可以分为横向波纹和纵向波纹。

横向波纹缺陷造成的原因主要是液面控制不稳，导致液面高度发生周期性的变化。此外，当液柱高度不稳，凝固界面处于液柱弯月面附近，任何工艺参数微小的变化所引起的凝固界面的微小变化，都将导致铸锭界面尺寸的变化。

在铸造大型扁锭时，在铸锭"大面"上沿长度方向也会出现波纹即纵向波纹，产生的原因是由于铸造启动时金属温度过低，流动性不好，表面张力大，金属液柱周边轮廓上个别地方形成内凹弯曲，改变了该处的电磁参数和平衡状况，这种内凹弯曲连续保持就形成纵向波纹。

因此正确、稳定地控制液柱的高度，保持足够的铸温，是防止波纹的主要方法。

335. 什么是表面皱褶，它是怎样形成的？

铸机工作时产生的振动、浇注速度的急剧变化、液体金属柱内的强烈流动以及外来干扰，都会使铸锭产生横向表面皱褶。有时，当液柱较高、电磁压力较小，液体金属有可能黏在屏蔽罩上，也会导致铸锭带有拉痕。因此，保持铸机工作时的稳定性、控制好铸速及液柱高度是防止表面皱褶产生的主要办法。

336. 什么是裂纹，它是怎样形成的？

铸造裂纹是铸锭报废常见原因之一，按照裂纹形成的原因可将裂纹分为

"热裂纹"和"冷裂纹"两大类。若按照裂纹形状及产生的部位，又可分为多种类型，如圆铸锭裂纹可分为中心裂纹、表面裂纹、环状裂纹、横向裂纹等；扁铸锭又可分为底部裂纹、侧面裂纹、浇口处裂纹及表面裂纹等。通常认为，在有效结晶区内（线收缩开始温度和不平衡固相线温度之间的温度区称为有效结晶区间），由于阻碍收缩产生的铸锭裂纹称为热裂纹，又称结晶裂纹。热裂纹具有以下特征：

（1）沿晶界裂开；

（2）裂纹断口处有明显的黄褐色的氧化色；

（3）显微镜观察时，常发现裂纹处有低熔点共晶填充物；

（4）裂纹走向曲折面不规则，常有分叉。

热裂纹是一种最普通又很难消除的铸造缺陷（电磁铸造也不例外），除 Al-Si 合金外几乎在所有工业变形铝合金铸锭中都能发现热裂纹。热裂纹是由于合金在固-液区内（固-液区大于或等于有效结晶区间）的塑性低，液膜的厚度与晶间收缩变形不相适应时所引起的。所以有人指出，如果合金在固-液态下，其伸长率超过 0.3% 时将不会发生热裂纹。

铸锭在冷凝后产生的裂纹叫冷裂纹。铝合金通常在 50~300℃ 范围内产生冷裂纹，原因是铸锭不能承受内应力的拉伸变形而引起的，冷裂纹有如下特征：

（1）穿晶断裂；

（2）断口比较整齐，通常呈亮灰色或浅灰色；

（3）裂纹形成时伴随巨大的响声；

（4）通常发生在应力最大区域及有缺陷处。

冷裂纹倾向性取决于合金在低温时的塑性。有人指出，连铸铸锭在室温下的伸长率小于 1.5% 时，便可能产生冷裂纹。Al-CuMg 和 Al-ZnMgCu 合金主要形成冷裂纹。

对电磁铸造而言，人们十分关心的是如何解决铸锭，尤其是大型扁锭（宽厚 b/a 比较大时）产生热裂纹的问题。我国在工业装置的电磁铸造大型纯铝扁锭时，产生底部热裂纹的情况，这种裂纹是由于铸锭底部相邻上下两层金属冷却时间和冷却速度不一致，收缩受阻而造成。铸锭下部（与底膜接触的）冷却速度快，上层冷却速度较小，致使下层受拉应力，铸锭两端发生翘曲。如果此时由于热应力而引起的铸锭变形大于铸锭所承受的形变时，将引起底部裂纹。因此在生产条件下，底部裂纹多是因底部处理不当而引起（如应铺铝底的而未铺铝底，或铺铝底太薄，或已凝固但与基体合金未很好结合等）；有时也会因为扁锭的一端"小面"因外力作用妨碍铸锭收缩，上翘而产生底部裂纹；有时如铸速太快、铸温太高、冷却水幕分叉等也会造成铸锭热裂纹的产生。从宏观方面说电磁铸造浇铸金属时，因金属与模子无任何接触，没有初次冷却，因而金属表面收缩应力为二次冷却时造成的，这与直接铸造法铸造时有重要区别。铸造的中心部分在最终凝固时产生很大的热应力，当应力超过任何部位的机械强度平衡时，就会使铸锭产生热裂纹。

337. 铜合金电磁铸造发展概况是怎样的？

美国 OLIN 公司自 1978 年从苏联引入电磁铸造技术的专利后，于 1982 年成功地应用电磁铸造技术制造了商用规格的铜合金扁锭。然而到目前为止，国际上运用电磁铸造技术生产铜合金的企业仍较少，这是由多方面原因造成的。

最近我国上海大众鑫科发展有限公司发明了一种铜管坯水平电磁连铸结晶器，它是由结晶管内层、外层、搅拌电磁感应线圈、激振电磁感应线圈、约束电磁感应线圈以及这些电磁线圈外侧的磁轭和结晶管壁外层上的缝隙所构成。上述线圈或并列放置，或重叠放置，或只放置其中一种或两种线圈。

我国清华大学深圳研究生院李丘林和大连理工学院铸造工程研究中心李廷举等对"空心铜管坯水平电磁连铸过程的电磁效应"进行了研究。他们在实验室建立了中试规模的空心铜管坯水平连铸系统，该连铸系统主要包括：40kW 工频保温炉、水冷结晶器系统、电磁系统和牵引系统。水冷结晶管是由带芯的石墨结晶管、铜套及冷却水套组成，管坯尺寸为 $\phi83mm \times 21mm$，试验材料是 TP_2 的紫铜，试验证明：

（1）施加中频电磁场后，铜管坯的表面粗糙度有明显变化，与未加电磁场相比，表面粗糙度降低了将近 50%；

（2）与未施加电磁场的管坯相比，施加 20kW 电磁场后管坯的宏观凝固组织得到明显细化（晶柱度平均值由 3.8 提高到 8.5）；当施加的电磁场功率提高到 30kW 时，尽管凝固组织的周向均匀性较好，但宏观凝固组织不但没有细化，反而变得粗大，晶粒度平均值甚至比未施加电磁场时还要小，只有 3.15；

（3）当施加 20kW 电磁场时，管坯的力学性能较未施加电磁场时有明显提高，抗拉强度平均提高了 40% 左右，伸长度提高了 50% 左右；当电磁场的功率提高到 30kW 时，管坯的力学性能反而降低，甚至比未加电磁场时还要差。

这种空心铜管坯水平电磁连铸的原理如图 12-17 所示。

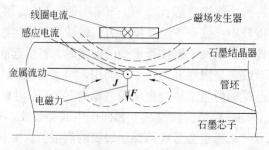

图 12-17　空心铜管坯水平电磁连铸原理

338. 铝、铜、钢电磁铸造时主要性能参数是怎样的?

表 12-1　铝、铜、钢电磁铸造时主要性能参数

项　目	铝	铜	钢
密度 $\rho/g \cdot cm^{-3}$	2.4(1)	7.8(3.3)	6.9(2.9)
电阻率 $\rho/\mu\Omega \cdot cm$	25(1)	20(0.8)	150(6)
电流透入深度 δ/mm			
$f=1kHz$	8.0(1.7)	7.1(1.5)	19.5(4.2)
$f=3kHz$	4.6(1)	4.1(0.9)	11.4(2.4)
$f=10kHz$	2.5(0.5)	2.2(0.5)	6.2(1.3)
p_E(铝金属液静压,即电磁压力)/Pa			
$h=5mm$	1117(1)	3826(3.3)	3384.5(2.9)
$h=10mm$	2354(2)	7652(6.5)	6769(5.8)
$h=20mm$	4708(4)	15304(13)	13538(11.5)
磁通密度 B/mT			
$h=5mm$	54(1)	98(1.8)	92(1.7)
$h=10mm$	77(1.4)	139(2.5)	130(2.4)
$h=20mm$	109(2.0)	196(3.6)	184(3.4)

从表 12-1 可知铝、铜、钢电磁铸造时主要技术参数有着重要的区别,这些区别具体表现为以下几点。

(1) 钢的密度大,约为铝的 3 倍,需要较大的电磁推力才能成形。在铸造时,如铝液柱高保持 50mm 时,需要的磁感应强度为 54mT;钢液液柱高度仍保持 50mm 时则需要 92mT。因此,钢的电磁感应强度取值应为铝的 3~4 倍才能成形。

(2) 钢液的电导率低,仅为铝的 1/9,且电流透入深度大,在相同的电参数下,钢液表面所形成的感应电流小。电磁铸造时,电流透入深度为 4.6mm 时,需要频率为 3000Hz。以此为基准,铜也使用大致相同的频率。但钢的电阻率比铝的大得多,则需要使用更高的频率。

(3) 钢的熔点高,熔化潜热大,导热性差,故控制上较为困难。

339. 有模电磁铸造与无模电磁连铸的特点是什么?

有模电磁铸造与无模电磁连铸最主要区别及其特点如表 12-2 所示。

表 12-2　　有模电磁铸造与无模电磁连铸的特点

EMC(电磁铸造)	SCECC(电磁连铸)
无模成形	在感应圈中增加结晶器，该结晶器可使液态金属在其中成形，以弥补电磁力和表面力约束能力的不足
不存在水冷坩埚式的分瓣结晶器	采用了类似的电磁水冷坩埚的分瓣结构，使结晶器壁对感应器的屏蔽作用尽可能小。当金属液进入结晶器后，受到感应圈所产生的电磁力的约束，使之与模壁接触减少。所以有模电磁连铸也可称为软接触电磁连铸（Soft Contant Electromagnetic Continues Casting）
铸坯形状主要由电磁力控制，电磁力、液位和铸速以及液态金属温度的波动都将导致铸坯尺寸的变化	在成形过程中使用铸模，铸坯尺寸较易控制
无模成形时，铸坯表面质量良好，且在电磁作用下，使铸坯晶粒细化，偏析减少	可取得与无模成形时的类似效果
多锭成形控制极为困难	相对而言可以较为方便地实现多锭连铸

有模电磁连铸原理如图 12-18 所示。

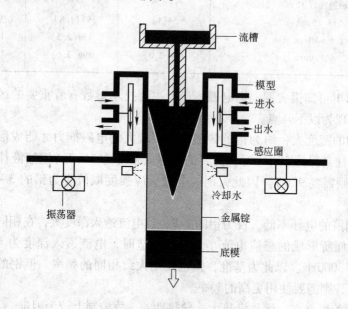

图 12-18　　有模电磁连铸原理示意图

340. 软接触钢的电磁连铸技术的主要冶金效果是怎样的？

（1）控制连铸表面的缺陷。控制振痕、角裂等连铸坯表面缺陷，为连铸坯热装热送、直接轧制、节约能源提供新的技术保证。

（2）改善传热效果。在电磁侧压力作用下，凝固钢壳和结晶器之间熔融保护渣流入的通道被推开，有利于熔融保护渣的流入和传热效果的改善。

（3）减少裂纹敏感钢种的连铸漏钢事故。软接触电磁连铸技术电磁加热的作用相当于热顶结晶器,加上电磁侧压力的作用,可减少裂纹敏感钢种连铸漏钢事故。

（4）提高等轴晶粒率。软接触电磁连铸技术在减轻铸坯振痕的同时可以提高等轴晶粒等。

341. 软接触钢的电磁连铸结晶器其结构有何特点?

电磁软接触连铸时，可选用低频（60~200Hz）或高频（几万赫兹）或者更高频率的超高频。一般认为圆坯和方坯的电磁软接触能连铸更倾向于选择几万赫兹或者更高的电磁频率，这是由于超高频电磁连铸技术可获得稳定的弯月面，但是难点在于结晶器的设计，即如何让超高频磁场克服结晶器钢管的屏蔽作用，而将电磁压力作用于正在凝固的钢液上。

目前国内外所开发的电磁软接触结晶器基本分为有切缝的和无切缝的两类，但在工业上应用起来均存在不少问题，尤其是在超高频电磁连铸的工业应用中存在的问题更多。

342. 国外关于开发电磁软接触结晶器的概况是怎样的?

日本名古屋大学浅井滋生等曾采用如图 12-19 所示的钢的软接触电磁铸造装

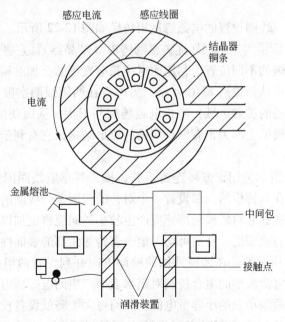

图 12-19　钢的软接触电磁铸造装置

置，铸成直径为 $\phi30mm$ 的钢坯。

改进后的软接触电磁铸造装置如图 12-20 所示，它是分段式无缝软接触结晶器，其上部铸模的模壁由高电阻率磁性不锈钢组成，下部铸模壁由高电导率的铜组成。这种结构的铸模与完全由铜组成的铸模相比，其透过铸模壁的磁通密度约为原来的 1.8 倍，对铸模内产生的电磁压力约为原来的 3.4 倍。

图 12-21 所示为整体式无缝软接触结晶器，其结构特点是在高电导率的铜或铜质合金片层之间填充高电阻率的铜合金粉末，经热等静压（HIP）烧结加工成为一体的 EMC 用铸模。采用这种结构具有穿透力强，能量损耗小，效率高的特点。

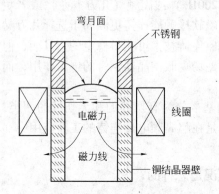

图 12-20　改进的软接触电磁铸造装置　　　图 12-21　整体式无缝软接触结晶器示意图

几种改进感应线圈设置的电磁铸造用铸模如图 12-22 所示。

图 12-22(a) 所示为用于圆坯连铸机的铸模（结晶器），它将两组电磁感应线圈设置在铸模外侧的不同位置，利用两组高频电磁场的叠加对铸模内的钢液表面产生两个电磁力，从而提高 EMC 效率。另外，在两组线圈空隙设置环状屏蔽板来限制两组电磁场的扩散区域，防止电磁场相互干扰，从而获得稳定的 EMC 效果。再者，其铸模的上部为带有细长切槽的梳形结构，它有利于电磁场穿透到铸模内侧。

图 12-22(b) 所示为用于方坯连铸机的铸模，其感应线圈围绕设置在矩形铸模外侧上部，并在其铸模的角部设置多个对称的包围部分线圈的环形磁铁芯。这种结构利于环形磁铁芯对铸模角部感应产生较小的涡流密度加以补偿，以获得与铸模边部相同的涡流密度，从而可均匀地改善铸坯角部的表面性能。

图 12-22(c) 所示的是在铸模外侧的壁厚方向并列设置两组感应线圈，利用流过两组线圈的电流波形的组合控制对钢水表面产生的电磁压力。由于这种结构的结晶器采用了两组单独的小容量电源，从而可大大降低设备投资。

　Norishitu 等的研究表明：对于尺寸一定的结晶器，增加切缝的条数可以

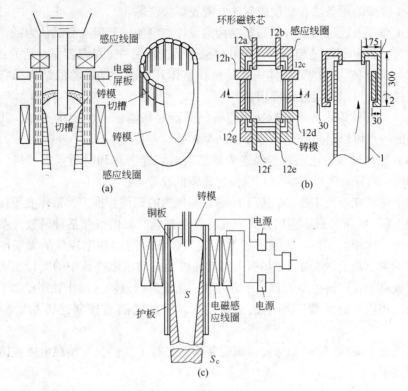

图 12-22　几种改进线圈设置的电磁铸模

明显地减弱结晶器的屏蔽作用，提高磁感应强度，同时有利于电磁场的均匀化，另外，感应器的中央位置处磁感应强度最大。然而当切缝数达到一定数量时，透过结晶器的磁通密度达到饱和，继续增加切缝数，透磁效果并无明显改观。

　　除上述一些研究开发工作外，岩井-彦特、Young-whan Cho、铃木寿穗、森广司等人也进行了有关电磁软接触结晶器方面的探索与研究，但在工业规模的大生产中还未有较成熟的技术能够可靠稳定地进行使用。

343. 国内关于开发电磁软接触结晶器的概况是怎样的?

　　国内一些高校及企业同样对有切缝及无切缝结晶器进行了广泛的研究。例如，徐广俊等设计了一种不切缝的内置式软接触结晶器，其特点是把电磁感应线圈直接镶嵌在结晶器内部，电磁力可直接用于结晶器内钢液初始凝固区，从而消除了结晶器壁对磁场的屏蔽作用，可以显著提高电磁效率，但该结构难以解决线圈匝间隙对铸坯均匀凝固的影响问题。张永杰等人研发了组合式分瓣体内水冷型结晶器，周月明等设计了压套式分瓣体内水冷型结晶器，张永杰、陈向勇等设计了整体水冷型的压条法、梯度胶封法、陶瓷焊接法等。

张永杰等人通过大量对结晶器结构的设计与制作试验以及测试认为：

（1）方坯和圆坯的超高频电磁软接触连铸选择切缝式结晶器是合适的；

（2）非通体切缝的分瓣体内水冷型和整体外水冷型结晶器的结构都有较强的结构强度，可以满足连铸要求；

（3）分瓣体内水冷电磁软接触连铸结晶器对切缝密封的要求不高，其透磁场较弱的特点可以通过提高电源输出功率弥补；

（4）整体外水冷电磁软接触连铸结晶器对切缝密封和材质要求严格，但有办法解决，可用此类结晶器对常规传统连铸机改造等。

除上述研究开发工作外，基于间断磁场概念的延伸和推广，雷作胜等提出了"调幅磁场"的新的磁场施加方式，其特点是磁场的幅值按照某种函数关系随时间的变化，这相当于在一高频磁场上（成为载波）附加频率较低的周期性调幅波（称为调制波），将调幅磁场引入到结晶器无振动电磁连铸中的实验表明，正弦波调波磁场在连铸效果上要优于方坯和三角波调幅磁场。雷作胜还提出了与结晶器振动相耦合的调幅磁场电磁连铸技术，旨在精确地控制连铸初始凝固过程。

我国已于 2002 年在上海宝钢试验装置上进行了试验，软接触电磁连铸已取得重要成果。

344. 什么是离心铸造，其特点是什么？

离心铸造法是使液体金属在离心力作用下，充填铸型和凝固成形的一种铸造方法，通常铸管可用离心铸造的方法生产。采用这种方法，比一般重力铸造法在减少气孔、缩孔、夹渣等铸造缺陷，提高铸件质量和节约金属等方面均具有显著的效果。在铸造具有中空的圆柱形自由表面的铸管时可以不用型芯，从而大大简化了套类、管类铸件的生产过程，现在离心铸管已成为世界上最主要的铸管工艺。

345. 什么是电磁离心铸造，其特点是什么？

所谓电磁离心铸造是使合金熔体在磁场作用下离心凝固成形，由于合金熔体和磁场的交互作用在熔体中产生电磁力，起到电磁搅拌的作用。电磁离心凝固仍然保留着普通离心铸造的优点，如组织致密、疏松和气孔少等，但克服了离心铸造的缺点，使普通离心铸造中粗大的柱状晶组织改变为均匀的等轴晶组织，并且第二相分布均匀，成分偏析得到控制，从而为制备管材开辟了一条新途径。

346. 电磁离心铸造是怎样发展起来的?

为解决特种合金管材的制备和成形问题, 美国最早用离心铸造技术制备耐热钢管材, 法国、日本、德国等也采用了同样的方法。目前有十几种的耐热钢管用此法制备。由于离心铸造具有单向传热凝固的特点, 凝固组织往往由较粗大的沿管直径排列的柱状晶组成, 相对于轧制组织而言, 该组织粗大不均匀, 成分偏析严重, 材料塑性较差。柱状晶的晶界在使用时, 由于高温、压力等的作用, 成为薄弱部位, 沿晶界形成裂纹而使材料受到破坏。如 HK40 耐热钢管, 设计寿命为 10 年, 但由于这个原因, 实际寿命只有 6~8 年。

解决合金管材的制备问题, 关键是要求产品具有高的强度, 又具有好的塑性, 产品的微观组织结构必须同时满足强度和塑性的要求。日本曾经尝试过采用不同的铸模来控制离心铸造过程中的传热, 以此改善离心铸造管材的组织, 使粗大的柱状晶改变为等轴晶, 但由于在实际生产中不易实现和难于控制, 没有达到实际应用。

20 世纪 70 年代, 随着电磁冶金的开始兴起, 人们利用电磁场产生的电磁搅拌效应, 在改善冶金产品的凝固组织、抑制偏析和提高合金性能方面起到了极大作用, 这一方面促使冶金科技工作者加深对电磁冶金作用规律的研究, 另一方面也在扩大电磁搅拌的用途。

20 世纪 90 年代, 我国在探索和研究改善离心铸管的成形方法和性能方面, 开始将电磁场应用于离心铸造过程, 用于控制离心铸管的凝固过程, 以改进铸管和凝固组织及成分分布, 从而提高铸管性能, 经过研究提出电磁离心铸造工艺, 在耐热钢、不锈钢以及有色合金材料方面取得了显著的成效, 并成功获得了工业化应用。

347. 电磁离心铸造设备是如何构成的?

电磁离心铸造可以在悬臂离心铸造机和大型卧式离心铸造机上实现, 在离心铸造机模筒外面加装电磁场装置即构成电磁离心铸造设备。图 12-23 是小型悬臂电磁离心铸造机及其结构原理图, 铸模安装在水平的主轴上, 电机通过皮带轮驱动主轴及铸型转动。

图 12-24 是工业用大型电磁离心铸管设备简图, 在原有的离心铸管设备的基础上, 安装了我国自行设计制造的电磁控制装置 (本装置已获得中国专利), 这一设备已在某化工机械公司铸管车间应用。实践证明, 改造后的电磁离心铸管设备除磁场用电外, 基本不增加炉管生产成本, 且易于操作不影响原设备性能, 既能按新工艺制造新型炉管, 也可依原工艺生产普通炉管。

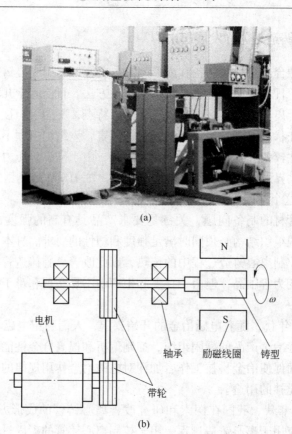

(a)

(b)

图 12-23　电磁离心铸造实验装置原理和实物照片
（a）悬臂电磁离心铸造机；（b）电磁离心铸造机原理图

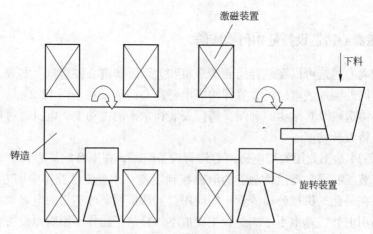

图 12-24　工业电磁离心铸管设备示意图

348. 电磁离心铸造的工作原理是怎样的?

由图 12-23（b）可见，铸模安装在水平的主轴上，电机通过皮带轮驱动主轴及铸型转动，电磁离心铸造时，液态金属浇注进旋转的铸模后，置于模筒外侧的磁场装置产生稳恒磁场通过模筒作用于液态金属，由于金属熔体和磁场的交互作用在熔体中产生电磁力，在凝固过程中对液态金属起到电磁搅拌作用，使金属熔体在磁场中离心凝固成形。

349. 电磁离心铸造金属的组织有何特点?

在电磁离心铸造中，由于电磁力的作用，迫使液态金属相对凝固界面前沿流动。液态金属的流动，将对晶体的长大及形状改变起重要作用。电磁离心铸造实验发现，流动明显地影响一次枝晶臂间距及二次枝晶臂的生长方向；并且随着磁场强度的增强凝固组织由柱状晶向等轴晶逐步演变，甚至可以转变为全部的等轴晶组织。

实验得到的不同磁场强度条件下，电磁离心铸造 25Cr20Ni 铸管横截面的宏观组织如图 12-25 所示，其中图 12-25（a）为普通离心铸造组织，靠近模壁的外

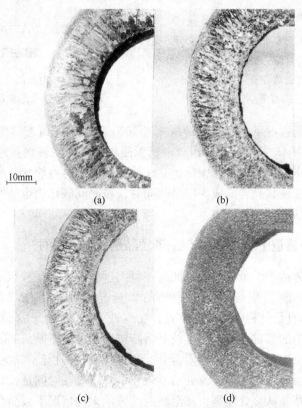

图 12-25　电磁离心铸造 25Cr20Ni 耐热钢管的横截面宏观组织

层为细小等轴晶组成的激冷区，然后是较粗大的沿径向分布的柱状晶组织，内壁附近则为粗大等轴晶。

当在电磁离心铸造时，由于电磁力作用，耐热合金的凝固组织得到显著改善，如图 12-25(b) ~ (d)所示。随磁场强度增大，铸管截面上晶粒逐渐细化，沿壁厚方向等轴晶比例逐渐增大，柱状晶比例逐渐减小，并且柱状晶发生偏斜，与管子径向呈一定角度。图 12-25(d)中基本为全部的等轴晶组织。图 12-26 为等轴晶组织随磁场增加占壁厚比例变化，图 12-27 为随磁场强度增加等轴晶晶粒尺寸变化，可见，随磁场强度增加，不仅等轴晶数量增多，且尺寸变得细小。

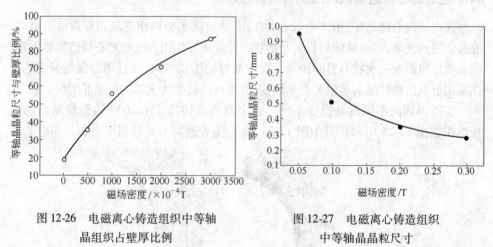

图 12-26　电磁离心铸造组织中等轴　　　　图 12-27　电磁离心铸造组织
　　　　晶组织占壁厚比例　　　　　　　　　　　中等轴晶晶粒尺寸

在不同磁场强度下电磁离心铸造 25Cr20Ni 耐热钢的铸态显微组织，主要由奥氏体基体和 M_7C_3 共晶碳化物组成。当无磁场时可以明显地看到粗大的柱状晶粒及晶界上分布的骨架状共晶碳化物，在柱状晶内部也有块状共晶碳化物。随磁场强度增加，在柱状晶转变成等轴晶的同时，枝晶间碳化物也基本消失，而晶界共晶碳化物逐渐增多。

350. 电磁离心铸造中铸坯的柱状晶-等轴晶是如何转变的？

电磁离心铸造组织最重要的特征是在凝固过程中发生了柱状晶-等轴晶转变，如图 12-25 所示随着磁场增强，等轴晶含量显著增加。柱状晶-等轴晶转变（CET）机制一直是材料领域研究重点，在理论上，人们提出了许多 CET 转变机制并在这些理论的基础上又产生了枝晶熔断机制与枝晶折断机制的争论。枝晶熔断机制认为在凝固过程中由于溶质再分配产生的微观偏析使二次枝晶臂与一次枝晶臂交界处的溶质浓度增加，该处的凝固点下降，凝固时间延长，产生颈缩，在外力的作用下枝晶从该处断裂，甚至在温度波动大的情况下枝晶在该处熔断。该机制认为电磁搅拌不会增加断裂枝晶的数量，仅仅是通过强迫对流使断裂枝晶流动到较冷凝固区得以保存下来，从而促进 CET 转变。

枝晶折断机制认为凝固过程中的自然对流或强迫对流足以折断枝晶，在枝晶凝固形成牢固的枝晶骨架之前，由凝固收缩产生的力可以使枝晶断裂。图 12-28 为在电磁离心铸造实验中发现的枝晶断裂现象，枝晶在生长过程中明显发生了变形并且在生长尖端断裂。这说明电磁离心凝固中的柱状晶-等轴晶转变不是熔断机制，而与电磁场作用产生电磁搅拌引起的熔体流动有很大关系。由于电磁搅拌使枝晶断裂从而产生新的形核核心，促进 CET 转变。

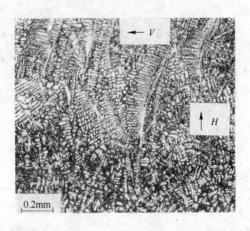

图 12-28　电磁离心铸造组织中的枝晶断裂

351. 电磁离心铸造耐热钢管的性能是如何提高的?

电磁离心铸造改变了铸造组织，必然引起力学性能的改变。表 12-3 中给出了电磁离心铸造工艺条件下制备的 25Cr20Ni 耐热钢管的常温和高温拉伸性能实验结果，并且给出了普通离心凝固的结果以作对比。从表中数据可以看出，电磁离心凝固的耐热钢，其常温抗拉强度提高 31%，塑性提高 55%，高温（1100℃）抗拉强度提高 19%，塑性提高 45%。

表 12-3　25Cr20Ni 耐热钢管的常温和高温力学性能

工　艺	温度/℃	抗拉强度/MPa	屈服强度/MPa	伸长率/%
电磁离心	室　温	780.7	421.8	23.7
	1100	58.5	46.3	29
普通离心	室　温	596.5	337.1	15.3
	1100	49.1	40.5	20.0

图 12-29 为电磁离心铸造的哈氏合金的力学性能随磁场强度的变化规律。可以看出，铸件的各项力学性能指标开始时随着磁场的增强而增加，特别是抗拉强度和伸长率增加显著，分别由 435.67MPa 和 26.1% 增加到 631.67MPa 和 49.73%，增加了 45% 和 91%，但在磁场达到一定程度后开始降低。

电磁离心铸造 1Cr18Ni9Ti 奥氏体不锈钢管的屈服强度和塑性也呈现出类似的关系，如图 12-30 和图 12-31 所示。从图中可以看出，铸管的塑性和屈服强度

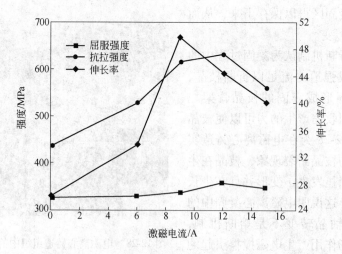

图 12-29　电磁离心铸管力学性能与磁场的关系

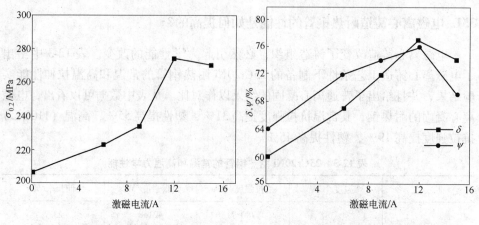

图 12-30　电磁离心铸造奥氏体不锈
　　　　　钢管的屈服强度

图 12-31　电磁离心铸造奥氏体不锈
　　　　　钢管的伸长率、面收缩率

随磁场作用增强而增加并达到最大值。这是由于随着电磁场强度的增强，电磁搅拌作用增大，管坯铸态组织随之细化，从而提高了管坯力学性能。

　　力学性能的变化与电磁离心凝固过程中的电磁搅拌有关，随着磁场的增强，电磁搅拌作用增加，有利于热量的传输，加快了凝固速度，从而细化了凝固组织，因而合金的强度和塑性都得到了提高。但是，当磁场强度过大时，由于电磁力的搅拌作用强烈，熔体运动激烈，这可能破坏凝固后期的补缩作用，造成疏松等铸造缺陷，另外磁场强度较大时在凝固后期出现的共晶碳化物增多，也降低铸件力学性能。因此，电磁离心凝固时，控制合适的电磁参数可以得到最佳的力学性能。

电磁离心铸造工艺不仅能够改善铸管的短时力学性能，对高温长时力学性能如持久强度也有显著的影响。离心铸造时施加电磁场不仅有益于铸管的持久性能的提高，而且促进铸管径向组织、性能均匀化，因而有助于延长铸管的高温使用寿命，并有效地提高铸管的高温性能。

352. 电磁离心铸造耐热钢管的组织是怎样的?

图 12-32 是电磁离心铸造 25Cr20Ni 耐热钢裂解炉管的宏观组织形貌，其中 HK1 铸管的磁场强度较 HK2 铸管的小。从该图可以清晰地看出，随着磁场强度的提高，柱状晶和等轴晶组织都明显细化。随着电流强度的提高，沿径向方向的等轴晶区明显扩大，同时柱状晶的生长方向偏离径向方向。凝固组织呈现两个显著特点：（1）增加磁场促进离心铸管径向等轴晶发展，并且能同时细化等轴晶组织及柱状晶组织；（2）离心铸造时施加电磁场导致柱状晶倾斜生长，并且随磁场增加，柱状晶倾斜程度加大。

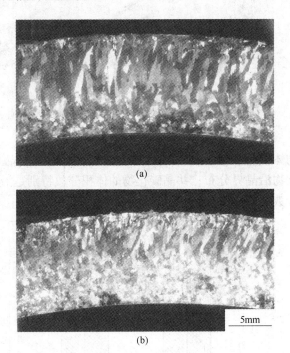

(a)

(b)

图 12-32　电磁离心凝固 25Cr20Ni 耐热钢管的宏观形貌

(a) HK1；(b) HK2

随磁场增大，铸管横截面上等轴晶组织的面积分数增大，而柱状晶组织所占的面积分数减小，且柱状晶的平均宽度和长度以及等轴晶的平均尺寸都逐渐减小。

图 12-33 是 25Cr20Ni 耐热钢裂解炉管横截面中部的微观形貌，主要特点与实验室结果类似，随着磁场强度增加，枝晶间共晶碳化物数量逐渐减少，而晶界上共晶碳化物数量显著增加；部分共晶碳化物（枝晶间）形貌由短棒状或块状向层片状或骨架状（三叉晶界处）转变。

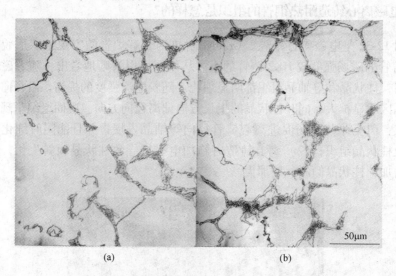

(a)　　　　　　　　　　(b)

图 12-33　25Cr20Ni 耐热钢管横截面中部的微观形貌
（a）HK1；（b）HK2

共晶碳化物体积分数参见图 12-34，图中数据表明，随着磁场强度的提高，更多的共晶碳化物沿晶界分布；共晶碳化物的体积分数特别是沿晶界分布的共晶碳化物的体积分数有明显增加。

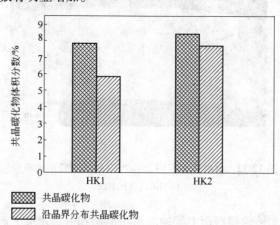

图 12-34　25Cr20Ni 耐热钢管 HK1 和 HK2 共晶碳化物体积分数

353. 工业电磁离心铸管的力学性能是怎样的?

电磁离心铸造 25Cr20Ni 耐热钢管的室温拉伸性能如表 12-4 所示。为了比较,表中也列出了普通离心铸造 25Cr20Ni 耐热钢管的常温性能。可见,电磁离心铸造制备的 HK1 和 HK2 管的常温性能均优于普通离心铸造管。

表 12-4　电磁离心铸造 25Cr20Ni 耐热钢管的常温拉伸性能

铸　管	σ_b/MPa	$\sigma_{0.2}$/MPa	δ/%	ψ/%
HK1	698	410	17.5	16
HK2	605	363	14.5	9
普通 25Cr20Ni 钢管	511	330	11	4

表 12-5 中列出了电磁离心凝固 25Cr20Ni 耐热钢管的持久性能,在室温时 25Cr20Ni 耐热钢主要的强化因素是晶界强化,由于电磁离心铸造明显细化了凝固组织,因此电磁离心凝固制备的炉管的常温性能均优于普通离心铸造炉管。

表 12-5　电磁离心凝固 25Cr20Ni 耐热钢管的持久性能

持久性能			HK1	HK2
ϕ3mm	$\sigma = 100$MPa $T = 871$℃	t_r/h	8.5	11.5
		δ/%	2.8	3.1
	$\sigma = 80$MPa $T = 871$℃	t_r/h	26	62
		δ/%	2.0	2.2
	$\sigma = 110$MPa $T = 816$℃	t_r/h	17.5	102.5
		δ/%	1.9	2.9
ϕ5mm	$\sigma = 100$MPa $T = 871$℃	t_r/h	6.5	11
		δ/%	5.9	7.4

图 12-35 给出了电磁离心凝固 25Cr20Ni 耐热钢管与普通离心铸造 25Cr20Ni 耐热钢管的 Larson-Miler 曲线相比,可以看出,电磁离心铸造 25Cr20Ni 耐热钢管的持久强度均在普通离心铸造管的平均持久强度曲线之上,且制备时磁场强度较大的 HK2 管持久强度较好。

通常认为,晶界是导致纯金属或单相合金的高温性能降低的因素。晶粒越细,晶界越多,铸件的持久强度越低。但电磁离心凝固的结果却与此相反,这是由于一方面碳化物沿晶界析出提高了钢管的蠕变抗力;另一方面,晶粒越细,在晶界上集中的应力越小，形成蠕变裂纹和孔洞的驱动力越小，因此将使持久强度提高。这两方面因素使电磁离心凝固制备的炉管持久性能优于普通离心铸造 25Cr20Ni 耐热钢管的持久性能。

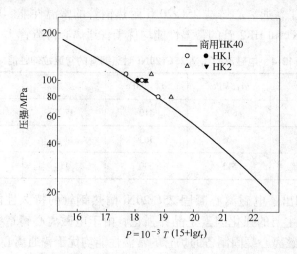

图 12-35　电磁离心铸造与普通离心铸造 25Cr20Ni 耐热钢管的持久强度比较

T—温度，K；t—时间，h

第 13 章　电磁悬浮冶金

354. 什么是电磁悬浮冶金?

电磁悬浮冶金是指冶金过程在电磁悬浮作用的条件下进行的，而电磁悬浮是机电能量变换的一种特殊形式。严格地说，电磁悬浮是在没有接触性的约束条件下，包括电磁场在内的两个或更多场力的作用使物体在空间处于稳定或类似稳定的一种状态。

355. 电磁悬浮装置都在工业上哪些部门应用?

由于悬浮现象所具有的无接触、无摩擦的特征，使它在许多有特殊要求的场合下，显示出极大的优越性。当今世界在电磁悬浮的理论、实验以及工业装置的应用方面均取得了重大进展，并在不同领域中得到实际应用，这些应用包括：

（1）用于金属的高纯冶金，避免金属被熔炉的污染；

（2）用于自动化系统，作为机-电变送器与稳定器或非电量检测装置；

（3）用于超高速回转装置，以达到无摩擦低噪声且轴承无需润滑；

（4）用于无接触支撑，如电磁成形、电磁输送等；

（5）高速大功率地面运载系统，如悬浮列车。

356. 电磁悬浮作用下的冶金过程有何特点?

（1）金属在冶炼和排放过程中与坩埚无接触；

（2）由于位于适当的气体或真空中，熔化的试样可得到保护；

（3）易挥发的杂质能被蒸馏或抽出；

（4）熔化的金属能被逐渐排除，作为一个整体滴出或在悬浮中凝固；

（5）通过电磁作用，熔化物能被彻底混合；

（6）可以由金属粉和合金元素混合烧结成制品；

（7）当熔化物被悬浮时，可以添加合金剂。

上述这些特点只有金属能被稳定地悬浮而且温度能够按希望控制条件下才能得到。

由于悬浮熔炼有效地利用无接触熔化的优点来处理活泼金属及放射性物质，

因此适用于铀燃料棒的制作。

悬浮熔炼的最大优点是液体金属不与耐火材料接触，在真空状态下，当气氛压力小于氧化物的分解压力时，许多稳定的氧化物都变得不稳定，耐火材料可变成合金的二次氧化污染源，甚至铁基合金也难幸免，对于活泼性大于铁的金属及其合金，耐火材料对其污染危害性更大，所以坩埚材料成了限制真空合金达到理想精炼效果的主要原因。采用水冷坩埚的悬浮熔炼技术，从根本上解决了耐火材料污染金属的难题，水冷坩埚如图 13-1 所示。

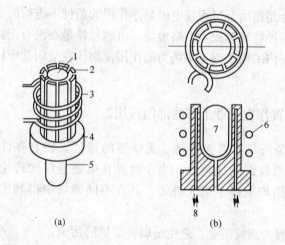

图 13-1　冷态坩埚图

（a）连续式；（b）批量式

1—熔料；2—冷态坩埚；3—线圈；4—水冷却管；5—拉轴；
6—线圈；7—熔化金属；8—冷却水

在均匀熔炼活泼金属，特别是均匀熔炼含有密度差别大的金属的多元合金，水冷式冷坩埚具有很大的优越性。

目前，水冷坩埚熔炼已运用于高活性合金的熔制（如 Ti、Zr 等合金）、功能材料的熔制（如多晶硅、超导材料等）。

357. 电磁悬浮的基本原理是怎样的？

对水冷坩埚而言，当线圈中通以高频电流时，所熔炼的金属或非金属固态炉料被置于感应圈电流所形成高频磁场中，并利用水冷的金属坩埚作为源磁场的聚能器，使源磁场的能量集中于坩埚容积空间，进而在炉料表层附近形成强大的涡电流，该电流为短路电流，一方面释放出焦耳热使炉料熔化；另一方面形成的电磁力场使熔体悬浮并得以搅拌。水冷坩埚是通过感应圈的电流来控制熔体的升温和悬浮的，故具有很好的调控能力。

由图 13-2 可见，为了使感应圈电流所产生的磁场能透过坩埚作用于炉料，水冷坩埚沿其轴向被切成若干"瓣"，成为分瓣组装的结构。

这种结构一方面能使电磁场透过"瓣"间的缝隙作用于炉料；另一方面通过分瓣使坩埚体内形成的感生电动势大大减小，从而降低了坩埚自身能量消耗，提高了用于炉料及熔体悬浮的有效功率。从图 13-2 还可看出，坩埚体的底部呈半球形。由电磁场理论可知，在金属熔体表面处，感应圈形成的磁场 **B** 沿熔体母线方向（即剖面图中熔体表面切向），而熔体感应电流 **J** 的方向为熔体水平截面的环周向，则由 $f = J \times B$，电磁力 **f** 方向为熔体表面的内法线方向（见图 13-3）。这样，当电磁力与金属熔体的静压力相抵消时，熔体则处于悬浮状态。

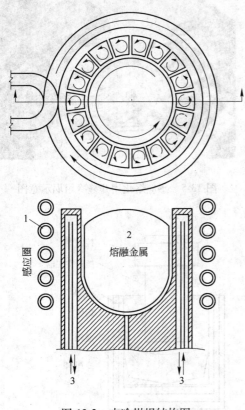

图 13-2　水冷坩埚结构图
1—感应圈；2—熔融金属；3—冷却水

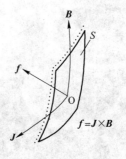

图 13-3　电磁力方向

358. 水冷坩埚的基本结构是什么样的？

用具有水冷系统的纯铜制成的冷坩埚其结构如图 13-4 所示。

359. 水冷坩埚结构类型及其特点是什么？

水冷坩埚基本上可分为开缝和不开缝两种基本类型，又可按用途及供热方式不同分为多种类型。图 13-5 为感应熔化用开缝冷坩埚示意图，图 13-6 为不开缝的感应冷坩埚，图 13-7 为外热式熔化方法用不开缝冷坩埚示意图。

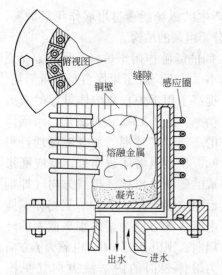

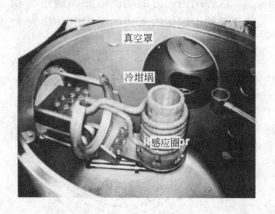

图 13-4　冷坩埚感应熔化炉示意图　　　　图 13-5　感应熔化用开缝冷坩埚示意图

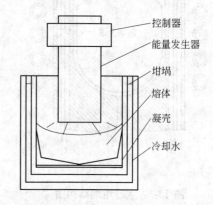

图 13-6　感应冷坩埚　　　　图 13-7　外热式熔化方法用不开缝冷坩埚示意图

图 13-8 为全悬浮熔化炉示意图，其中图（b）为全悬浮熔化炉俯视图。

图 13-9 为多瓣式水冷坩埚软接触电磁连铸示意图，其中图（b）为俯视图和结晶器示意图；图 13-10 为电磁坩埚定向凝固示意图。

360. 冷坩埚感应熔配的基本特点是什么？

（1）在使用过程中由于水冷坩埚本体的温度很低，被熔化的合金液会在坩埚内表面凝固成一薄层的固相壳层，称为凝壳（Skull）。由于剩余合金液在该凝壳内继续熔化，所以能保持合金元素原有的高纯度及防止在熔炼过程中各杂质元素的污染，这是冷坩埚感应熔配的最大特点。与普通的耐火陶瓷坩埚熔炼比较，

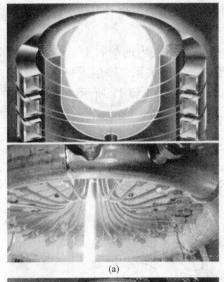

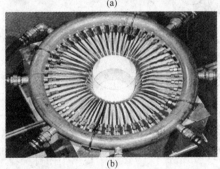

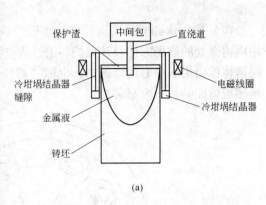

图 13-8 全悬浮熔化炉示意图 图 13-9 软接触电磁连铸示意图

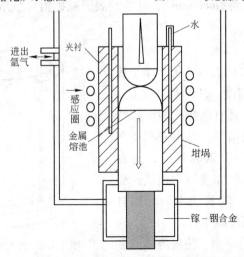

图 13-10 电磁坩埚定向凝固示意图

可以在最大限度发挥感应熔炼方法优势的同时，避免坩埚本身对坩埚内合金液的污染。

（2）冷坩埚如同强流器一样，将磁力线聚集在坩埚内的炉料上，同时由于坩埚内壁处的磁场方向及该处炉料的感应电流方向间的关系，产生了一个单向的将熔体推向坩埚中心的电磁力，也称"磁压效应"，如图 13-11 所示，这是冷坩埚感应熔配的另一个显著特点。

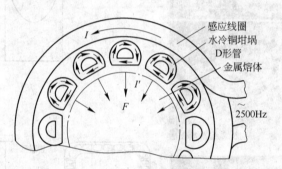

图 13-11　感应熔配型冷坩埚的电磁场特征

361. 冷坩埚感应熔配时其自由液面是如何变化的?

现以 Ti-Al 合金的熔化为例，并从实验角度测试和分析冷坩埚感应熔配时合金自由液面的变化及其影响因素。实验依托哈尔滨工业大学从德国 ALD 公司引进的大型感应凝壳熔炼炉，其中感应加热线圈（induction coil）和水冷铜坩埚（cold crucible）构成了熔炼炉的关键部件，金属炉料在感应线圈的电磁加热下在坩埚中被加热熔化，形成驼峰（meniscus），驼峰的表面被称为合金熔体的自由液面，如图 13-12 所示。

实验证明：

（1）当 $h/H < 1(0.22 \sim 0.93)$ 时（其中 h 为熔体驼峰的高度；H 为熔体高度）可以看出，自由液面具有抛物线的形状特征，随着熔炼功率的增加，自由液面高度逐渐增大，当功率小于 200kW 时，随着功率的增加自由液面的高度增加很快；当功率大于 200kW 时，随着功率的增加自由液面高度增加的幅度减小；

（2）熔炼功率的增加，使得熔体温度升高，熔体过热度增大，在凝壳与水冷铜

图 13-12　冷坩埚真空感应凝壳
熔炼过程示意图

坩埚之间冷却条件不变的情况下，凝壳厚度变薄，从而减小了传热热阻，使得热流密度增加，以便维持输入能量与损失热量之间的平衡；同时熔炼功率的增大意味着电磁推力的增加，从而可以平衡更大的液体静压力，减小了熔体与坩埚侧壁的接触高度，使得凝壳侧壁高度随着熔炼功率的增加而减小，自由液面高度增加。

因此，随着初始炉料质量 m 的增大，合金液自由表面相对炉料高度的比值 h/H 在减小，说明液面自由高度减小。这是由于炉料质量增加，则需要平衡的静压力增大，而相同熔炼功率条件下产生的电磁推力是相同的，从而导致炉料质量增加，自由液面高度减小。

362. 冷坩埚的电热性能是由哪些影响因素决定的？

冷坩埚的电热性能的影响因素是多方面的，主要因素如下：
（1）冷坩埚分瓣数的影响；
（2）冷坩埚分瓣形状的影响；
（3）冷坩埚质量的影响；
（4）冷坩埚开缝宽度的影响；
（5）电流电压的影响；
（6）电磁场频率的影响；
（7）熔化材料电物性的影响；
（8）感应圈位置和屏蔽罩位置的影响。

363. 冷坩埚分瓣数对电热性能的影响是什么？

从坩埚的透磁和低涡流损耗效果看，切缝数是一个关键因素，切缝使电磁场作用于炉料，并降低坩埚的感应涡流。美国活性金属公司 BMI 研究所在直径为 503mm 的铜坩埚上，测定了不同开缝数在不同频率下坩埚内磁场衰减情况，如表 13-1 所示。在所测频率范围内，不开缝的坩埚内磁场衰减殆尽，当开一条缝或几条缝后则坩埚内磁场增强，此时感应圈的功率主要消耗在炉料上，实验表明，切缝对改善熔炼效率有重要意义。G. H. Schippereit 对冷坩埚分瓣数的研究结果也与此结果相一致。

表 13-1　不同缝隙时磁场衰减情况

缝隙数	坩埚内磁场衰减率/%						坩埚消耗功率 /kW	炉料上理论功率 /kW
	60Hz	200Hz	500Hz	1000Hz	2000Hz	5000Hz		
0	97	99	99	99	99	99	0.576	0.016
1	12	14	10	12	11	12	0.238	13.4
2	10	12	9	12	11	12	0.294	14.2
4	8	9	11	13	10	11	0.384	15.6

从表 13-1 可看出，选择冷坩埚切缝数应该尽量多，但是有资料显示，当切缝数达到一定数量，透过坩埚壁的磁力线密度达到饱和，再增加切缝数其透磁效果将无明显改观，而且切缝数的增加会给加工制造带来很大的麻烦和导致加工成本的增加，所以设计上应该遵循"多分瓣，窄切缝"的原则。通过准三维耦合电流算法和实验测试，得出分瓣数的优化结果。冷坩埚熔炼时，电磁场频率和冷坩埚结构决定坩埚的透磁能力，随频率上升，坩埚内磁通密度下降，且频率高于 100kHz 时下降趋势加大；其次，冷坩埚的分瓣结构使其涡流损耗降低，且磁场频率越高效果越明显。对 100kHz 以上的超高频磁场，坩埚应分割为 16 ~ 20 瓣；对 10 ~ 100kHz 的高频磁场，坩埚可分割为 8 ~ 12 瓣；而对低于 10kHz 的中高频磁场，坩埚只需分割 4 ~ 8 瓣。

有实验结果表明，增加开缝数不但提高了结晶器的透磁性，而且使磁场沿圆周方向的分布更加均匀，但降低了磁场沿轴向和径向分布的均匀性。

364. 冷坩埚分瓣形状对电热性能的影响是什么？

坩埚的分瓣形状对坩埚的透磁性也有很大的影响，图 13-13 为坩埚分瓣的不同形状的磁流密度的分布情况，从图中可以看出，分瓣形状为三角形时，坩埚内的磁流密度最大，而坩埚分瓣为方方形时，坩埚内的磁流密度最小，半圆形的分瓣时坩埚内的磁流密度介于前两者之间。

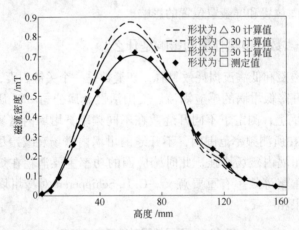

图 13-13　坩埚分瓣形状对磁流密度的影响

365. 冷坩埚质量对电热性能的影响是什么？

坩埚的质量对坩埚的效率也有影响，应尽可能地减少坩埚质量，这是因为冷坩埚与被熔材料一起置于电磁场中，是感应加热负载的一部分，和被熔材料一起消耗磁场能量，减少坩埚重量能够减少这种损耗。

366. 冷坩埚开缝宽度对电热性能的影响是什么?

开缝宽度要求适当，宽度的扩大可使透过的电磁场增加，提高悬浮熔炼的能效，但是宽度的扩大以不致发生金属熔体的泄漏为限，或缝间材料不被烧蚀为限；开缝宽度对开缝处的轴向磁场影响较大，对其他位置处磁场的影响不明显，随切缝宽度的增加，物料表面的磁通密度有所上升，但集中于切缝附近。

367. 电流、电压对冷坩埚电热性能的影响是什么?

冷坩埚的悬浮能力与感应圈电流有关，图 13-14 为 30kHz 和 250kHz 磁场下，纯铜固体球的重量随感应圈电流的变化，可见熔体的磁悬浮力与感应圈电流成平方上升关系，且电磁场频率越高则磁悬浮力越大。当电源频率和合金熔体物性一定时，驼峰所受到的电磁推力由感应圈电流所决定，随感应圈电流上升，电磁力增加很快，对合金液的悬浮力加大，从而使合金液和冷坩埚壁的接触减弱，凝壳厚度减少、高度降低，合金液的出品率提高。

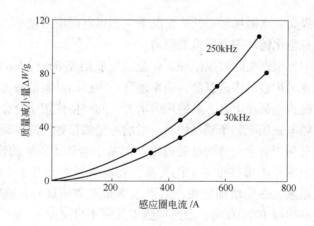

图 13-14　电流对冷坩埚电磁悬浮力的影响

368. 电磁场频率对冷坩埚电热性能的影响是什么?

电磁场频率对冷坩埚的透磁能力影响很大，图 13-15 为冷坩埚的透磁性与频率的关系，由图可见，随频率上升，冷坩埚内磁通密度下降，且频率高于100kHz 时下降趋势加大，这说明低频磁场易穿过冷坩埚。在冷坩埚的连续熔化/铸造实验中，对不同磁场频率下铸坯质量的变化进行的研究结果表明，从工频(50Hz)到中频和高频(30kHz)，铸坯表面质量随磁场频率的增加而提高。交变电磁场在合金液中感生的电磁压力是随磁场频率的提高而增加的，因此使铸坯表

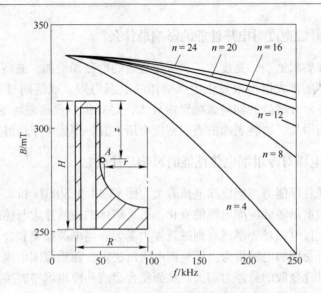

图 13-15　坩埚的透磁性与频率及结构的关系
n—分瓣数

面质量也相应提高。在磁场频率低的情况下，不仅电磁压力较小，而且合金液面的波动加剧，有恶化铸坯表面质量的倾向。

感应熔配中，根据集肤效应原理，合金液集肤层厚 $\delta = (2/\mu\sigma\omega)^{1/2}$，电源频率决定了电磁场对炉料的渗透深度，频率越高，穿过结晶器的磁力线越集中于炉料的表面，使磁感应强度上升，电磁压力增大，同时使作用于合金液的搅拌力减小。因此，高频电磁场有利于减轻炉料与坩埚冷壁的接触，减少凝壳形成；而低频的电磁场则有利于对合金液的电磁搅拌。但基于金属锡铸坯的连铸实验表明，磁感应强度与频率并不成直接的正比关系，表现为当频率低于 20kHz 时，随着频率的上升，磁感应强度增加较快；但当频率高于 20kHz 时，磁感应强度的增幅趋缓；当频率超过 100kHz 时，磁感应强度几乎不再增加。

369. 熔化材料的电物性对冷坩埚电热性能的影响是什么？

熔化材料的电物性对悬浮特性的影响如图 13-16 所示，图示为 FeO-CaO（4%）和碳钢（液态电导率分别为 2×10^4 S/m 和 0.9×10^6 S/m）在冷坩埚悬浮熔炼中 A 点（图 13-15）处磁通密度的变化情况。由图可见，随着频率升高，金属熔体中磁通密度下降，而氧化物熔体中磁通密度变化不大；另一方面，冷坩埚分瓣越多，熔体表层磁通密度越大，但增幅逐渐下降；而频率、电导率越高，该增幅下降越快。计算显示，对于金属熔体，其磁通密度主要由自身的感应电流和磁场决定，这依赖于电磁场频率；而对于氧化物熔体，其自身所感生的电流和磁场相对较

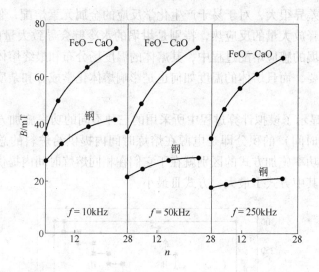

图 13-16 电物性对磁通密度的影响

弱，故磁通密度由冷坩埚所感生的电流和磁场所控制，这依赖于坩埚的分瓣结构。因此，熔炼氧化物应采用较高的频率，而熔炼金属则要有相对较低的频率。

被熔材料的电导率越高则电磁力及其梯度和表面电磁压力越大，同时感应热越小，上述物理量的变化幅度均随电导率升高而趋缓。材料的悬浮程度除与电参数有关外，还与被熔材料的密度有关，在相同的电参数下，材料密度小，悬浮能力高，材料密度大，悬浮能力低。

370. 感应圈位置和屏蔽罩位置对冷坩埚电热性能的影响是什么？

冷坩埚的悬浮能力与感应圈的位置有关，在与冷坩埚感应熔配具有相似电磁原理的软接触电磁连铸中，感应圈的位置关系到铸坯凝壳的软接触状态和保护渣的顺流效果，而感应圈与结晶器的间隙则决定了电磁系统的漏磁强度、感应效率和能量分配。研究结果表明，软接触电磁连铸中，感应圈顶端应与弯月面齐平，感应圈的高度应该覆盖铸坯的初凝壳区段，并减小感应圈与结晶器的间隙，以使凝壳有大的电磁压力，并提高系统电磁效率。

在不改变切缝数量和宽度的条件下，通过加屏蔽片，使切缝处的磁场适当衰减，这样切缝处和未切缝处的磁场强度相差不大，从而获得较均匀的磁场。

371. 冷坩埚熔配时熔体温度是怎样变化的？

认识冷坩埚感应熔配过程熔体温度的变化，对于正确地根据合金种类不同选择功率的施加方式以及最大的施加功率具有重要意义。由于感应熔炼是将炉料均匀熔化和混合的熔配过程，不同于一般的铸锭重熔，由于金属母料和合金化元素的密度、熔点差异很大，对于易于产生化学反应的金属元素熔配，例如 Ti/Al 在熔配过程还会释放大量的反应热，特别是坩埚的水冷壁会导致大量的热量散失，这样应用冷坩埚的感应熔配过程中，其熔体的温度场分布和最终熔体温度的高低就显得非常重要，而且熔体的温度如何也是影响熔体化学成分和杂质间隙元素含量的重要因素。

图 13-17 显示了模拟计算过程中所采用的三种不同的功率施加方式。三条曲线与横坐标（时间）的积分即是电源在熔炼时间内提供给炉料的总能量，因此这三种不同的功率施加方式的区别就在于它们在相同熔炼时间内提供给炉料的能量是不同的，其中方式 I 最大，方式 III 最小。

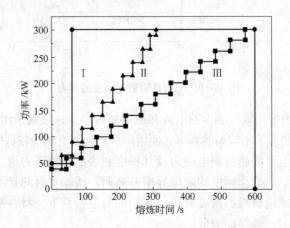

图 13-17　冷坩埚感应熔炼过程中三种不同的功率施加方式

图 13-18 是对不同炉料质量的 Ti6Al4V 合金分别采用这三种功率施加方式所得到的最终温度。从该图看出方式 II 所获得的熔体温度最高，约 1756℃；其次

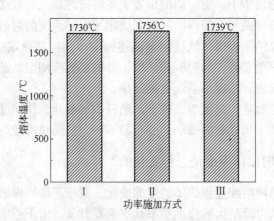

图 13-18　不同功率施加方式对 Ti6Al4V 熔体最终温度的影响

是方式Ⅲ，约 1739℃；最低的是方式Ⅰ，约为 1730℃。但它们之间的差值并不大，最高值与最低值之间相差仅有 26℃。由此可见，高功率不仅未能带来熔体最终温度的明显升高，反而使熔体最终温度降低了，这是一种不可取的功率施加方式，如果在熔炼时间相同的条件下，这种方式耗费的电能是最多的，然而从图 13-19 中可以明显看出，这种方式可以较大地缩短熔池完全形成时间。这里所说的熔池完全形成时间指坩埚中心轴线上炉料完全熔化（除四周的凝壳外）所需的时间，它反映炉料熔化的快慢程度。如果采取第一种功率施加方式，由于功率为持续的 300kW 高功率，因此可使炉料快速熔化，在 211s 时熔池就可完全形成；而第三种功率施加方式则需要 473s 才能使炉料完全熔化。综合以上两方面的比较，再结合熔炼过程中的具体要求如去除水分和有机物、防止熔体飞溅甚至"热爆"的形成，采取方式Ⅲ进行功率供给效果最好。

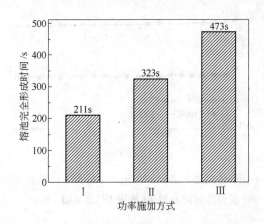

图 13-19　不同功率施加方式对 Ti6Al4V 熔体熔炼时间的影响

372. 冷坩埚熔配时合金熔体的成分是怎样变化的？

在冷坩埚感应熔炼过程中，由于真空室的真空度较高，蒸气压较大的组元（低熔点组元）挥发比较严重，而蒸气压相对较小的组元挥发量小，导致合金的成分发生变化。影响合金元素挥发的因素是众多的，如熔体温度、合金元素在液相中的扩散系数、熔体的流动速度以及外界压力等。但是从现象上看，影响因素如外压、熔体温度等是重要的。

373. 冷坩埚熔配时，钛合金熔体中元素是如何挥发的？

以 Ti6Al4V 钛合金为例，这种典型的钛合金与 Ti5Al2.5Sn 和 Ti15V3Cr3Sn3Al 等的代表性的钛合金比较起来，其中的 Al 元素含量较高，而 Al 恰恰是冷坩埚感应熔配过程极易发生挥发损失的元素，因此对 Al 元素挥发损失的认识，可以达到控制合金成分的目的。

（1）熔体温度、外压和保温时间对挥发损失速率的影响。图 13-20 和图 13-21 分别是熔体温度和外压及保温时间对 Ti6Al4V 合金中 Al 元素挥发损失速率的影响。可以发现，即使是在熔体温度为 1900K 时，133.3×10^{-3}Pa 的外压也难以抵挡 Al 元素的挥发，其挥发速率基本没有变化而处于自由挥发状态。高温下由于饱和蒸气压的增大，挥发速率变得更大。从图 13-21 中外压对挥发损失速率的影响中可看到，挥发损失的外压存在门槛值，当外压高于此门槛值时，挥发就

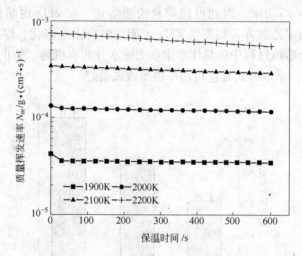

图 13-20　不同熔体温度下 Ti6Al4V 熔体中 Al 元素的质量挥发损失速率
随保温时间的变化（外压 133.3×10^{-3}Pa）

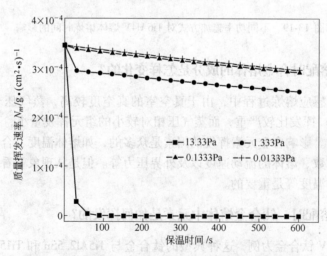

图 13-21　不同外压下 Ti6Al4V 熔体中 Al 元素的质量挥发
损失速率随保温时间的变化（熔体温度 2100K）

能很快达到平衡，挥发损失也就比较少；而当外压低于此值时，合金元素即处于自由挥发状态，挥发损失量相应就大得多，这是熔炼过程中不希望出现的状态，这就是所谓阻塞压力的概念，当熔体温度在 2100K 时，该值在 133.3×10^{-1} ~ 133.3×10^{-2}Pa 之间。

（2）挥发损失量与熔体温度及炉料质量的关系。图 13-22 ~ 图 13-24 分别是不同外压条件下 Ti6Al4V 合金中 Al 元素的挥发损失量与熔体温度和炉料质量之间的关系。当外压为 13.33Pa 时，在 2150K 前挥发损失量也比较少，超过此温度后挥发损失量则迅速增大，在 2150K 出现明显的拐点。这说明在 2150K 之前，Al 元素挥

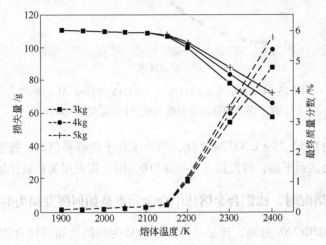

图 13-22　外压为 13.33Pa 下 Ti6Al4V 熔体中 Al 元素的
挥发损失量随熔体温度的变化（保温时间 600s）

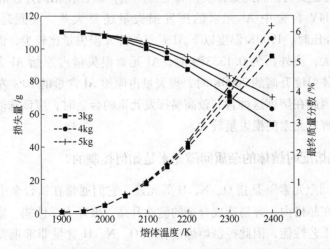

图 13-23　外压为 1.333Pa 下 Ti6Al4V 熔体中 Al 元素的
挥发损失量随熔体温度的变化（保温时间 600s）

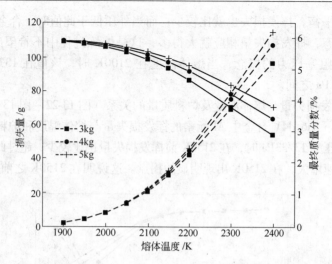

图 13-24　外压为 0. 1333Pa 下 Ti6Al4V 熔体中 Al 元素的
挥发损失量随熔体温度的变化(保温时间 600s)

发的阻塞压力在 13. 33～1. 333Pa 之间，当外压高于此临界值时，挥发过程在很短
的时间内就会达到平衡，挥发损失速率降为 0，因此挥发损失量就比较少。

374. 冷坩埚熔配时，钛铝合金熔体中合金元素是如何挥发损失的？

以 Ti48Al2Cr2Nb 为例，这是一种以 γ-TiAl 为基的金属间化合物，由于 Al 元
素含量增大，对 Al 成分的控制显得更为重要。实验证明，其挥发损失速率比
Ti6Al4V 中的还要大，因此其挥发损失更为严重，而且在相同外压和熔体温度条
件下比 Ti6Al4V 合金中 Al 元素的挥发损失量还要大些。实践还证明，当在
13. 33Pa 的外压时，1900K 温度以下 Al 元素的挥发损失量比较少，而超过此温度
时则迅速增大；当外压为 0. 1333Pa 时，Al 元素损失量占原始 Al 含量的 4% 左
右，而当熔体温度升高到 2000K 时，损失量占原始 Al 含量的 10% 左右，这是相
当严重的。因此在熔炼这种含有较高易挥发元素的合金时，应该选取适当的熔炼
条件，以免挥发元素的损失量较大。

375. 冷坩埚熔配时熔体的杂质间隙元素是如何控制的？

所谓"间隙元素"是指 O、N、H 等元素，它们通常在钛合金中有很大的溶
解度，固溶在晶格内，容易造成合金的脆性升高、破坏力学性能、影响物理化学
特性和铸造工艺性能，因此控制熔炼过程中 O、N、H 含量非常重要，虽然冷坩
埚感应熔配过程是在真空中操作，但炉气中仍会残留氧、氮和水蒸气等杂质气
体，这些气体原子在钛合金熔体中渗透、扩散和溶解符合一般合金的气体吸收

规律。

根据平方根定律，在一定温度下的双原子气体在金属中的溶解度与其分压的平方根成正比，因此用降低 H_2、N_2、O_2 的分压力就可以降低间隙元素在合金熔体中的溶解度，提高钛合金的性能。在实际生产中可通过多次抽真空（提高真空度）反充氩气的办法，来控制熔化室内氧、氮和水蒸气的平衡分压，降低冷坩埚感应熔炼过程中钛合金熔体氧、氮、氢的溶解度，获得具有优异性能的钛合金及 Ti 基的金属间化合物的铸件、铸锭。

376. 钛基合金熔配时典型的冷坩埚熔炼设备结构是什么样的？

熔炼设备为冷坩埚真空感应凝壳熔炼炉，小坩埚容积为 1.3L，该设备主要由控制系统、气动系统、真空系统、冷却水系统、反充惰性气体系统、中频电源等组成，如图 13-25 所示。小坩埚额定熔炼功率为 350kW，熔炼室工作压力范围为 $10^{-3} \sim 10^0 Pa$。

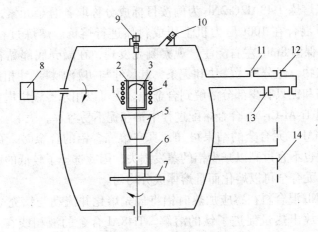

图 13-25　冷坩埚真空感应凝壳熔炼炉设备简图

1—感应线圈；2—水冷铜坩埚；3—合金熔体；4—凝壳；5—浇注漏斗；6—铸型；
7—浇注离心转台；8—坩埚旋转电机；9—光学高温计；10—观察窗口；
11—惰性气体入口；12—空气入口；13—真空计；14—真空泵接口

377. 钛合金是怎样进行熔配的？

熔炼是在图 13-25 所示的设备中进行的，炉料为海绵钛及高纯铝锭、铌条（屑）、铬块（粉）、纯锡、铝钒中间合金。为了减少炉料颗粒的飞溅并增加填装量，将海绵钛及纯铝料块在 100t 压力机上压成直径略小于坩埚内径的料坯。根据温度计算结果可知，坩埚内不同部位温度相差很大，外高内低。为了保证 Ti 和 Al 接近同时熔化，Al 料被放入坩埚中部，Ti 料被放在外侧。

料坯装入坩埚后，抽真空至预定压力反充氩气稀释熔炼室内的残留间隙气体元素。清洗真空室后，控制真空室内压力在 10^{-1}Pa 左右，启动中频电源进行熔炼。考虑到炉料内存在水分和油脂等，功率需采用阶梯式加载方式。熔炼过程参数如真空度、熔炼功率、熔体温度及坩埚冷却水温度由记录仪记录。

　　熔炼了名义成分为 Ti48Al（摩尔分数）、Ti33Al3Cr（质量分数）及 Ti48Al2Cr2Nb（摩尔分数）等金属间化合物和 Ti15V3Cr3Sn3Al 高强钛合金。熔体过热到一定温度后浇入到钢锭模获得铸锭，水冷铜坩埚中形成凝壳。分别在凝壳的侧壁、底部及铸锭中多点取样进行化学成分分析，并对铸锭的氧含量进行了分析。

378. 钛铝合金间化合物是如何熔配的？

　　熔炼钛铝合金间化合物时应首先掌握 TiAl 的熔配中各组元挥发损失速率之比，同时，还要了解其他 TiAl 合金常添加元素如 Cr、Nb 等对熔体中 Ti 和 Al 组元的影响。以熔炼 Ti48Al2Cr2Nb 为例按目标成分称取各合金元素，并按一定方式将各种炉料混合在 100t 压力机上压成料坯进行熔炼。熔炼过程最大功率为 230kW，熔体保温 8min 左右浇注。观察凝壳发现，在凝壳底部黏着有多角形颗粒和四方条状物，经分析为铬块和铌条，其尺寸与初始炉料尺寸相差很小，说明熔炼过程中铬和铌只有少部分溶解到合金中。铌可以用水冷铜坩埚真空感应熔炼进行熔化，但 Ti-Al-Cr-Nb 合金熔配过程中铬和铌不易溶解。

　　由熔炼 TiAl 二元合金的结果可知，真空熔炼含铝的合金时，真空度不能过高，熔炼温度也不宜过高以减少铝的蒸发损失，因此选择了较低的熔炼功率，但在此功率下二元合金可以熔化而且熔体成分均匀。

　　Ti-Al-Cr-Nb 混合料在感应加热时铝将最先熔化并流动与钛充分接触，钛铝间发生反应，放出热量促进了钛的溶解。Ti48Al 合金的液相线在 1500℃ 左右，所以钛铝的混合体在加热过程中，由于反应热的作用在低于钛的熔点温度时便可形成钛铝熔体。而在此温度下铬和铌在钛中几乎不溶解，铬、铌与钛之间不存在像铝那样的强烈的放热反应，其在钛中的溶解只能通过扩散而进行，需要较长的时间才能达到溶解平衡。

　　随着熔炼功率的提高，熔体温度进一步提高，铬和铌在其中的溶解度也提高。但此时熔体的黏度降低，合金熔体中比重较大的铬和铌受到的流动熔体的作用力减小，无法阻止铬和铌的下沉。而水冷坩埚的底部冷却强度最大，下沉的铬和铌与其接触后将发生黏着，其热量将很快地通过凝壳散失，限制了铬和铌的溶解过程。

　　将上面实验得到的铸锭装入坩埚中进行重熔，并加大了熔炼功率及持续时间，但浇铸后发现凝壳底部仍残留着铬和铌。但铬表面的尖角已消失，铌条的棱角已圆滑，同时发现合金中的铝大量挥发，并对熔炼室产生污染。由此可见 ISM 熔炼含有尺寸较大的高熔点合金元素时，很难将其完全溶解到钛铝合金熔体中。试图通过提高熔体温度增加高熔点、大体积合金元素炉料溶解的方法将使铝产生大量挥发。

由上述实验可知，通过加大熔炼功率及持续时间的方法可以促进铬和铌的溶解，但因熔体温度高、保温时间长而加重了铝的挥发损失。分析 Ti-Cr、Ti-Nb 二元相图可知，$T_{MNb} > T_{MCr} > T_{MTi}$，Ti-Cr、Ti-Nb 熔体连续互溶，而且不形成难熔化合物。当铬的摩尔分数低于 50% 时，随铬含量增加钛铬液相线温度略有降低，增加铌含量使钛铌液相线温度急剧升高。若将钛铬铌三元素混合进行真空感应熔化，因其饱和蒸气压较高而可以利用提高熔炼功率，延长持续时间的方法促进铬和铌在钛中的溶解而不产生严重的挥发损失。

按上述分析，通过中间合金熔配合金是可行的。中间合金中应含尽可能多的钛以降低中间合金的熔点，为此中间合金成分设计为 Ti3.85Cr3.85Nb，在此中间合金中融入一定量的铝便可得到 Ti48Al2Cr2Nb。

379. 冷坩埚熔配技术在其他方面有何应用？

冷坩埚熔配技术还应用于陶瓷材料的冷坩埚熔化和金属粉末的冷坩埚雾化沉积。

陶瓷材料由于熔点较高，比坩埚材料的熔点高，所以很难有一种陶瓷坩埚用于陶瓷材料的均质熔化，而冷坩埚由于其感应熔化和电磁搅拌，可实现陶瓷材料的均质熔化。图 13-26 为冷坩埚熔化陶瓷的试验照片，由于几乎所有的陶瓷材料在常温下导电性很差，所以在熔化陶瓷时需要将陶瓷材料用导电性较好的起熔材料包围，感应熔化使起熔材料加热而使陶瓷材料升温，陶瓷材料在一定高温下会具有良好导电性，可实现感应加热，最高温度可达到 3000℃，图 13-27 为德国的

图 13-26　冷坩埚熔化陶瓷图　　　　　图 13-27　冷坩埚法熔制的 ZrO_2 锭

Bernard Nacke 等人熔制的 ZrO_2 锭。

金属喷射沉积是一种新型的快速凝固技术，它与铸锭冶金、粉末冶金工艺相比较，具有以下主要特点：

(1) 具有细小的等轴晶与球状组织；

(2) 生产工序简单，成本低；

(3) 固溶度增大，氧化程度减小；

(4) 较高的沉积材料致密度；

(5) 较高的喷射沉积效率。

目前金属喷射沉积技术已逐步应用于高性能材料的研究和开发中。金属喷射沉积工艺装备主体由熔化室（熔化坩埚）、雾化室和沉积基板构成（图 13-28），熔化室位于雾化室的上方，其主要作用是熔化金属，根据不同的熔炼要求，熔化过程用氮气或其他惰性气体以及真空保护，液体金属经过塞杆或中间漏斗注入坩埚底部导流管内，进入雾化室；雾化室的上部有喷嘴，高压高速的惰性气体（氮气、氩气）经雾化喷嘴冲击熔融的金属或合金液流，将液流雾化成弥散细小的液态颗粒；雾化室下部是沉积基板，雾化液滴在高压高速气流的带动下加速运动，飞行一段距离后（一般为 300~400mm）沉积在基板上，形成高度致密的沉积坯料。北京航空材料研究院于 2005 年建成代表当前先进水平的喷射成形装置，该装置包括 300kg 真空感应熔炼炉、双导流系统、双扫描喷嘴系统、倾斜和水平式沉积器、PLC 过程控制系统等，可制备高品质 $\phi 400mm \times 600mm$ 柱形沉积坯及管坯或环形件。

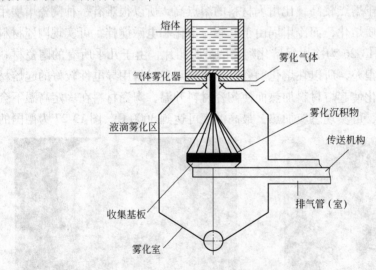

图 13-28　雾化沉积工艺示意图

德国 LEYBOLD DURFERRTT 利用组合冷坩埚的强化磁场或强流器原理，发展了一种熔融金属导引系统，附加在熔炼坩埚底部，液流经过时即被强化加热和压缩，有利于雾化操作，图 13-29 为雾化装置中采用等离子枪加热熔料，底部雾化口处即为强化液流的冷坩埚导引系统。

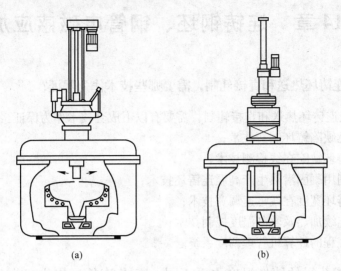

(a)   (b)

图 13-29 不同加热方式冷坩埚雾化沉积示意图

(a)PIGA 系统示意图；(b)VIGA—CC 系统示意图

第14章 连铸钢坯、钢管电磁感应加热

380. 实现连铸坯热送和直接轧制，需要哪些技术作为保证？

为实现连铸坯热送和直接轧制，需要有以下成套技术作为保证：

（1）无缺陷铸坯制造技术；

（2）铸坯缺陷在线检测技术；

（3）利用凝固潜热生产高温连铸坯技术；

（4）铸坯宽度在线迅速调宽技术；

（5）连续加热及轧制温度控制技术；

（6）流程的计算机管理调度系统。

381. 根据能获得的铸坯温度水平不同，连铸-连轧一体化工业可分为哪些类型？

连铸-连轧一体化可以分为三种类型：

（1）连铸坯低温热送——再加热轧制工艺（A_1 以上）；

（2）连铸坯高温热送快速复热轧制工艺（A_3 以上）；

（3）连铸坯（四角加热）直接轧制工艺。

382. 连铸坯电磁感应加热的优越性是什么？

（1）钢坯在电磁感应炉内加热的时间比火焰炉加热所需的时间要短得多，这不仅有利于减少铁损，而且能提高铸坯在轧制过程中的表面质量；

（2）采用电磁感应加热，在加热区没有燃烧生成物，从而有效地免除了铸坯的氧化和脱碳，因而通过这种快速加热可得到洁净的钢坯；

（3）由于感应加热炉没有燃烧产物，有利于环保，且大大减少了热辐射；

（4）采用感应加热炉不仅较方便地快速精确地自动控制温度，且能做到节能；

（5）采用感应加热炉加热钢坯，其设备维护费远比火焰炉要小；

（6）感应加热钢坯可以较方便地加热超长钢坯，有利于实现半无头轧制，提高轧制效率。

383. 连铸坯感应加热的频率是如何选择的？

考虑到钢坯居里点磁导率的变化，通常对钢坯使用双频加热，如表14-1所示。

表 14-1　棒材直径与频率的关系

棒材直径 d/mm	频率 f/Hz	
	居里点以下	居里点以上
0~6	450k	450k
6~12	3k	8k~10k
12~25	1k	8~10k
25~38	1k	3~10k
38~50	50~60	1k 和 3k
50~150	50~60	1k
>150	50/60	50/60

注：用于钢坯的有效加热是：$d \geq 3\delta(\delta:$透入深度)。

　　应用此关系，再借助于单个 μ_r 值和 1200℃的积分电阻系数 $80 \times 10^{-8}\Omega \cdot m$，就可以绘出 d 对应于 f 的图形，从该图明显地看出 δ 取决于频率 $1/\sqrt{f}$。当积分电阻系数为 $60 \times 10^{-8}\Omega \cdot m$ 和假定 $\mu_r \approx 2$ 时，可作出在 800℃的第二条线，图 14-1 中的界限与劳斯特(Lauster)的意见一致，因为最经济的频率不一定与最佳频率相等，它是以 $d/\delta = 3.5$ 作为基础的，因此，应将图 14-1 仅作为一种指标性图形来参考。

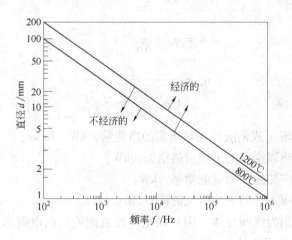

图 14-1　频率与棒材直径关系

　　在实际工作中可按 300~1000Hz 的范围内调整。

384. 连铸坯感应加热的功率是如何选择的?

功率的选择将按照以下的因素最终确定：
（1）钢坯起始（表面）温度；

（2）钢坯的加热温度，并考虑到钢坯表面与内部温差尽量减小的要求；

（3）送料辊送料速度；

（4）钢坯单重。

在设计时应考虑如何获得能量利用率 K 和感应加热的传输效率（即电效率）η_e 的最优化的要求。

由楞茨-焦耳定律可知：

$$Q = I^2 Rt \tag{14-1}$$

式中　I——电流，A；

　　　R——电阻，Ω；

　　　t——时间，s。

鉴于感应加热具有集肤效应、邻近效应和圆环效应的特点，钢坯（或钢液）的感应加热正是对这三种效应的综合利用。

感应加热的单位耗电量 $q(kW \cdot h/kg)$、能量利用率 K 和感应加热的传输效率（电效率）η_e，分别可用下列公式计算：

$$q = \frac{W}{\eta_e - \dfrac{L}{N\alpha}} \tag{14-2}$$

$$K = \eta_e - \frac{L}{N\alpha} \tag{14-3}$$

$$\eta_e = \frac{1}{1 + \sqrt{\dfrac{\rho_C}{\mu_S \rho_W}} \cdot \dfrac{1}{KF}} \tag{14-4}$$

式中　W——钢坯（或钢液）加热所需的净能量，$kW \cdot h/kg$；

　　　L——加热周期内的平均散热损失，kW；

　　　N——感应加热的额定电功率，kW；

　　　α——感应加热的平均电气负荷率，%；

ρ_C，ρ_W——分别为线圈导体（铜）及钢（坯或钢液）的电阻率，$\Omega \cdot cm$；

　　　μ_S——相对磁导率；

　　　K——取决于结合程度等的系数；

　　　F——与加热的有效率有关的电阻函数。

由式（14-2）～式（14-4）可以看出，当 W 一定时 q 与 K 成反比，对一定容量的感应加热设备而言，N 为定值，L、α 可视为不变，此时，K 取决于 η_e，η_e 大 K 也大，而 η_e 在合适的设计条件下，它只取决于 $\sqrt{\dfrac{\rho_C}{\mu_S \rho_W}}$，因 ρ_C 大体上一

定，所以 $\mu_S \rho_W$ 增大时 η_e 变大，因而钢、铁等磁性金属较之铜、铝等非磁性金属可得到较高的电效率。

综上所述，选择功率时应综合各方面因素全面考虑。

385. 连铸坯感应加热线圈结构及其特点是什么？

（1）根据技术要求确定每台感应圈的长度。

（2）感应圈内径尺寸取决于坯料重量、坯料加热温度、变形公差及尺寸公差，送料的方法对感应圈大小也有限制。

（3）感应线圈结构在采用导向装置的基础上，设有"压下装置"以确保钢坯输送时不会撞击线圈。

（4）线圈的匝数要经过严格的理论计算，并结合实践经验最终确定。

（5）感应圈外部附有磁轭，其结构及尺寸均有严格要求。

386. 连铸坯感应加热时其温度检测、调整及其控制系统是怎样的？

（1）连铸坯表面温度检测采用定点红外检测装置，对连铸坯拉出进入输送轨道时的温度 t_1、进入感应加热器前温度 t_2 以及感应线圈出口时钢坯温度 t_3 均可准确检测。

（2）温度控制系统对预定温度点的任何偏移都将产生一个与偏移量成比例的信号，该信号被输入到比例控制单元并被放大，将放大后的信号输入到 PID 调节器，经运算后输出到中频电源的温度调节器，以维持温度恒定的最佳功率点，因此，任何温度变化都会引起少量的功率补偿以消除误差，最终达到设定温度的要求。

387. 连铸坯感应加热装置 PLC 故障报警系统是什么？

该系统装备有图形显示和操作控制屏幕。

自启动控制采用 PLC 程控器和 WPS 人机界面组合系统，具有自动显示、控制、记忆功能。能将操作过程中各项参数和数据进行存储，配有多个控制操作屏幕。

对每台感应加热炉体都有装于电气柜板上的显示器，采用微处理器控制，并具有以下功能：

（1）运行状态显示，可显示功率、频率、电压等检测参数，接地泄漏电流、总的 kW·h 值（累计值）和逆变器的运行状态等；

（2）具有下列关键参数的限制保护功能，并能通过显示屏幕指示感应加热炉的极限情况：逆变电压和频率极限、电容器检测参数极限、电压极限和频率极限、交流断路电流极限；

（3）有系统的报警显示和鸣叫（同时切断主电源，停止供电），柜门打开、电器柜运行异常、过电压保护、电源冷却水水温过高或过低、交流断路器中断，所有故障报警信息均可存储，并可随时查找；

（4）通过 WPS 面板可以控制电源的开/关和进行功率控制；

（5）可以通过面板上的功率控制盘，提供保温功率和升温，功率实行无级分配。

388. 国外钢管感应加热及热处理技术发展的概况如何？

20 世纪 70 年代，国外感应加热热处理炉在钢管尤其是石油钢管的强化和调质热处理中得到了应用与发展。美国 LONGSTAR 隆斯塔钢铁公司、无限制管公司以及日本川崎钢铁公司都用中频感应热处理炉，对石油套管进行调质处理。在法国和日本的许多工厂均采用中频感应加热炉对焊管进行热处理。苏联采用感应加热对钢管进行热处理也比较普遍，如塔干罗格冶金厂有一条石油套管和加厚钻杆的中频感应加热调质处理线；伏尔加钢管厂有一条口径（$\phi1020mm$）焊管整体调质热处理线，产品用作北极寒冷地区油、气输送管线。

最近，美国阿肯色州希克曼的泰纳瑞斯·希克曼（Tenaris Hickman）设备公司已能供应成套关于区域 II-奥氏体化生产线，该生产线能处理 $\phi60.325mm \times 4.248mm \sim \phi88.9mm \times 9.525mm(23/8'' \times 0.167'' \sim 31/2'' \times 0.375'')$，长度为（28 ～ 32ft）8534.4 ～ 9753.6mm(Tubing API Range 2)，美国石油协会标准螺旋轴端及非螺旋轴端管道。Q&T#1 中要处理的管道为电阻焊产品，其钢种为：API P110，N80，L80 and FBN 产品 J55 and K55。该感应加热设备可进行淬火、回火、正火及应力释放操作，当进行淬火及回火操作时，管道被奥氏体化，在激冷环中水淬后，在感应加热的作用下，其温度上升至约 950 ～ 1000℃（1742 ～ 1832 ℉）。淬火后，管道被装至一个燃气回火炉(760 ～ 510℃)之后在室温、无风条件下冷却。

389. 我国钢管感应加热及热处理技术的发展概况如何？

我国台湾地区在 20 世纪 90 年代初建成一条中频感应热处理炉，处理 $\phi20 \sim 114mm \times 1 \sim 3mm$ 奥氏体不锈钢管。北京首都钢铁集团特钢公司在 20 世纪 80 年代初期用中频感应加热热处理炉对 45MnMoB、35CrMo、40Cr、$40Mn_2Mo$、45 钢进行调质热处理，对 GCr15 钢管冷加工中间软化热处理，对 5Cr21Mn9Ni4N 钢管进行固熔热处理，对 GCr15、T10A、50、$20Mn_2$、20 钢棒材进行退火热处理，取得良好效果。

1998 年国产一台 1000kW IGBT 中频感应炉投入运行，对焊接压力锅炉钢管进行正火热处理，产品质量良好。

近年来随着中频感应加热技术的发展，苏州振吴电炉有限公司通过自主创新，把中频感应加热技术应用于石油专用管热处理生产线、圆钢穿透加热锻造和圆钢穿透加热穿孔热轧钢管方面都取得了成功。

举例如下：

（1）2006 年第一条采用中频感应加热石油专用管、规格为 $\phi60.3 \sim 88.9mm$（大部分端部加厚）、年产量为 $6 \times 10^4 t$ 的全自动调质热处理线在江苏凡力钢管有限公司安装调试一次成功，产品经西安管材所检测符合 API 标准。近两年来生产一直正常，累计超过 $10 \times 10^4 t$ 的钢管产品出口美国、加拿大、中东。

（2）第二条、第三条石油专用管调质热处理线，2007 年底安装在无锡西姆莱斯石油专用管制造有限公司，适用 $\phi60.3 \sim 88.9mm$ 和 $\phi114.3 \sim 139.7mm$ 规格石油专用管，单线最大产量 16t/h，目前正常生产运作中。

（3）第四条生产线是为大庆油田益朗司特公司制造。

（4）第五条生产线是为辽阳西姆莱斯石油专用管制造有限公司定制，目前正在安装阶段中，已经投产的生产线产品符合 API5CT 要求，例如：30Mn2 牌号管子屈服强度、抗拉强度、伸长率、硬度等均符合 API 标准。

390. 中频感应加热钢管及热处理技术有哪些优点?

采用变频中频感应加热石油专用管热处理与以往用燃气加热和燃油加热相比有以下优点。

（1）启动快。燃气炉和燃油炉由于炉衬耐火材料积蓄热和辐射等因素，热损失大，炉温升温很慢；而采用中频感应加热启动快，即开即出产品。

（2）加热速度快。由于感应加热运用电磁的感应作用，在工件内部产生涡旋电流加热工件，属于金属内部直接加热，升温速度很快，加热时间仅 2 ~ 3min；而燃气、燃油炉是靠炉内温度传导、辐射从工件外表传到工件内部，所以升温速度很慢，在炉内加热要一个多小时。

（3）温度容易控制。苏州振昊电炉有限公司生产的感应加热的热处理自动线，采用双色红外测温仪并反馈给中频电源自动调节中频电源功率，组成闭环温控系统，并做到工件中心和表面温度的一致性和长度上温度分布的一致性。

（4）加热效率高。由于感应加热速度快，辐射散热损失很小，并可以随时开机出产品和随时关机，热量损失很少，属节能加热，能耗少。

（5）表面质量好，降低成本。感应加热速度快，产品氧化皮很少，表面质量好。根据现场实测，圆钢在斜底燃气炉内加热氧化皮损耗不小于 2%，而采用感应加热氧化皮不到 0.2%。

（6）质量稳定，变形小。感应加热是属快速加热，加热时间短，使晶粒细化、小颗粒碳化物均匀分布在细晶粒索氏体中，这种组织有利于抗腐蚀。晶粒细化提高韧性。这种加热方法能消除热轧中夹杂物引起的带状组织使纵向横向性能一致，变形很小，因此还为用户节省矫直机。

（7）环保。感应加热无有害气体排放，而燃气加热有大量的 CO_2 气体排放，造成环境温室效应；另外，燃气炉有大量辐射热，操作工人劳动环境差，而感应加热大大改善了劳动环境，使环境安静、清洁。

（8）设备少，占地面积小，投资节省且生产成本低。

通过上述分析，中频电磁感应加热是一种更经济、环保、快速和优质低成本的绿色加热方法。

目前，钢管感应加热时有两种变频电源：一种是晶闸管变频电源（SCR）；另一种是晶体管模块变频电源（IGBT），它们各自特点不同。

图 14-2 所示为钢管感应加热生产线，由苏州振吴电炉有限公司设计、制造的。

图 14-2　钢管感应加热生产线

第15章 中间包电磁感应加热

391. 连铸中间包钢水感应加热的概况及基本特点是什么?

中间包钢水感应加热技术是随着连铸技术的进步、对钢质量要求的提高、节能降耗的需要以及炉外精炼与连铸工艺的衔接配套要求而发展起来的。不同钢种对钢液过热度 ΔT 要求不同,对于厚板材,为了减少其内部裂纹和中心疏松,ΔT 以偏低为好($5 \sim 200$℃);对于冷轧薄板,要求表面有良好的质量,ΔT 应偏高些($15 \sim 300$℃)。但是,钢液过热度必须稳定在一定的范围,尽量减少波动,这是保证连铸生产顺利进行、防止水口堵塞或防止拉漏事故和保证铸坯质量的必要条件。中间包加热功能的增强,使钢液过热度的稳定控制成为可能。不同钢包的钢液温度会有波动,会对连铸工艺产生不利的影响,中间包加热可在某种程度上起到一些补偿作用。但必须指出,保持稳定的钢液过热度主要靠恰当的出钢温度和出钢后的调整组织,中间包加热只能起辅助作用。尽管如此,中间包钢液的加热和控制仍受到冶金界的重视。以日本、美国、英国、法国为代表的一些国家从 20 世纪 70 年代到 80 年代就相继开展了中间包钢液加热技术的研究,日本川崎公司早于 1982 年首先开发成功并获得日本专利。目前,开发成功或正在研制的中间包钢液加热技术,通常采用物理升温方法,在物理升温方法中均以电能作为热源,按电能转换机理不同可分为:电磁感应加热、等离子加热、电渣加热和直流陶瓷加热技术多种类型。

392. 中间包感应加热的优点是什么?

(1)加热速度快,电热效率高;

(2)某些类型还有一定的电磁搅拌作用,有利于夹杂物的去除;

(3)过程温度控制方便,最关键的是可较为精确地控制浇铸钢液的过热度;

(4)加热功率大小受到中间包液位深度的限制,只有中间包内钢液积累到一定深度时,加热才能顺利地进行。

393. 中间包感应加热的方式有哪几种类型?

(1)按感应器类型可以分为无芯感应加热和有芯感应加热;

(2)按感应器结构可分为坩埚式和隧道式(沟槽、熔沟)感应加热;

(3)按加热部分可分为局部加热和整体加热。

394. 隧道式单管感应加热的特点是什么?

（1）单流式。日本川崎公司 1982 年发明了带有水平隧道式单管感应加热系统的单流连铸中间包,如图 15-1 所示,被加热的钢液与未加热的钢液混合后进入结晶器。

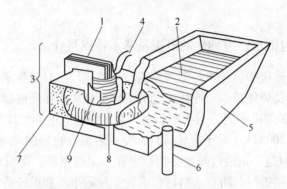

图 15-1　隧道式单管感应加热系统的单流连铸中间包简图

1—轭铁；2—熔钢；3—感应器；4—线圈；5—中间包；

6—水口；7—耐火材料；8—隧道；9—冷却套

（2）双流式。日本大同公司知多厂带水平隧道式单管感应加热系统的双流连铸中间包如图 15-2 所示，此类加热器内的钢液流动，主要是通过隧道结构设计实现在电磁力的作用下液体的定向流动，在中间包内被加热的液体与未加热的钢液混合后进入结晶器。

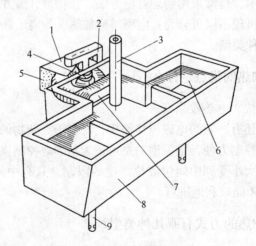

图 15-2　隧道式单管感应加热系统的双流连铸中间包简图

1—冷却套；2—轭铁；3—长水口；4—线圈；5—耐火材料；

6—熔钢；7—隧道；8—中间包；9—浸入水口

395. 隧道式双管感应加热的特点是什么?

图 15-3 为日本新日铁所采用的带有隧道式双管感应加热系统的四流连铸中间包简图,此类加热系统与隧道式单管加热系统的不同在于钢液的定向流动主要为液位差所致,所有钢液均通过加热器被加热,不存在未被加热钢液与被加热钢液混合的情况。

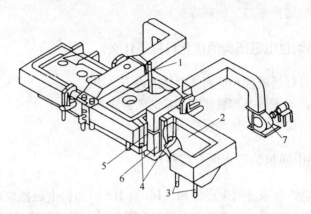

图 15-3　隧道式双管感应加热系统的四流连铸中间包简图

1—流入钢液;2—浇注室;3—水口;4—耐火釉砖;

5—感应线圈;6—铁芯;7—风扇

396. 什么是感应加热钢包炉,其结构特点是怎样的?

感应钢包炉是通过电磁感应把电能转变为热能的一种电热设备,其结构如图 15-4 所示。它是我国开发的一种二次精炼及加热设备,与 ASEA-SKF 钢包炉、

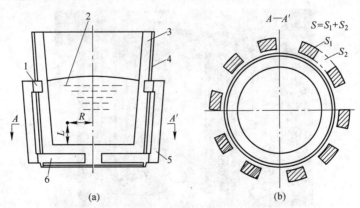

图 15-4　感应钢包炉结构示意图

1,6—内磁轭;2—炉料;3—耐火材料;4—外壳;5—外磁轭

LF 精炼炉及 CAS-OB 法等相比，具有以下特点：

（1）使钢液的加热和精炼同步进行，可缩短钢液二次精炼时间约 40%；

（2）钢液升温快，无污染，且加热过程易于控制；

（3）加热时自然伴随电磁搅拌；

（4）非接触式加热，钢包耐火材料负荷大大降低；

（5）无重复氧化操作，钢水精炼质量提高；

（6）电热能转换率高，能耗降低。

397. 感应加热钢包电磁结构的优化目标是什么？

（1）具有良好透磁性和低涡流损耗的包壳结构；

（2）具有高导磁效率和最佳安装量的内磁轭系统；

（3）设备较简单，加热和搅拌效率高。

398. 感应加热中间包装置实例有哪些？

苏州振吴电炉有限公司生产的 8t、14t 及 16t 中间包电磁感应加热装置已被无锡华润制钢有限公司、苏州吴中不锈钢有限公司、苏州无缝钢管厂、常熟长江不锈钢材料有限公司等单位的水平连铸机配套使用。

实践证明，中间包感应加热能做到严格精确地控制钢流温度（误差范围仅 ±5 ~ 6℃），因而保证了钢坯的质量，此外中间包调温时间也可适当延长，显示出感应加热的良好效果。

图 15-5 为 8t 电磁感应加热钢包的磁轭及线圈结构，图 15-6 为 16t 中间包电磁感应加热装置，图 15-7 为 14t 感应加热中间包示意图。

图 15-5　8t 电磁感应加热钢包的磁轭及线圈结构

图 15-6　16t 中间包电磁感应加热装置

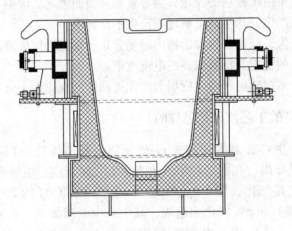

图 15-7　14t 感应加热中间包示意图

第16章　磁控技术在铝电解中的应用

399. 掌握铝电解槽内磁场和熔体流动性规律的重要性是什么?

在铝电解工业中,电流效率和电解槽寿命是备受关注的指标,而这两个指标与槽内熔体的流动息息相关,槽内熔体流动形态主要由熔体受力情况所决定,而熔体受力情况非常复杂,有重力、电磁力、阳极气体搅拌力、界面张力及内外摩擦力等。目前认为,熔体水平方向运动主要受气泡搅动和电磁力影响,在铝液区和铝液表面介质中则以电磁力为主。

在铝电解槽中由于磁场的作用,会导致铝液表面隆起、滚铝、铝液回流、铝液波动等现象的产生,这会对电解过程产生不良影响。

可以这样认为,获得了合理的槽内磁场分布和稳定的熔体流动场,就能确保电解槽生产过程的稳定并得到较高的电流效率。

由此可见,掌握铝电解槽内磁场和熔体流动性的规律是十分重要的。

400. 铝电解生产的工艺流程是怎样的?

现代铝工业生产普遍采用冰晶石-氧化铝熔盐电解法,直流电接通阳极,经电解液从阴极导出,在阴极和阳极上发生电化学反应。电解产物,阴极上是液体铝,阳极上是气体,即 CO_2(约70%~80%)和 CO(约20%~30%)。电解液由95%冰晶石和5%氧化铝组成,其中有少量添加剂。电解温度为950~970℃,在此温度范围内,电解液的密度为 $2.1 \times 10^3 kg/m^3$,铝液为 $2.3 \times 10^3 kg/m^3$,两者因密度差约10%而导致上下分层。铝液用真空抬包从槽内抽出,经净化和澄清后,浇注成商品铝锭,其纯度可达到99.85%;阳极气体中含有少量有害物质,例如沥青烟气、氟化氢气体、二氧化硫气体、氟盐和氧化铝粉尘等。电解槽是炼铝的主体设备,铝电解的生产流程如图16-1所示,铝电解槽的示意图参见图16-2。

401. 铝电解槽有哪些类型及其形式?

电解槽有两类4种形式:

(1)自熔阳极电解槽,分为旁插棒式和上插棒式两种形式;

(2)预熔阳极电解槽,分为不连续式和连续式两种形式。

预熔阳极电解槽简图如图16-2所示。

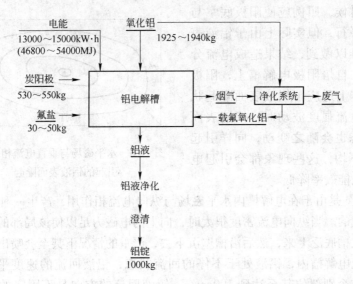

图 16-1　铝电解生产流程简图

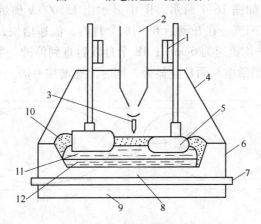

图 16-2　预焙阳极电解槽简图（中部下料式）

1—阳极母线梁；2—氧化铝料斗；3—打壳机锤头；4—槽罩；5—阳极；6—槽壳；

7—阴极棒；8—炭素内衬；9—保温层；10—槽帮；11—电解液；12—金属铝

402. 铝电解槽中由于磁场的作用将会对电解过程产生哪些影响?

在铝电解槽中由于磁场的作用，在电磁力作用下，会导致铝液表面隆起、滚铝、铝液回流、铝液波动等现象的产生，这会对电解过程产生不良的影响。

铝液表面隆起主要是由于水平磁场对铝液中垂直电流的作用（见图 16-3）和水平磁场对铝液中水平电流的作用而造成的。铝液隆起高度一般为 1～2cm，这种现象对于铝电解生产是不利的。例如，在预焙阳极电解槽上，当装上每一块新阳极的时候，照例应使阳极底掌与铝液表面平行，但实际上由于铝液表面隆起而难以做到，结果造成电流分布不均。在自焙阳极电解槽上，阳极的底掌基本上适应了铝液表面隆起状态，但当电流强度波动时，铝液表面的隆起状态也会随之变动，同样引起电流分布不均，这些现象都会引起电流效率和电能效率降低。

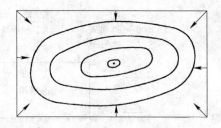

图 16-3　水平磁场与垂直电流相作用时引起的铝液表面隆起

"滚铝"是由于在电解槽内水平磁场与纵向电流相作用，产生一种向上的电磁力而造成的。当纵向电流密度很大时，向上的电磁力足以使该局部的铝液向上翻滚，即从槽底泛上来，然后沿槽壁沉下去，严重的情况下甚至会喷出槽外。

在工业电解槽内，铝液处于不停的回流状态，铝液回流的速度平均为 5 ~ 10cm/s，在个别部位甚至达到 100cm/s。铝液回流的方向是不固定的，一般呈 "8" 字形和环形，如图 16-4 所示。图中显示出 135000A 预焙槽用放射性同位素[198]Au 测得的铝液回流。在开动后 6 ~ 18 个月内，流速增快，回流图案呈现歪斜的 "8" 字形，平均流速为 6cm/s；18 个月以后直到停槽，主要对流方式逐渐改变成环形，它随槽龄增长而日益显著，同时流速增加一倍。

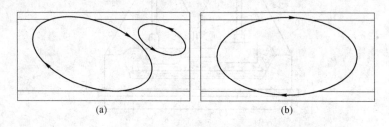

(a)　　　　　　　　　　　　　(b)

图 16-4　135000A 预焙槽用[198]Au 测得的铝液回流图
(a) 开动后 9 个月；(b) 开动后 28 个月

铝液回流是由于垂直磁场对于水平电流的作用所致。

铝液在电解槽内经常处于波动状态，其波峰高度和波动频率与阳极气体逸出状态和铝液中电磁作用力大小等因素相关。

403. 铝电解槽内熔体中磁场是怎样进行测试的？

测定铝电解槽内熔体磁场是用与霍尔发送器配合动态的 GM-1220S 仪表完成的，发送器的特性随被测磁感应强度值 B 的大小而变化，鉴于仪表在 0 ~ 50℃ 范围内能正常工作，为防止测定装置受到高温和侵蚀性介质的作用，特采用了空气冷却系统。

测试时沿着与阳极底掌投影相吻合的周边测定了熔融铝中的磁场（见图16-5），并根据三个互相垂直的分量分析了磁感应矢量，这时 x 轴的方向与系列电流方向相一致。

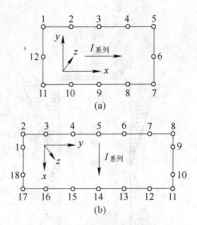

图 16-5　磁场和熔体循环
的测定点
(a)纵向配置时；(b)横向配置时

多数点都是用仪器直接测定的，少数中间点处的磁感应强度值则是按其中磁感应强度 B 的分量发生条块状变化这种设想估计的。电解质和阳极金属循环速度的数值取自于其他文献资料。

众所周知，磁场垂直分量与金属中水平电流相互作用所形成的电磁力对电解过程具有显著的影响，从测定的结果可以看出：

（1）纵向配置的电解槽磁场垂直分量产生不对称，这主要是由于厂房中有两排电流方向相反的电解槽，在电解槽的自身磁场上附加了一个同一符号的垂直磁场，这样合成磁场就变得不对称了，而这首先涉及的是电解槽的右出角（按系列电流通过方向）；

（2）横向配置的电解槽磁场垂直分量比纵向配置的小，其不对称程度也低，B_x 的最大值从纵向配置时的 $(8 \sim 11) \times 10^{-3}$ T 减小到横向配置时的 2.4×10^{-3} T；

（3）磁场随系列电流的加大而增强，这是由于磁场横向分量 B_y 的作用而发生的，这一磁场横向分量对横向配置电解槽时的金属电解质界面状况影响很小；

（4）在电磁场作用下，铝液面呈一定程度的波动。

404. 铝电解槽外部磁场是怎样测试的？

测试过程是在自制的空间坐标系中选取了 357 个测点，测得了 2142 个数据，根据这些数据经计算后，得到槽外磁场的空间分布规律。实测的结果如图 16-6 ~ 图 16-9 所示，这些图形形象地反映了：（1）槽外磁通密度沿水平方向的分布（同一水平）；（2）相邻两槽之间（同一高度）磁通密度的水平分布；（3）两槽端部摇架间磁通密度的垂直分布（最大值）；（4）两槽中部摇架间磁通密度的垂直分布（最大值）；（5）两槽端部摇架间磁通密度的水平分布（不同高度）；（6）两槽中部摇架间磁通密度的水平分布（不同高度）的基本情况。

由图 16-6 可见，槽壳大面外最大磁通密度沿水平方向的分布呈倒山形，两端磁场很强，最强处可达 70mT 以上，越往中间磁场越弱，中部磁通密度为 2mT 左右。槽壳小面外磁通密度和水平变化较为平缓，其左右并不对称。

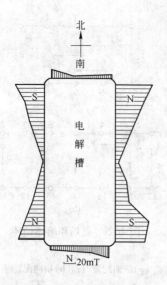

图 16-6　槽外磁通密度沿水平
方向的分布（同一水平）

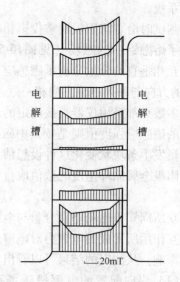

图 16-7　相邻两槽之间（同一高度）
磁通密度的水平分布

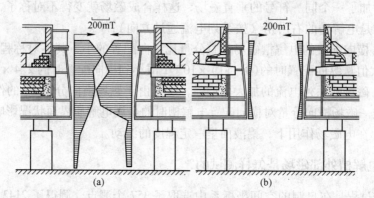

(a)　　　　　　　　　　　(b)

图 16-8　两槽摇架间磁通密度分布

（a）两槽端部间磁通密度的垂直分布（最大值）；

（b）两槽中部摇架间磁通密度的垂直分布（最大值）

405. 大型铝电解槽外部磁场测试的结果是怎样的？

综合图 16-6 ~ 图 16-9 所测定与观察分析的结果可以看出，所测定的大型铝电解槽具有以下特点：

（1）铝电解槽外部磁场很强，最强处可达 70mT 以上；

（2）磁通密度的水平分布变化剧烈，最强处与最弱处的场强比可达 30 倍

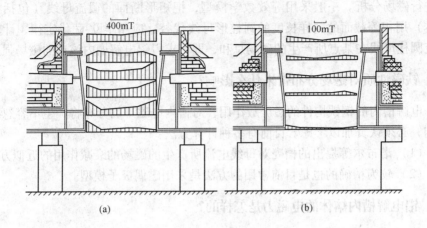

图 16-9　两槽摇架间磁通密度分布

（a）两槽端部摇架间磁通密度的水平分布（不同高度）；

（b）两槽中部摇架间磁通密度的水平分布（不同高度）

以上；

（3）磁通密度的垂直分布变化较为平缓，最强处与最弱处的磁通密度差约为 10 倍；

（4）在槽外的近场中，磁通密度最弱区域是在槽壳大面中部相邻两槽之间，其磁通密度约为 2mT；

（5）在槽壳小面的远场中（约 13m 的范围内），磁通密度 B 约为 8 ~ 11mT，变化较少，其磁通密度远远超过槽壳大面中部附近的数值，这主要是由于该处磁场是由多个并列电解槽所产生的场强在此处叠加的结果；

（6）槽外磁场的极性分布具有反对称性，由图 16-6 中可以看出，槽壳东大面北端为 N 极，南端为 S 极，西大面北端为 S 极，南端为 N 极，北小面为 S 极，南小面为 N 极。

406. 什么是磁场解析？

铝电解槽是一个强直流电作用的电化学反应器，电流是电解槽内发生一切现象的根源，强电流将产生强磁场，电磁力的作用导致熔体运动和铝液面的波动，从而影响槽内热质交换和运行工况，电流也直接产生焦耳热，正是这一点使电解槽能维持合适的电解温度。

槽内磁场分布取决于本槽及邻近槽的电流分布，习惯上将电流分布分成母线、阳极、熔体、阴极几部分分别进行处理，在对母线电流解析、阳极电流解析以及熔体电流场解析的基础上，即有了电流场的解析结果，则可以根据电磁学原理进行磁场分析。一般采用等效数学模型，把矩形断面的截流母线（包括槽内熔体）用相等截面的同样长度的圆柱形母线代替，应用毕欧-萨伐定律，计算各载流圆柱母线在某点所产生的磁场总和，即可求得铝电解槽内该点的磁场强度。

407. 铁磁性质对磁场分布带来什么影响？

电解槽内的钢铁构件的磁屏蔽作用，对槽内电磁平均分布将产生不容忽视的影响，必须认真加以考虑。目前有多种计算方法：

（1）诺布尔等提出的槽壳对母线电流所产生的磁场的衰减作用的近似方法；

（2）较为精确的也是目前常用的方法是采用磁偶极子模型。

408. 铝电解槽内熔体的电磁力是怎样的？

铝电解槽内熔体中所发生的过程非常复杂，它既有电化学和化学反应过程，又有诸如溶解、扩散、流动、传热等物理过程，这些物理过程对电解过程有着至关重要的影响，其中熔体的运动又起着决定性作用。因此，熔体流动场的解析是"三场"（电磁场、流动场、热场）技术的一项重点内容。

熔体的运动可以由多种因素所导致，首先是受到不平衡的电磁力的作用所产生的运动；其次是电解过程中在阳极底掌析出的气体的浮升作用力所引起的运动；其他如传质过程和传热过程的进行，以及换极、加料、出铝、边部加工、效应处理等作业，也将导致熔体的运动。槽子在稳定运行阶段，熔体的运动主要是前两方面所致。因此，了解铝电解槽内熔体的电磁力是非常必要的。

电流产生磁场，磁场中的导体必受到电磁力——拉普拉斯力，它的方向垂直于电流 I 和磁感应强度 B 所构成的平面，可用右手定则加以确定。

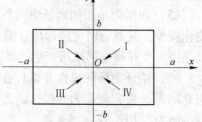

图 16-10　铝液层内水平
电磁力合成示意图

为了便于分析，我们把电解槽阴极部分按平面四等分并标明为 Ⅰ ~ Ⅳ 区（图 16-10），沿 Ox、Oy 和 Oz 轴的磁感应强度分量分别有 B_x、B_y、B_z 表示。在熔体中，沿 Ox、Oy 轴产生的拉普拉斯力是：

$$f(y) = I_z B_x - I_x B_z \tag{16-1}$$

$$f(x) = I_y B_z - I_z B_y \tag{16-2}$$

Ⅰ区 y 方向上拉普拉斯力的总和为：

$$F_{Iy} = \int_0^a \mathrm{d}x \int_0^b f(y)\,\mathrm{d}y \tag{16-3}$$

结合图 16-11 的磁场分布，可以判断 F_{Iy} 沿 y 轴负向。Ⅰ区 x 方向上拉普拉斯力的总和为：

$$F_{Ix} = \int_0^b dy \int_0^a f(x) dy \qquad (16-4)$$

其方向沿 x 轴负向。依此可类推其他三区的拉普拉斯力的大小及方向，可知四个区域的水平合力均指向坐标原点 O，进而得到槽子稳定运行时的力平衡关系：

$$-F_{Ix} = F_{IIx}, \; -F_{Iy} = F_{IVy}, F_{IIIx} = -F_{IVx}, \; -F_{IIy} = F_{IIIy}$$

故电解质-铝液界面应当呈拱形，但在每个区域内，由于受到不平衡的电磁力，因此熔体，特别是铝液将产生水平运动。槽内熔体中磁场的典型计算结果示于图 16-11。

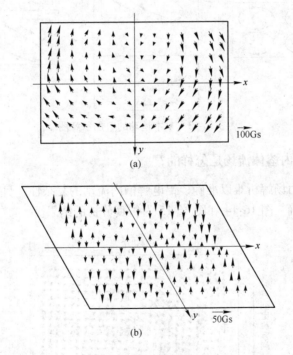

图 16-11 电解槽磁场计算结果（160kA 四点进电解槽）
(a) 水平磁场；(b) 垂直磁场

409. 铝电解槽内熔体基本流场的结构是什么？

决定铝液流动速度和液面形状的不仅仅是电磁力，其影响因素较多。分析研究可知，有四种基本的流场结构，如图 16-12 所示。由这四种基本结构叠加，可形成更多样的流场结构（如图 16-13 所示）。

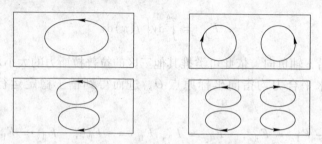

图 16-12　铝液的四种基本流场结构

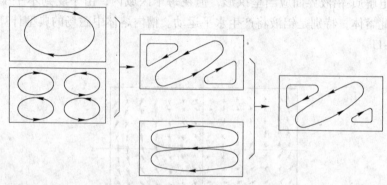

图 16-13　基本运动的叠加示意图

410. 铝电解槽内熔体流场是怎样的?

由于电磁力场解析难以准确、铝电解槽内流动的复杂性，目前流场计算还难以做到十分精确。图 16-14 和图 16-15 为仿真分析的结果。

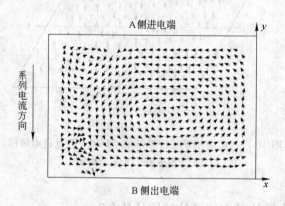

图 16-14　铝液层内水平速度计算结果（160kA 预焙槽，计算区域为半个槽）

（矢量模: 0.5m/(cm·s)）

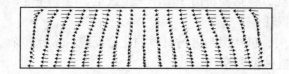

图 16-15　电解质层内水平速度分布（280kA 预焙槽，解析域为全槽）

（矢量模：0.5m/(cm·s)）

411. 铝电解槽内电流效率降低的原因有哪些?

铝电解生产的电流效率 η，定义为实际产铝量占理论可得铝量的百分数：

$$\eta = \frac{Q_{实}}{Q_{理}} \times 100\% = \frac{Q_{实}}{0.3356 \cdot I \cdot t \times 10^{-3}} \times 100\% \qquad (16-5)$$

式中　I——电流强度，A；

t——通电时间，h。

电流效率有所谓长时平均电流效率和瞬时电流效率。

我国电解铝厂的电流效率一般在 87% ~ 92%，而国际上的先进指标是 94% ~95%，目前试验槽的最好水平已接近 96%，可见我们还有较大差距。电流效率每提高 1% 所带来的经济效益，不仅仅是产量净增 1%，还使吨铝电耗降低约 170kW·h。自从霍尔-埃鲁炼铝法在工业上应用以来，对电流效率的研究就从来没有终止过，电流效率从最初的 60% 左右，上升到目前的水平，反映了电解铝技术所取得的巨大进步。

电流效率研究的主要内容是电流效率降低的机理、影响电流效率的因素和建立与之相联系的电流效率数学模型以及电流效率的测定方法。电流效率的研究方法主要是实验方法，包括实验室实验和工业实验；其次是理论方法，它是在一定的知识和经验基础上将各种条件和影响因素进行简化，然后根据过程的控制步骤按照流体力学原理进行推导，最后得到一个关于电流效率的计算公式，这种计算公式在一定程度上模拟了各种因素和电流效率之间的联系，与实测的电流效率有较好的相关性，具有良好的推广应用价值。

根据到目前为止的研究，铝电解槽电流效率降低的原因可归纳为下列四个方面：

（1）铝的溶解，已析出的铝又溶解到电解质中，并被循环的电解质带到阳极空间，被阳极气体所氧化，这是电流效率降低的主要原因；

（2）钠的析出，在氧化铝浓度低，且槽温高时，特别是在阳极效应期间，造成钠离子替代铝离子在阴极放电，从而降低了铝的产率；

（3）电流空耗，包括高价离子的不完全放电、电子导电、短路和漏电等原因所造成的电流损耗；

（4）其他损失，包括铝与内衬材料的化合反应、水分和杂质、化合物的电解、出铝过程的机械损失等等。

412. 各工艺参数对电流效率的影响是什么？

各工艺参数对电流效率的影响，归纳如下：

（1）温度，所有对温度的研究结果都表明，温度升高电流效率下降，大量的实测结果表明，电解温度每升高 10℃，电流效率下降约 2%；

（2）极距，极距对电流效率影响的特点是，极距增大时电流效率提高，但高极距会增加吨铝能耗，所以一般不会通过增大极距来提高电流效率；

（3）分子比，电解质分子比对电流效率的影响，至今还没有一致的结论，多数研究结果倾向于分子比升高，电流效率下降；但低分子比会影响电解质的电导率、溶解度及挥发损失，应予以综合考虑；

（4）氧化铝浓度，研究结果表明，氧化铝浓度存在一最佳值，过高或过低，电流效率都将降低，但其最佳值取决于电解质的组成；

（5）添加剂，电解添加剂已做过大量试验研究，性能较好的添加剂有 CaF_2、MgF_2、Li_2CO_3 等，添加剂的作用主要是降低电解温度和抑制铝的溶解，因此能提高电流效率，合适的添加量一般为 3%~5%，过多或过少均不利；

（6）面积（原称电流密度），包括两方面的影响：增大阳极面积电流，电流效率下降；而增大阴极面积电流，电流效率升高，但在槽子稳定运行时，面积电流一般不会轻易改变，通常只是在设计阶段应予以考虑。

（7）熔体运动，熔体运动加强了传质过程，从而加速铝的溶解；铝液波动还可能造成电流短路，这都会影响电流效率。

总之，影响电流效率的因素很多，而且相互之间紧密联系，不能孤立地看待，其影响作用的大小依赖于试验条件的控制，使定量相当困难。

电流效率的测定方法主要有稀释法和气体分析法。稀释法是将一定量的某种指示剂（如 Cu、Mn、Ti、^{60}Co 等）加入槽中，跟踪铝液中指示剂的浓度变化，计算出此期间的电流效率；也可根据前后两次加入指示剂后计算出的槽内存铝量，并统计测量周期内的出铝数量和电量，来计算电流效率。前者称为回归法，后者称为盘存法。气体分析法则是根据连续检测阳极气体中的 CO_2 含量，利用合适的计算公式来计算电流效率。两种方法各有优缺点，经常配合使用。

第17章 磁控技术在半导体材料中的应用

413. 什么是半导体材料，半导体材料的主要用途是什么?

半导体材料名称来源于对固体物质导电能力的评价，金属的电导率在 $10^5 \sim 10^6 \mathrm{S/cm}$ 范围称为良导体；云母、陶瓷、橡胶等物质，其电导率远远小于 10^{-12} $\mathrm{S/m}$，被称为绝缘体；电导率介于 $10^5 \sim 10^{-11} \mathrm{S/cm}$ 之间的一大类物质均属于半导体（实际工程应用的半导体材料，其电导率多在 $10^3 \sim 10^{-8} \mathrm{S/cm}$ 之间）。

在自然界中，很多物质具有半导体特性，但现代高科技中应用的半导体材料无一例外的都是人工制取的晶体物质。硅在半导体材料中所占比例超过 90%，半导体材料除了硅以外，还有化合物半导体，如 GaAs、InP。

根据电学理论，对于导电现象的定量描述可用下式表达：

$$\sigma = ne\mu \tag{17-1}$$

式中　σ——电导率，S/cm；

　　　n——载流子浓度，cm^{-3}；

　　　e——基本电荷电量，是一个常数，$e = 1.6021917 \times 10^{-19} \mathrm{C}$；

　　　μ——迁移率，$\mathrm{cm}^2/(\mathrm{V \cdot s})$。

该式的物理意义是，一种材料的导电能力（用电导率 σ 表示）由该材料中携带的基本电荷粒子的浓度（即单位体积内的载流子数目）和载流子的移动速度决定。

半导体材料是现代信息产业的基础材料，它在计算机技术、卫星通讯、光纤通信、激光技术、红外技术以及视-听设备、多媒体设备、移动通讯等诸多高科技领域起着重要作用。硅在半导体材料中所占比例超过 90%，是 LSI（大规模集成电路）的重要原料，也是太阳能电池的基础材料。

414. 什么是载流子，什么是载流子迁移率?

所谓载流子实际上是指材料中携带基本电荷粒子的浓度或称单位体积内的载流子数目，由于载流子的移动速度是电场的函数，为便于比较，采取电场强度为 $1\mathrm{V/cm}$ 下的载流子移动速度作为基本参数，称之为载流子迁移率 μ。

每种材料 σ 的大小，取决于该材料的载流子浓度 n 及迁移率 μ。在金属中的载流子即为电子，其浓度在 $10^{22} \sim 10^{23} \mathrm{cm}^{-3}$ 之间，其电子迁移率大体是一个两位数。根据式（17-1）可以推出金属的电导率在 $10^5 \sim 10^6 \text{S/cm}$ 之间。

415. 半导体材料是怎样进行分类的？

半导体材料分为有机、无机两大类。无机半导体材料又可分为元素半导体和化合物半导体两类。

416. 元素半导体有哪些种类，其特点是什么？

属于元素半导体的有硅、锗、金刚石、硒、碲、灰锡、硼和磷 8 种，其中硅是目前用量最大、研究最充分、地位最重要的材料；锗是半导体科技发展中起过重要作用的材料，目前已很少单独用作半导体，它与硅生成的二元固溶体应用广泛；金刚石属宽能隙半导体材料，其应用前景较好，正处在研制阶段。

417. 化合物半导体有哪些品种，是怎样进行分类的？

化合物半导体材料品种繁多，大多按组成元素在周期表中的位置予以分类，其中最重要的是Ⅲ族元素铝、镓、铟和Ⅴ族元素氮、磷、砷、锑等生成的二元化合物，它们统称为 $A^{\text{Ⅲ}}B^{\text{V}}$ 化合物，如砷化镓、磷化铟、氮化铝等。表 17-1 为无机半导体材料大致分类的情况，此外，很多天然矿物均具有半导体性质。

表 17-1　无机半导体材料的分类

半导体类别		化学通式	材料举例	备　注
元素半导体			Si、Ge、金刚石	Si 为当代最重要的半导体材料，金刚石为有潜在应用的材料
化合物半导体	二元化合物			
	Ⅲ-Ⅴ族	$A^{\text{Ⅲ}}B^{\text{V}}$	GaAs、GaP、InP、GaN	GaAs、GaP 已批量生产，InP 等小批量生产
	Ⅱ-Ⅵ族	$A^{\text{Ⅱ}}B^{\text{Ⅵ}}$	CdS、CdSe、CdTe	少量应用
	Ⅳ-Ⅳ族	$A^{\text{Ⅳ}}B^{\text{Ⅳ}}$	SiC	有潜在应用价值
	Ⅳ-Ⅵ族	$A^{\text{Ⅳ}}B^{\text{Ⅵ}}$	PbS、PbSe、PbTe	少量应用
	Ⅴ-Ⅵ族	$A_2^{\text{V}}B_3^{\text{Ⅵ}}$	Bi_2Te_3	在热电制冷方面大量应用
	Ⅰ-Ⅵ族	$A_2^{\text{I}}B^{\text{Ⅵ}}$	Cu_2O	工业上曾大量用于整流
	二元化合物固溶体	$A_{1-x}A'_xB$	$Ga_{1-x}Al_xAs$ $Cd_{1-x}Hg_xTe$	均已获重要应用
		$AB_{1-x}B'_x$ $A_{1-x}A'_xB_{1-y}B'_y$	$GaAs_{1-x}P_x$ $In_{1-x}Ga_xAs_{1-y}P_y$	均已用于发光器件
	三元化合物			
	Ⅰ-Ⅲ-Ⅵ族	$A^{\text{I}}B^{\text{Ⅲ}}C_2^{\text{Ⅵ}}$	$CuInSe_2$	太阳能电池材料

此外，还有一种并非系统分类，而且界限比较模糊的分类法，它通常按材料的能隙值进行分类。这种分类方法主要是为了突出相关材料的特殊应用领域或其在科技领域中的重要意义。

418. 什么是能隙或带隙？

从能带论的观点出发，固体物质均有其特定的电子能谱图，如图 17-1 所示。

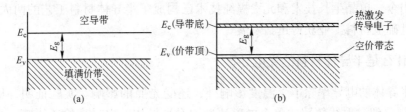

图 17-1　能带结构示意图

图 17-1（a）中斜线部分称之为满带（或价带），处于价带中的电子不能自由运动，因而不能参加导电过程；位于 E_c 上方的区域称之为导带，导带中的电子可以自由运动，并参加导电过程。图 17-1（a）表示的是本征半导体在 0K 时的能带状态，此时，所有电子均处于价带，价带是填满的，而导带则是空的，没有电子参加导电。

E_c 称为导带底，E_v 称为价带顶。E_c 和 E_v 之间不可能有电子停留，电子只能从价带越过 E_c 与 E_v 之间的空隙跃上导带，这一空隙被称为能隙或禁带。对于每一种半导体材料，禁带宽度或能带隙（简称能隙或带隙）是一个特征参数，用 E_g 表示，单位为 eV。图 17-1（b）是本征半导体在室温下的能带状态，此时价带中的部分电子受热激发，跃迁至导带，同时在价带中留下同等数量的空穴。

419. 半导体材料是怎样发展起来的？

1833 年法拉第（Faraday）发现 Ag_2S 的电阻率随温度的升高会变小，这标志着半导体特性首先被发现。

半导体科技的发展大约经历了三个阶段：

（1）1833 年～19 世纪末为第一阶段，这是电学发展的初期阶段，因而尚未认识到半导体现象的真正意义及其应用价值；

（2）20 世纪上半期是半导体科技发展的第二阶段，在这期间 Cu_2O 整流器获得工业上的应用，并出现"能带论"和"半导体整流理论"，半导体材料被用作整流和检波；

（3）半导体科技的真正发展，尤其是半导体材料的科技进展主要是在 20 世纪后半期，其中最重要的事件当属 1942 年巴丁（Bardeen）、肖克莱（Schockley）和布列顿（Brattain）的晶体管发明。

1948 年梯尔（Teal）和里特尔（Little）拉出了第一颗锗单晶，此后，研究证明单晶的半导体性能要远优异于多晶体。单晶生长成为半导体材料技术中的一项重要而不可或缺的工艺。1951 年普凡（Pfann）发明的区域熔炼技术在当今仍然是锗、硅等元素半导体的一个标准提纯工艺。1953 年发明的悬浮区域熔炼技术使硅的提炼纯度达到前所未有的水平。

当今，单晶生长技术和元素提纯技术已构成了半导体材料工艺的两大支柱，在此基础上材料工业获得迅猛发展。

420. 什么是半导体材料的光电导？

半导体的电导率除了受温度影响外，还受光照的影响。实验证明，从红外（IR）辐照到 γ 射线辐照的整个电磁波谱均对半导体的电导率给予影响，光辐照使半导体电导率增大的现象称为光电导性。

421. 什么是半导体中的 P-N 结？

如果将 P 型和 N 型半导体两者紧密结合，连成一体，导电类型相反的两块半导体之间的过渡区域，称为 P-N 结。在 P-N 结两边，P 区内空穴很多，电子很少；而在 N 区内，则电子很多，空穴很少。因此，在 P 型和 N 型半导体交界面两边的电子和空穴浓度不相等，就会产生多数载流子的扩散运动。

在靠近交界面附近的 P 区中，空穴要由浓度大的 P 区向浓度小的 N 区扩散，并与那里的电子复合，从而使该处出现一批带正电荷的掺入杂质的离子；同时，在 P 区内，由于跑掉了一批空穴而呈现带负电荷的掺入杂质的离子。

于是，扩散的结果是在交界面的两边形成靠近 N 区的一边带正电荷，而靠近 P 区的另一边带负电荷的一层很薄的区域，称为空间电荷区（也称耗尽区），

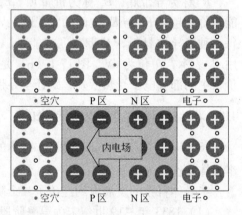

图 17-2　P-N 结

这就是 P-N 结，如图 17-2 所示。在 P-N 结内，由于两边分别积聚了正电荷和负电荷，会产生一个由 N 区指向 P 区的反向电场，称为内建电场（或势垒电场）。

422. 什么是肖特基势垒？

当半导体和金属接触时，半导体中会形成载流子严重耗去的势垒层。当 N

型半导体与一个金属接触时，电子由半导体注入金属，而在半导体内形成一个带正电荷的空间电荷区，从而半导体-金属界面处建立了势垒，而其整流特性非常类似于 P-N 结，势垒层厚度不足 1μm，肖特基势垒也是半导体器件经常用到的一种结构。

423. 什么是欧姆接触？

半导体与金属接触时，多会形成势垒层，但当半导体掺杂浓度很高时，电子可借隧道效应穿过势垒，从而形成低阻值的欧姆接触。欧姆接触对半导体器件非常重要，形成良好的欧姆接触有利于电流的输入和输出，对不同半导体材料常选择不同配方的合金作欧姆接触材料。

424. 何谓 MIS（MOS）结构？

MIS 结构是金属-绝缘体-半导体结构的缩写，中间的绝缘层为 SiO_2 时则称为 MOS 结构。硅的 MOS 结构是使用最广泛、最成功的范例，MOS-FET 是超大规模集成电路(VLSI)和特大规模集成电路(ULSI)中的重要元件。

425. 半导体材料纯度的定义方法是怎样的？

半导体材料纯度的定义可分为化学定义法和物理表示法。

426. 什么是化学定义？

早期的化学定义，对半导体材料（如硅、锗）及高纯元素的纯度多以主体元素的百分含量来表示，如 Ge 含量为 99.99% 时，则写成 4N Ge（读成 4 个"9"的 Ge，其中 N 系取自英文 Nine 的字头）。显然，"9"数目越多，元素的纯度就越高。

随着科技的进步，发现拥有同样数目"9"的材料，其物理性能有时差别也很大，这其中不同杂质的个性起着重要作用。为此，又建立了对材料中具体杂质含量分别进行标识的分类杂质列表法。在表 17-2 中，以高纯砷的化学成分列表来说明当前通用的元素纯度的化学定义方法。高纯砷是合成砷化镓的主要成分之一，表 17-2 中列出的 13 种杂质是为确保砷化镓性能而必须予以控制的杂质品种。对于牌号为 As-0.5 的高纯砷，S 的含量要求小于百万分之一（表中写成小于 1×10^{-4}%，文献中有时又用小于 1ppm 表示）；对于更高的纯度要求，杂质含量要小于十亿分之一（$<1 \times 10^{-7}$%，或 <1ppb）；更纯的材料，则要求杂质含量达到一万亿分之一（1×10^{-10}%，或 1ppt）。这种表达方法是以质量百分比来描述的，如要用原子百分比来描述，则相应的要写成 ppma、ppba 和 ppta。化学表示法是化工、冶金行业常用的方法，多晶硅、多晶锗及高纯元素的纯度通常都用这

种方法表示。

表 17-2　高纯砷的纯度标准

牌号	杂质含量/ ×10^{-4}%												
	Ag	Al	Ca	Cu	Fe	Mg	Ni	Pb	Zn	Se	Cr	Sb	S
As-0.5	0.1	0.5	0.5	0.5	0.5	0.2	0.1	0.5	0.5	1.0	0.5	0.5	1.0
As-0.6	0.01	0.05	0.10	0.10	0.05	0.05	0.01	0.03	0.10	0.05	0.05	0.10	0.10

427. 什么是物理表示法?

在半导体材料及器件工艺中，多用物理方法描述材料的纯度，如硅、锗等单晶材料往往以电阻率 ρ 作为衡量材料纯度的尺度。根据定义，电阻率是电导率的倒数，其单位为 $\Omega \cdot cm$，即

$$\rho = 1/\sigma \tag{17-2}$$

将式（17-1）代入则得：

$$\rho = 1/ne\mu \tag{17-3}$$

由此可见，ρ 与载流子浓度 n 是一个反比关系，这样 ρ 的数值就可以反映出材料中载流子浓度的大小，从而就可以用作衡量单晶纯度的参数。

428. 什么是本征半导体和掺杂半导体?

本征半导体是这样的一种材料，其导电过程中仅有本征载流子（电子和空穴）参加，在这种材料中，负责运输电流的基本粒子是在外界能量激发下（通常是热激发）产生的电子和空穴，这些电子和空穴是由组成材料本身的原子提供的。进一步说，当半导体材料的纯度达到很高水平时，其中微量杂质所提供的电子或空穴在导电过程中的贡献可以忽略不计。

目前，高纯 Ge 的杂质浓度可做到 $1 \times 10^{10} cm^{-3}$，远远低于本征载流子浓度，利用现有工艺，高纯 Si 的纯度也与其本征载流子浓度接近。显然，能隙值越大的半导体材料，其本征载流子浓度也越低。例如，GaAs 的本征载流子浓度为 $1.4 \times 10^{6} cm^{-3}$，利用现有工艺不能做出本征砷化镓。高纯度 GaAs 的导电过程主要是剩余杂质的贡献。

在工程实践中使用的半导体材料大多为掺杂半导体材料，即在高纯度材料中掺入杂质的半导体材料。实践证明，所有掺杂半导体在高温区全部进入本征导电状态。

429. 半导体的晶体结构特点是什么样的?

半导体材料的晶体结构多种多样，但主要的半导体材料（Ge、Si、GaAs、

PbS、GaN 等）则分别属于立方晶系和六方晶系两大晶系。

430. 什么是晶格缺陷?

晶体结构的基本单位是晶胞，每种半导体单晶均由其特有的晶胞所组成，由晶胞沿三维方向的不断重复即形成晶格，晶格就是半导体单晶中原子空间排布的具体体现。一块 $1cm^3$ 大小的单晶，大约由 10^{22} 个原子构成，如果每个原子都严格按其空间点阵中所应占据的位置排列，则会形成一块完美无缺的单晶体，即在任意方向上，每隔一个确定的距离都会发现同类的原子。以数学严格性准确排列的原子点阵只是一个理想状态，实际生成的单晶均有缺陷，并可分为本征缺陷和非本征缺陷两类。

431. 什么是本征缺陷?

晶格中每个原子均有其根据晶体结构规律所应占据的空间位置，这种位置称之为格点或点位。以硅单晶为例，如果在图 17-3 所示的某个晶胞中，在靠近我们这个面的右上角的原子不见了，则说在这里出现了空位。空位是一种常见的缺陷，用 V 表示。硅空位写成 V_{Si}，Ga 空位写成 V_{Ga}。GaAs 是由两种原子组成的晶格，因而就有两种空位：V_{Ga} 和 V_{As}。除了简单的空位外，还可能有两个空位结合成的空位对 V_2 或 V-V。在 GaAs 中还有可能有反位缺陷，如 Ga 占 As 位 As_{Ga} 或 As 占 Ga 位 Ga_{As}。空位、空位对、反位等均属于点缺陷，是本征缺陷的一类。

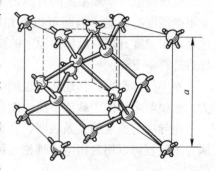

图 17-3　金刚石型结构晶胞图

属于本征缺陷的还有线缺陷和面缺陷，如缺陷呈线状排列的称为位错，又称为位错线；面缺陷是二维缺陷，主要有堆垛层错（即整个原子层的错排）。

432. 什么是非本征缺陷?

与由晶格错排形成的本征缺陷不同的非本征缺陷是由外来杂质造成的缺陷。在掺杂半导体中主要是替位缺陷和间隙原子等。替位缺陷是指杂质原子占据原有晶格中的正常点位，并取代了原有的母体原子而形成的缺陷，如硅中的硼 B_{Si} 或磷 P_{Si}。Si 是两性元素，因而在 GaAs 中硅可占镓位生成 Si_{Ga}，也可占砷位生成 Si_{As}，而生成两种替位缺陷。

有些杂质并不占据晶格点位，而是挤在原子和原子的间隙中，这种缺陷称之为间隙原子。还有一种更为复杂的缺陷称为络合体或复合体，它是由点缺陷结合而形成的缺陷。此外，还有一些远大于原子尺度的宏观缺陷，如夹杂物、沉淀物等。

上述所有缺陷都会不同程度地造成晶格畸变，使原子排列的周期性受到破坏，从而影响载流子的正常输运，使迁移率、寿命等重要参数严重降低。因而，对缺陷数量的控制也是构成材料工艺的重要课题。

杂质与缺陷是相互作用的。掺杂必然会带来非本征缺陷，但有时掺杂也会有降低缺陷浓度的作用，如重掺硅 GaAs 会使位错密度明显降低，这是杂质的钉扎作用；另外，有时造成一些晶格畸变也有抑制电活性杂质的作用，如硅片的背损伤技术或利用多晶硅产生的吸杂作用。在化合物半导体中，利用调制掺杂技术可以在提高载流子浓度的同时又不增加载流子的散射。总之，研究各种杂质及缺陷的行为及其相互作用也是改进材料性能的重要途径之一。

433. 半导体电导率由哪些参数所决定？

金属的电导率随温度的升高而变小，由于金属中的 n 值（载流子浓度）基本不受温度的影响，因而可以推知金属中 μ 值（迁移率）随温度升高而变小。这是由于温度升高，晶体中原子的振动幅度加大，因而造成载流子的散射增强，导致迁移率下降。

对半导体而言，其迁移率也随温度升高而下降，但电导率却随温度升高而增大，这说明半导体中载流子的浓度是随温度升高而增大的。

电导率与温度的关系表明，金属导电与半导体导电的机理是完全不同的，金属导电过程可以用自由电子理论解释，而半导体导电过程的阐述则必须借助于能带论。

434. 主要半导体材料有哪些重要参数？

主要半导体材料的重要参数（300K）如表 17-3 所示。

表 17-3　主要半导体材料的重要参数（300K）

分子式	晶格常数/nm	$E_g/eV^{②}$	n_i/cm^{-3}	$\mu/cm^2 \cdot (V \cdot s)^{-1}$	
				N 型	P 型
Ge	0.56574	0.664(i)	2.33×10^{13}	3900	1800
Si	0.543053	1.1242(i)	1.02×10^{10}	1400	600
C（金刚石）	0.35669	5.5(i)		2200	1600
GaAs	0.565325	1.424	2.1×10^6	8500	400
3C-SiC	0.43596	2.9		900	30
GaP	0.5447	2.272(i)		150	135

分子式	晶格常数/nm	$E_g/eV^{②}$	n_i/cm^{-3}	$\mu/cm^2 \cdot (V \cdot s)^{-1}$	
				N 型	P 型
$GaSb^{①}$	0.60959	0.75		4000	700
InP	0.5869	1.344	1.2×10^8	5370	150
InAs	0.60584	0.354	1.3×10^{15}	1×10^5	450
InSb	0.64796	0.230(77K)	1.96×10^{16}	7×10^4	3×10^4
GaN	$a = 0.3189$ $c = 0.5182$	3.4		900	150
ZnS	0.54145	3.66		600	5
ZnSe	0.56685	2.70		530	28
ZnTe	0.61020	2.26		340	100
CdS	0.5833	2.31			
CdSe	0.64805	1.9		900	50
CsTe	0.64822	1.51		1000	120
$Al_x Ga_{1-x} As$	$E_g = 1.424 + 1.247x \quad (x < 0.45)$				
	$E_g = 1.424 + 1.247x + 1.147(x - 0.45) \quad (x > 0.45)$				
$Ga_x In_{1-x} As_y P_{1-y}$	$E_g = 1.35 + 0.668x - 1.068y + 0.758x^2 + 0.078y^2 - 0.069xy - 0.322x^2 y + 0.03xy^2$				
$Cd_x Hg_{1-x} Te$	$E_g = -0.302 + 1.93x + 5.34 \times 10^{-4} \ (1 - 2x) \ T - 0.810x^2 + 0.832x^3$				

① 掺杂 Se、Te 成 N 型;

② E_g 数值括弧中的 i 表示为间接能隙。

435. 半导体材料中比较重要和有代表性的是哪几种?

属于元素半导体材料最重要的是硅,锗与硅生成的二元固溶体应用也较广泛;化合物中主要是砷化镓、磷化铟、氮化铝等。

436. 锗的特点是什么?

锗属元素周期表第ⅣA 族元素,具银灰色、金属光泽。

1947 年贝尔实验室发明了第一只锗晶体管,开创了半导体科技发展的新纪元。锗晶体管在固体电子学发展的早期曾起过非常重要的作用,后因工作温度过低的缺点,锗在固体电子学中的地位逐渐被工作温度更高的硅所取代。

当前,锗在半导体领域仅有少量应用,如锂漂移 γ 探测器、红外检波器(如APD)等。锗目前的主要应用领域有:红外光学元件、有机工业的催化剂、光纤工业用原料及医用等。

本征锗的电子迁移率在 300K 时为 3900cm^2/（V·s），其随温度变化的关系式为：

$$\mu_n = 4.9 \times 10^7 T^{-1.655}（适用于 77 \sim 300K）$$

300K 时的本征载流子浓度 $n_i = 2.33 \times 10^{13}$ cm^{-3}，其随温度变化的关系式为：

$$n_i = 1.76 \times 10^{16} T^{3/2} \exp(-0.785/2k_B T)$$

式中，$k_B T$ 单位为 eV。

300K 时的空穴迁移率为 1800cm^2/（V·s），其随温度变化的关系式为：

$$\mu_p = 1.05 \times 10^9 T^{-2.33}（适用于 100 \sim 300K）$$

在熔点附近的固态锗的电导率为 1200S/cm，1210.4K 时的熔融锗的电导率将增大 10 倍。液态 Ge 的电导率呈金属型变化，随温度升高电导率下降。

Ge 在室温下的热导率接近于 0.6W/（cm·K）。

粗 Ge 的电阻率仅有 3～5Ω·cm，必须经定向结晶或区域提纯才能达到半导体用高纯 Ge 的要求。高纯 Ge 的电阻率为 40～50Ω·cm，根据不同器件需要可以掺入施主或受主杂质以制取 N 型 Ge 或 P 型 Ge。

437. 硅的特点是什么？

硅与锗同属ⅣA 族元素，暗灰色、性脆，化学性质不活泼。

硅是最重要的半导体材料，其用量占全部半导体材料的 90% 以上。与 Ge 相比，其禁带宽度大，工作温度高，适用于多种半导体器件生产。除锗外，硅属于周期表中研究最充分的元素。硅有许多得天独厚的特点：

（1）硅资源雄厚，无匮乏之虞；

（2）硅中杂质的分凝系数对物理提纯非常有利，可以获得接近本征的纯度；

（3）SiO$_2$ 是电学性质极佳的电介质，是 MOS 电路的重要基础，在工艺上极易操作；

（4）硅工艺非常成熟，已形成一个颇具规模的大工业；

（5）除光电器件外，硅几乎适应各种器件制备。

硅的缺点是：带隙属于间接跃迁型，光-电转换效率低；此外，电子迁移率也不够高，因而在微波通信及高速电路方面略显不足。硅的工艺成熟，成本较低，因而凡是硅适应的半导体器件，尽量使用硅材料。以光纤通信技术为例，GaAlAs 激光器或发光二极管用作光源，GaInAs、InGaAsP 等用作光接收器，而其他电子器件一律用硅制作。从集成电路的思维方法出发，如能将化合物半导体与硅集成到一块电路片上，肯定会有很好的效果。因此，近年来对用硅作衬底进行 GaAs 或其他半导体化合物的外延成为一个热门课题。由于硅与 GaAs 等的晶格常量相差很大，因而外延效果不太理想。一旦问题解决，半导体工艺无疑将更前进一大步。

438. 硅的物理性质是怎样的?

硅的物理性质是决定材料工艺与器件工艺的基础，它的物理性质如表 17-4 所示。表中禁带宽度(25℃)数值为 1.12eV，而表 17-3 中给出的是更精确的数值：1.1242eV(i)，括弧中的 i 表示硅的带隙是间接带隙，1.1242eV 是光学方法测出的禁带宽度。用电导率变温测量和霍耳测量得出的 E_g 值为 1.21eV(4 ~ 1000K 温度区间)，其在不同温度下的取值可利用式 $E_g = (1.21 ~ 3.6) \times 10^{-4} T$ 求出。用该式求出的 300K 下 Si 的 $E_g = 1.102eV$，与表 17-4 中列出的很接近，可以应用。

表 17-4 硅的物理性质

物理性质	具体值	物理性质	具体值
原子序数	14	本征载流子浓度（室温）	$1.38 \times 10^{10}/cm^3$
原子量	28.086	电子迁移率（室温）	$1900cm^2/(V \cdot s)$
原子体积（20℃）	$12.05cm^3/mol$	空穴迁移率（室温）	$500cm^2/(V \cdot s)$
晶格常量	0.543053nm	弹性模量(40℃)	$c_{11} = 165.6GPa$
原子间距	0.235nm		$c_{12} = 63.8GPa$
原子半径	0.1175nm		$c_{44} = 89.5GPa$
密度（20℃）	$2.3283g/cm^3$	电子有效质量(300K)	0.98 ± 0.04
单位体积原子个数	$4.96 \times 10^{22}/cm^3$	重空穴有效质量(300K)	0.52
德拜温度	661K	轻空穴有效质量(300K)	0.16
沸 点	2355℃	禁带宽度（25℃）	1.12eV
熔 点	1423℃	电导率（固态，近熔点）	1000S/cm
熔融潜热	47.28kJ/mol	电导率（液态，近熔点）	12000S/cm
比热容(300K)	$20.06J/(mol \cdot K)$	超导转变温度(1GPa)	12K
热导率(300K)	$1.31W/(cm \cdot K)$	莫氏硬度	7
磁化率	-3.9×10^{-6}CGS 单位	表面张力(99.995%,He)	725mN/m(1450℃)
介电常量	11.9	表面张力(99.995%,真空)	720mN/m(1550℃)
线膨胀系数(283K)	$4.68 \times 10^{-6}K^{-1}$	表面张力(99.999%,Ar)	825mN/m(1500℃)
本征电导率(300K)	$3.16\mu S/cm$	折射率	3.49

439. 什么是体单晶生长技术，其特点是什么?

体单晶(bulk crystal)指大的块状单晶体，它们多为棒状（圆形截面）或锭状（椭圆形或近椭圆形截面），这是一个与单晶薄膜相对的概念。随着工艺的进步，它们多向大直径和大投料量方向发展，如硅单晶的目前工艺水平，单晶直径已达 $\phi300mm$，单晶质量 150kg。

体单晶生长的原料为多晶，多晶生产过程本身是一个提纯过程，大部分杂质要求在多晶工艺中除去。单晶生长工艺的任务是进一步除去杂质和进行掺杂，并拉制成完美单晶。根据材料特点体单晶生长工艺有直拉法、水平法和区域熔炼法三种。

440. 什么是直拉法?

直拉法又称乔赫拉尔斯基法，根据直拉法发明人 Czochralski 命名的，故有时又简称为 CZ 单晶。直拉法的主要设备是直拉单晶炉，各种单晶炉的设计不尽相同，但其工作原理是相同的。

441. 直拉法的设备及其工作原理是怎样的?

图 17-4 是直拉法设备的结构示意图，单晶炉由生长室、拉晶机械装置、真空及充气系统和电加热装置等部分组成。诱发成晶的籽晶固定在籽晶杆上，旋转提升装置控制籽晶的提升速度和旋转速度。籽晶杆有软轴和刚性杆两种，软轴拉

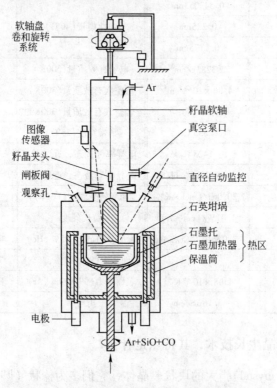

图 17-4　硅单晶炉示意图

晶杆可大大降低单晶炉的高度，但拉晶的稳定性稍差；刚性籽晶杆稳定性较好，但随着晶体长度加长，需占有较大的空间。

生长室是单晶炉的主体部分，它的功能是保证石英坩埚中的多晶硅料充分融化，并保持拉晶所需的温度。石墨托可以一定速度带动坩埚熔体沿与籽晶旋转方向相反的方向转动，从而完成熔体的适度搅动，并保证整个热场均匀。石墨加热器与电极相连，是系统加热的主要元件；保温筒防止热散失，既有利于保持坩埚温度也可防止炉体过分受热。整个系统保持适度真空，或充入惰性气体，以防止熔体和单晶氧化。现代的单晶炉配备有精密的控制系统和监测系统，既可以进行手控拉晶，也可进行自控拉晶。

442. 直拉法的提纯原理是什么？

直拉法提纯原理是利用杂质在液相（熔体）与固相（单晶）中的溶解度的差异，可用分凝系数（或分布系数）K 表达：

$$K = \frac{C_固}{C_液} \tag{17-4}$$

式中，$C_固$、$C_液$ 分别为某杂质在固相和液相中的浓度。

显然，$K > 1$ 的杂质将向单晶中富集，随着单晶拉晶过程的进行，熔体中的杂质含量将逐渐减少，同时进入单晶的杂质也逐渐减少；反之，$K < 1$ 的杂质将逐渐在熔体中富集。结果在拉出单晶的头部主要富集了 $K > 1$ 的杂质，尾部则富集了 $K < 1$ 的杂质，由此，单晶中段的纯度便获得了提高。分凝系数与 1 的差距越大，提纯的效果越好。

443. 真空-充气系统的作用是什么？

真空-充气系统的作用首先是给拉晶创造一个清洁的氛围，其次是改善单晶周围的温度分布，尤其是单晶轴线上的温度梯度，随着单晶逐渐从熔体中拉出，单晶与熔体间有一个温度梯度，如果降温过快，会在单晶中产生应力。应力轻则会造成大量位错，重则会使生成的单晶产生裂纹。为了抑制位错的产生，开始拉晶时的直径要尽量缩小，称之为缩颈技术。缩颈后，继续拉晶时逐步增大直径直到达到所需直径为止，这一过程称之为放肩。达到所需直径后要保持直径均匀、稳定、一致，开始拉晶时，要尽量避免出现多余的晶核，否则就会出现孪晶或多晶。

444. 为了确保生成完美的晶体，直拉法应采取哪些关键性的措施？

直拉法的关键在于：（1）籽晶定向准确、晶体完整性好；（2）生长室的温度分布合理；（3）通过控制籽晶转速、坩埚转速和提拉速度及相应的温度控制等一系列工艺参数，并且随时调整这些参数，使籽晶与熔体接触良好，并按一定程序进行缩颈、放肩、等径生长。观察孔、图像传感器和直径自动监控等装置都是为了随时对单晶生长过程进行严密观察，一旦生长过程出现异常，则要随时进行调整以确保生成完美晶体。

445. Ge、Si、GaAs 的材料性能参数是怎样的?

为了正确掌握拉晶条件，需对材料的一些重要性能进行了解，一些与晶体生长有关的材料性能参数如表 17-5 所示。

表 17-5　一些与晶体生长有关的材料性能参数

材料	熔点/℃	线膨胀系数/$10^{-6} \cdot K^{-1}$	热导率/$W \cdot (cm \cdot K)^{-1}$	弹性模量/GPa	密度/$g \cdot cm^{-3}$
Ge	938.5	6.0	0.6	67	5.3234
Si	1423	3.59	1.5	80	2.329
GaAs	1238	6.0	0.54	74.8	5.4

446. 化合物半导体的直拉单晶炉与硅单晶炉有什么不同之处?

化合物半导体用的直拉单晶炉与硅单晶炉有些不同。一些Ⅲ~Ⅴ族化合物，尤其是Ⅱ~Ⅵ族化合物，在其熔点下会分解并产生很高的蒸气压。为了生长符合化学计量配比的材料，必须在高压惰性气体中进行拉制单晶，为此单晶炉必须符合高压设备的使用要求及安全标准。作为示例，一些化合物半导体的熔点及蒸气压数据列入表 17-6。

表 17-6　化合物半导体的熔点和蒸气压

项　目	GaAs	GaP	InP	CdTe	HgTe
熔点/℃	1238	1467	1070	1092	670
蒸气压/MPa	0.101	3.24	2.79	0.0659	1.27

GaAs 蒸气压接近常压，故 GaAs 可以在常压下拉制单晶，但需采用液封直拉技术以抑制 As 的挥发。这种方法制备的 GaAs 单晶称为 LEC-GaAs。用高压单晶炉并采用液封直拉技术，拉制的单晶称为 HPLEC-GaAs。InP、GaP 等的蒸气压很高，必须使用高压单晶炉。高压单晶炉是一种昂贵设备，会使单晶成本提高。

磁场对半导体熔体有抑制热对流的作用，有利于材料性能均匀化。近年来，无论是 Si，还是 GaAs 都有使用磁场拉晶技术的报道，磁控直拉硅单晶即简称为 MCZ-Si。

447. 什么是水平法，其设备和工艺特点是怎样的?

水平法是指在卧式炉中横向生长单晶的一种工艺方法。单晶在石英舟中生长，因而截面不是圆形，而是近似椭圆形，由于没有旋转，因而水平法单晶的均匀性略逊于直拉法单晶。水平法的优点是设备简单、成本低，水平 GaAs 的位错密度也较直拉法低。水平法用于拉制化合物半导体单晶有其特定的适用范围。

图 17-5 所示是一台用于生长 GaAs 单晶的设备，从原理来说，这是一个与直拉法相同的定向结晶装置。GaAs 中的杂质分凝系数大多接近于 1，因此，水平定向法拉制 GaAs 单晶时无明显的掺纯效果。

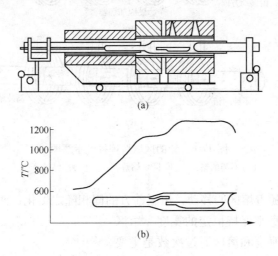

图 17-5　水平定向结晶炉示意图

(a)设备示意图；(b)三温区的温度分布曲线

水平法生长单晶时需首先合成多晶 GaAs。办法是在低温端通过蒸发和气相迁移使高纯砷逐渐熔于高温端的高纯镓中，最终生成 GaAs 熔体。合成完毕，倾侧炉体使 GaAs 熔体与 GaAs 籽晶接触，而后移动炉体开始单晶生长过程。水平定向结晶法又称水平布里支曼法(以发明人 Bridgman 命名，生成的单晶简称为 HB 单晶，如 HB-GaAs)。水平法也用于制备 HB-CdTe、HB-InSb、HB-HgSe、HB-HgTe 等单晶体。

448. 什么是区域熔炼法，该方法的特点是什么?

区域熔炼是一种深度提纯金属的方法，其实质是通过局部加热狭长料锭形成一个狭窄的熔融区，并移动加热器使此狭窄熔融区按一定方向沿料锭缓慢移动，利用杂质在固相与液相间平衡浓度的差异，在反复熔化和凝固过程中，杂质便偏析到固相或液相中而得以除去或重新分布，熔区一般采用电阻加热、感应加热或电子加热。

图 17-6 为锗的区域提纯示意图，这种方法的特点是：固体多晶仅部分熔化

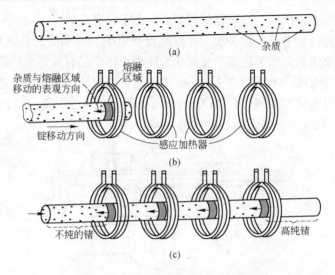

图 17-6　锗的区域熔炼提纯示意图

(a)不纯的锗锭；(b)区域熔炼开始；(c)高纯锗产生

形成一个熔区。随着熔区的移动，熔区前方的固相随之熔化，而其后的液相则随之凝固，熔区本身则保持恒定的宽度。熔区宽度、熔区移动速度和熔区通过次数是主要的工艺参数。

　　水平区熔法可用于 Ge、B 和 InSb 等材料的提纯。作为示例，这里将讨论立式区熔法，通常称之为悬浮区熔法，又称无坩埚区熔法，其优点是不用坩埚，因而没有坩埚材料的污染问题，拉晶时熔体浮在空间。为此要求熔体有足够的表面张力，工艺上利用磁场感应加热时的托力使熔区保持悬浮状态；硅具备所要求的特性(0.72N/m)，密度要小(2.56g/cm³)，因而悬浮区熔成为制备高纯 Si 的主要手段。悬浮区熔装置如图 17-7 (a)所示，籽晶位于多晶硅的下方，由高频感应线圈对硅棒加热以形成熔区。生成的单晶边旋转边缓慢地向下移动，多晶料棒则与单晶旋转方向相反并与单晶同步向下移动，从而保持熔区宽度不变。在所有生长单晶的方法中，悬浮区熔法提纯效果最好，生成的硅单

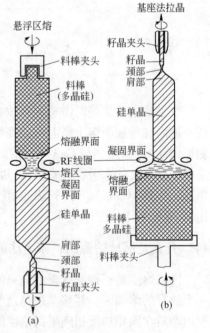

图 17-7　悬浮区熔与基座法拉晶示意图

(a)悬浮区熔装置；(b)基座法拉晶

晶纯度最高。

图 17-7（b）所示的是基座法拉晶，单晶向上提拉，与悬浮区熔的移动方向相反。粗大的多晶棒顶端形成熔区。这种方法主要用于拉制硅芯及用于分析样锭等的小直径单晶。

449. 什么是薄膜生长技术，其特点是什么？

半导体器件大多是在薄膜或薄膜结构上制造的。薄膜厚度从纳米级至微米级，面积从若干平方厘米至数百平方厘米不等，依衬底晶片尺寸而异。半导体薄膜生长大多采用外延技术，包括气相外延法、有机金属气相外延法（MOCVD）、分子束外延法（MBE）、液相外延（LPE）等。

450. 什么是气相外延（VPE）？

气相外延法广泛地用于 Si、GaAs 等化合物半导体薄膜的生长。

外延（epitaxy）是一个以衬底晶片作籽晶并依衬晶体结构向外延伸为特征的薄膜生长工艺，它可以在气相中进行，也可在液相中进行，前者称为气相外延（VPE），后者称为液相外延（LPE）。气相外延是一种化学气相沉积（CVD）过程与表面成核过程相结合的工艺。

451. 硅的气相外延的特点是什么？

在硅的气相外延中，抛光硅片作为外延衬底，通过氯硅烷的还原或硅烷的热分解实现硅的外延生长。

452. 硅的气相外延所用的设备是怎样的？

一些硅的外延炉的设置示意图如图 17-8 所示。外延炉分卧式、立式两种类型，它们都由石英反应器、气体源分配系统、加热装置及衬底托架组成。立式炉的衬底托架可以旋转，有利于外延片电学参数和厚度的均匀性，但装置相对复杂，对气密性的考虑也更复杂一些。加热装置可采用电阻炉加热、射频感应加热或红外辐射加热等方式。

453. 硅的气相外延法的工艺技术及其方法是怎样的？

气相法有常压、低压两种工艺，大多数的 Si 气相外延采用常压化学气相沉积技术（APCVD），利用图 17-8 中的筒式反应器，一次可装入直径 150mm 或更大的晶片 20 ~ 40 片。这种工艺多用来生长 CMOS 电路使用的电学性质均匀的厚膜。气相外延还可以用来生长异质结构，在硅衬底上生长一层薄的 Si_xGe_{1-x} 薄膜可以改善硅双极晶体管的性能。低压化学气相沉积（LPCVD）或超高真空化学气相沉

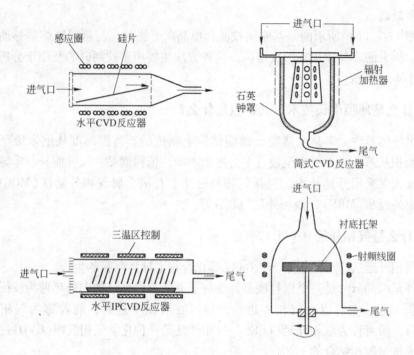

图 17-8　硅外延炉示意图

积(UHV-CVD)可降低外延层中的杂质再分配,因而可以使界面过渡区做到非常窄,有利于提高器件性能。

气相外延已是硅工艺中的一个标准工艺,据统计,硅晶片中的近半数都要经过外延工艺生成外延片后,才进入器件工艺。大规模集成电路工艺已有由使用硅片制造 IC 逐步过渡到完全使用外延片的趋势。

454. 磁控直拉单晶硅（MCZ-Si）的特点是什么？

在直拉单晶硅中采用磁控技术即在磁场作用下的拉晶(MCZ-Si),可分为纵向磁场和横向磁场两种。实践证明,MCZ-Si 法有以下基本效果:

(1) 熔体温度波动小,当磁感应强度加大到 100mT 时,熔体温度变化稳定,起伏减小;若磁场增加到 150mT 时,可使熔体温度变化小于 0.1℃ (见图17-9),

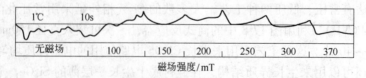

图 17-9　在直径为 200mm 坩埚内熔硅的温度变化和磁场强度的关系

这就抑制了由温度变化引起的热对流，使液面振动减少；

（2）无生长条纹，在不加磁场时，因熔体有对流，使晶体生长不规则，甚至造成晶体复熔，晶体有生长条纹，杂质分凝不规则；而当加磁场后，晶体类似于无重力条件下的生长，晶体中无生长条纹；

（3）氧含量可以得到控制，无对流时熔体中的氧仅靠扩散运动，而晶体和坩埚的旋转所造成的强制对流会增加熔体的氧含量，所以，选择生长参数，利用磁场就可以控制硅单晶中的氧浓度在氧原子数为 $1 \times 10^{17} \sim 2 \times 10^{18}/cm^3$ 的范围内（见图 17-10）；

（4）减少晶体的二次缺陷，普通的 CZ 硅单晶体中常含有原子数 $10^{18}/cm^3$ 的氧，而在 1000℃时硅中氧的固溶度为原子数 $3 \times 10^{17}/cm^3$，所以，在电路工艺的热循环过程中会引起氧的沉淀析出，造成位错环、层错等缺陷；而加磁场拉晶时，晶体中氧含量低，且均匀分布，所以几乎无上述缺陷的产生；

（5）晶片屈服应力高、晶片弯曲小，CZ 硅晶体的氧含量使晶片屈服应力降低，晶片在器件工艺过程中易发生弯曲；而 MCZ 晶体的氧浓度介于上述两种晶体的氧含量之间，所以热处理时既无氧沉淀，又能吸收位错，晶片弯曲小；

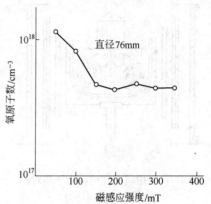

图 17-10　磁控拉晶工艺中磁场强度和硅中氧浓度的关系

（6）电学特性好，一般 CZ 晶体热处理后，寿命明显减短，而 MCZ 晶体热处理后寿命减短的概率很小，且分散性也小，这可能与 MCZ 晶体在热处理后产生的缺陷少有关。

MCZ 晶体由于电阻率均匀，因此，金属氧化物半导体电压值（U_{Th}）均匀；由于缺陷少，则电耦合成的图像传真度高。此外，由于晶片弯曲小，因而能满足高密度、精密图案精度高的 ULSI 的要求。

455. 磁场拉晶（MCZ）工艺的基本原理是什么？

在普通的 CZ 法中，熔体产生热对流，随着硅的大直径化，热对流趋势增大。若在 CZ 法中加入磁场，就可以使热对流所产生的电导性物体在磁场中运动受到新的作用力，因而可抑制对流。从物理概念的角度出发可以理解为，由于电磁力场有减弱涡流脉动的作用，好像熔体的有效黏滞系数 $\nu_{有效}$ 变大，使 $Ra \leqslant Ra'$（瑞雷数），即热对流原动力大大减小，则熔体无对流产生；也可以认为加强磁场后的临界 Ra' 值增至 10^7，使 $Ra \approx Ra'$，从而不会产生熔体的热对流。

456. MCZ 工艺特点（案例一）?

美国乔治·菲格尔先后在 Siemens 公司和 Siltec 公司对 MCZ 工艺进行了大量研究，取得了有说服力的结果。研究认为，石英坩埚中的氧会因硅熔体的热对流而迁移到晶体中（见图 17-11），但当加磁场后，热对流受到抑制（见图 17-12），熔体温度波动得到改善（见图 17-13）。

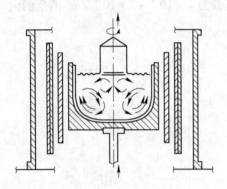

图 17-11　坩埚中硅熔体由于热对流
而产生的流动情况

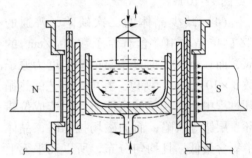

图 17-12　加磁场后热对流受到抑制的情况

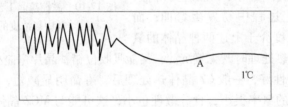

图 17-13　加磁场后熔体温度波动得到改善的情况

图 17-13 中 A 点的左侧是不加磁场的温度波动情况，右侧是加磁场后的温度记录曲线。此外，加磁场后，晶体中氧浓度降低，而且轴向含氧分布比较均匀（图 17-14）。

从图 17-15、图 17-16 中可以看出，增大磁场强度可降低晶体中氧含量；加磁场后晶体径向电阻率变化小，更加均匀。

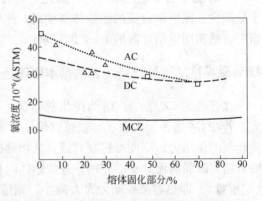

图 17-14　加磁场后晶体中轴向含氧分布

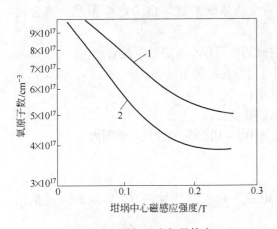

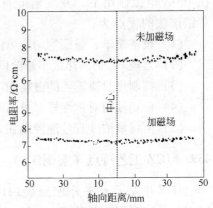

图 17-15　磁场强度与晶体中
氧含量的关系
1—晶体直径 100mm；2—晶体直径 75mm

图 17-16　磁场与径向电阻率
变化的关系

457. MCZ 工艺特点（案例二）?

日本索尼公司采用横向磁场法拉制 100 ~ 150mm 的单晶，所用磁极偶的直径为 70cm，间距为 60cm，磁感应强度可达 0.37T。试验表明，将 0.2T 以上的横向磁场加到硅熔体上，即可有效控制熔体中的热对流，温度起伏可降到 0.1℃ 以下，长出的单晶性能优良，特别是热稳定性好。该公司总结出采用此法的具体优点为：

（1）晶体中氧浓度可以很容易控制在原子数(0.5 ~ 1.2) × 10^{17}/cm^3；

（2）可以得到电阻率高达 5000Ω · cm 的单晶；

（3）无生长条纹，旋转条纹少；

（4）径向电阻率均匀性优于 FZ 晶体；

（5）热处理后，载流子寿命变化小；

（6）氧沉淀物和缺陷随氧浓度降低而降低；

（7）热处理后，晶片变形度小。

该公司用磁场拉晶硅成功地制得了高灵敏度 P-i-N 光电二极管和可关断晶闸管器件，器件的电学性能和成品率均较用模糊控制芯片（FZ）制得的器件优越。

458. MCZ 工艺特点（案例三）?

日本电子会社运用纵向磁场的 MCZ 工艺，拉制了直径 80cm〈100〉方向掺磷硅单晶，电阻率为 2 ~ 4Ω · cm。用筒形螺旋管（内径 380mm，外径 580mm，高度 250mm）产生磁场，其磁场强度可达到 159156A/m（2000Oe），在 400A 电流作用下，发现扇形石墨发热体既未破坏也未产生振动。该公司总结该法的优点为：

(1) 设备简单，强而均匀的纵向磁场可用较小较轻的螺旋管产生；

(2) 常规 CZ 炉的热区不修改即可适应在磁场下工作；

(3) 抑制热对流需要的磁场强度小；

(4) 磁场轴向对称性好，可消除旋转条纹；

(5) 可将氧浓度有效地控制在 $2 \times 10^{17} \sim 10^{18}$ 原子数/cm^3 范围内。

459. MCZ 工艺特点（案例四）？

日本开发了水平外加磁场（H-MLEC）和垂直外加磁场（V-MLEC）（见图 17-17）GaAs 磁场拉晶装置。

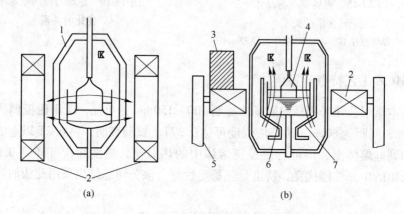

图 17-17　GaAs 磁场拉晶装置

(a) 水平磁场；(b) 垂直磁场

1—MSR-bRA 拉晶装置；2—超导磁铁；3—冷却装置；

4—单晶；5—炉身；6—GaAs 熔体；7—加热器

如图 17-17 所示，水平磁场装置中，炉子中心部位的磁场强度为 238940A/m（3000Oe）；大型单晶拉制用的垂直装置中，垂直磁场强度为 397900A/m（5000Oe）。在晶体生长时，将熔体置于水平或垂直的磁场中的主要作用是减小固-液界面的温度起伏，控制 ELZ 浓度和残余杂质浓度。杂质的有效分凝系数随磁感应强度变化，当磁感应强度从 0 变化到 300mT 时，C 的分凝系数从 3 下降到 1.6，In 的分凝系数从 0.1 上升到 0.22。S. Ozawa 的研究认为，在垂直方向存在 60mT 的磁场时，已完全能控制熔体的温度起伏；而在 100mT 磁场下拉出的 InP 单晶，已观察不到杂质条纹和微观缺陷。K. Terashima 认为在加水平磁场时，当磁感应强度大于 320mT 时，则可获得完全无温度起伏的晶体生长条件。试验中拉出了无位错 3 英寸直径的单晶。氧浓度由原子数 $2 \times 10^{16}/cm^3$（不加磁场）下降到原子数 $5 \times 10^{15}/cm^3$（加磁场）。

460. MCZ 工艺特点（案例五）?

日本厚木通研根据研究单晶硅设备方面所取得的成果，利用普通磁铁开发了外加垂直磁场的设备。研究发现，当外加磁场强度为 79580～99480A/m(1000～1250Oe)时，就能抑制坩埚里的熔液对流，并能显著降低熔液内部温度的变动，从而具有与用 MCZ 法拉硅单晶一样的效果。即：（1）不规则的生长条纹消失；（2）除了减少来自坩埚材料（或 B_2O_3）的硅或硼杂质的玷污之外，还能降低和控制 GaAs 所固有的 ELZ 缺陷。此外，在掺硅和铟的掺杂晶体中容易产生很明显的生长条纹，但加磁场后条纹减少并趋于均匀化。有文献还报道了由厚木通研开发的垂直磁场全液封 CZ 法，如图 17-18 所示。

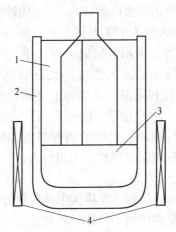

图 17-18　垂直磁场全液封拉晶法

1—氧化硼；2—坩埚；3—GaAs 溶液 + In；4—磁场线圈

461. 在区域熔炼中利用磁悬浮法怎样才能获得高纯度单晶硅?

在所有生长单晶的方法中，磁悬浮熔炼法提纯效果最好，生长成的硅单晶纯度最高，这已被实践证明，其原因在于电磁场用于悬浮熔炼时，起到能源的支撑作用和搅拌作用，利用杂质的蒸发和漂走第二相（氧化物、碳化物等）来纯化金属，且由于不存在和容器接触对提纯金属造成的污染问题，因此被普遍用于几乎所有高熔点金属的提纯。

第 18 章　磁控技术在太阳能硅材中的应用

462. 太阳能量有多少，什么是太阳能光伏技术？

太阳是个炽热的"大气球"，它大致由 80% 的氢和 19% 的氦组成，太阳的体积比地球大 130 万倍，太阳的质量是地球的 30 多万倍，太阳内部进行着由氢聚合成氦的核聚变反应（也称"热核反应"），不断放出巨大的能量。

按照太阳目前产生的核能速率估算，储存的氢还可以维持 600 亿年的热核反应。太阳外部是一个光球层，也就是人们能看到的太阳表面，是由高度电离的气体组成的，太阳能量向太空辐射也由此开始，太阳辐射能量到达地球的部分仅为其总辐射量的 22 亿分之一，约为 173 万亿千瓦，相当于每秒钟燃烧 500 万吨煤的热值。地球大气层的上界，太阳的辐射强度几乎是一个常数，称之为"太阳常数"（即太阳辐射到地球表面的强度，也就是说单位面积接受辐射能量，W/m^2）。由于大气层的反射和阻隔，太阳辐射到达地面时，辐射能量就大为减少，约只剩下一半，这一半中，分布于陆地表面约占 1/5，约 17 万亿千瓦。世界上绝大多数地区在日照时间内，太阳的辐射强度都低于 $1kW/m^2$，尽管如此，如果能够把这些辐射能量收集起来仍然是大得惊人，约相当于当今全球能源消费总量的数千倍。

太阳能光伏（Photovoltaic）技术，即将太阳能转化为电力的技术，其核心是可释放电子的半导体物质，最常用的半导体材料就是硅。

太阳能光伏电池有两层半导体，一层为正极，一层为负极，阳光照射在半导体上时，两极交界处产生电流，阳光强度越大，电流就越强。

463. 太阳能的优缺点是什么？

太阳能资源是人类取之不尽、用之不竭的能源，又是没有污染、不排放 CO_2 等温室气体的清洁能源，只要有光照的地方都可以就地取用。但太阳能的利用至今还存在许多困难，首先是能量密度低，收集利用不容易，虽然太阳辐射到地球的能量极其巨大，但地球上单位面积能够直接获取的能量却是很小的；其次，地面有昼夜之分，利用阳光不具连续性，加上气候的影响，像雨雾天、阴天多云等天气变化，都会使光照中断，使能源生产难以连贯运行。这些弱点长期影响太阳能的开发利用。直到目前为止，太阳能在世界能源消费比例中，还是微乎其微，不足 0.1%。在能源危机的迫使下，近年来人们开发太阳能速度在加快，技术上也取得了突破性进展。

太阳能的利用可分为热利用和光利用两大类，其中，太阳能热动力发电（CSP）和光伏发电是太阳能利用的主要发展方向，截至目前，光伏发电的成本仍然是其他常规发电方式的好几倍，这是制约其广泛应用的最主要因素，须不断探索解决。

464. 我国太阳能的资源是怎样分布的?

我国地处北半球，土地辽阔，国土总面积达 960 万平方公里。南从北纬 4°，北到北纬 52.5°，西自东经 73°，东至东经 135°，距离都在 5000km 以上。在我国广阔的陆地上，有着丰富的太阳能资源，全国各地的年太阳辐射总量为 930 ~ 2333kW·h/m²，取中值为 1626kW·h/m²。

根据各地接受太阳总辐射量的多少，可将全国划分为五类地区。一类地区为我国太阳能资源最丰富的地区，年太阳辐射总量为 1889 ~ 2334kW·h/m²，相当于日辐射量 5.1 ~ 6.4kW·h/m²。这些地区包括宁夏北部、甘肃北部、新疆东部、青海西部和西藏西部等，尤以西藏西部最为丰富，最高达 2333kW·h/m²（日辐射量 6.4kW·h/m²），居世界第二位，仅次于撒哈拉大沙漠。

二类地区为我国太阳能资源较丰富地区，年太阳辐射总量为 1625 ~ 1889 kW·h/m²，相当于日辐射量 4.5 ~ 5.1kW·h/m²。这些地区包括河北西北部、山西北部、内蒙古南部、宁夏南部、甘肃中部、青海东部、西藏东南部和新疆南部等地。

三类地区为我国太阳能资源中等类型地区，年太阳辐射总量为 1389 ~ 1625kW·h/m²，相当于日辐射量 3.8 ~ 4.5kW·h/m²。主要包括山东、河南、河北东南部、山西南部、新疆北部、吉林、辽宁、云南、陕西北部、甘肃东南部、广东南部、福建南部、苏北、皖北、中国台湾西南部等地。

四类地区是我国太阳能资源较差地区，年太阳辐射总量为 1167 ~ 1389 kW·h/m²，相当于日辐射量 3.2 ~ 3.8kW·h/m²。这些地区包括湖南、湖北、广西、江西、浙江、福建北部、广东北部、陕南、苏北、皖南以及黑龙江、中国台湾东北部等地。

五类地区主要包括四川、贵州两省，是我国太阳能资源最少地区，年太阳辐射总量为 930 ~ 116kW·h/m²，相当于日辐射量只有 2.5 ~ 3.2kW·h/m²。

从全国来看，我国是太阳能资源相当丰富的国家，绝大多数地区年平均日辐射量在 4kW·h/(m²·d) 以上，西藏最高达 7kW·h/(m²·d)。与同纬度的其他国家相比，和美国类似，比欧洲、日本优越得多。上述一、二、三类地区约占全国总面积的 2/3 以上，年太阳辐射总量高于 1389kW·h/m²，年日照时数大于 2000h，具有利用太阳能的良好条件。特别是一、二类地区，正是我国人口稀少、居住分散、交通不便的偏僻、边远的广大西北地区，经济发展较为落后。可充分利用当地丰富的太阳能资源，采用太阳光发电技术解决人民生活、生产用电问题。

465. 开发太阳能源制造太阳能电池的重要性是什么?

太阳能光伏发电的最基本元件是太阳能电池，太阳能电池（光伏电池）是将太阳辐射能直接转换成电能的一种器件。太阳能电池光电的转换效率能否提高，是关系到太阳能光伏发电能否推广应用的核心问题。

太阳能电池（光伏电池）的光电转换效率 η_{PV} 是其输出功率与输入功率之比，它受光照强度以及光谱的影响。物理特性决定了光伏转换效率有上限，有些研究认为，对于硅光伏电池而言，转换效率上限大约为 28%，实际上目前工业化生产的光伏电池转换效率均低于 28%。目前美国 Sun Power 公司所开发的太阳能电池技术，其光电转换效率已达 20%，远超过目前工业化生产的单晶硅太阳能电池（光电转换效率为 15%）和多晶硅太阳能电池（光电转换效率为 12%），但仍然需要进一步提高。因此开发高效太阳能电池是太阳能光伏发电推广运用的重要前提。

466. 全球太阳能产业现状和发展前景是怎样的?

这个问题可从三个方面来了解：（1）光伏产业发展现状；（2）光伏发电系统应用现状；（3）光伏市场发展现状。

就总体而言，由于对能源与环境问题的日益重视，国内外光伏产业得到迅速发展。2006 年我国太阳能电池产量已超过美国，成为继日本、欧洲之后的第三大太阳能电池生产国。2005 年世界太阳能电池总产量为 1818MW，多晶硅需求量约为 21800t，已经有相当部分的电子级硅材料直接进入了太阳能电池行业。目前国际上多晶硅原料生产已被几家主要厂商所垄断。

联合国能源总署（IEA）指出，光伏发电技术在一些特定的应用场合将得到快速发展，随着不断的推广和技术进步，光伏发电成本得到降低，太阳能热发电也具有很好的前景，但是在所有的 ACT（技术加速发展前景）情景中，光伏发电和热发电都被设定在 2% 以下（即占各种发电能力总量的 2% 以下）。

目前世界太阳能电池的生产呈现以下几个特点：

（1）需求旺盛，产业规模迅速扩大；

（2）原材料瓶颈日益明显，太阳能电池成本不降反升；

（3）没有大的技术突破，但渐进性技术进步一直在进行；

（4）电池不断向超大、超薄的方向发展，尺寸 200cm×200cm 和厚度 160μm 的电池片已开始工业化生产，100cm×100cm 的太阳能电池已被淘汰。

467. 我国太阳能产业现状和发展前景是怎样的？

我国多晶硅原料生产的主要问题是：

（1）技术落后，主要技术基于改良的西门子法，但工艺落后，能耗为世界先进水平的 2~3 倍，近年来有些企业已开始试验用冶金法获得太阳能多晶硅，但要达到工业化生产水平而且技术先进还有待于不断努力；

（2）规模小，多晶硅生产是规模效益型产业，一般认为临界规模为2000t/a，产量低于 1000t/a 的企业被认为不具有经济合理性，我国企业生产规模小、成本高，没有市场竞争力，这个问题必须解决。

由于多晶硅生产技术的特殊垄断性和保密性，世界上 7 家主要的多晶硅生产商联合禁止多晶硅技术向中国转移，这就要求我国必须走自主创新之路，实现多晶硅生产技术的国产化。

目前，我国晶体硅材料产业有以下几个特点：

（1）发展迅速；

（2）原料和来源两头在外；

（3）技术逐渐成熟；

（4）单晶硅材料的生产占主导，世界光伏产业中单晶硅与多晶硅比例大致为 1∶1.5，而我国则是单晶硅材料的生产占主导地位。

我国太阳能电池生产有以下几个特点：

（1）发展迅速，且爆发式增长；

（2）市场需求潜力大；

（3）原材料瓶颈严重制约了电池生产的发展；

（4）主要设备、技术来自国外，大厂产品质量接近国外产品水平；

（5）人才缺乏，缺少技术更新和创新能力。

此外，光伏系统平衡部件（主要包括：逆变器、控制器、蓄电池）与国际上相比还存在一定差距，逆变器技术大致相当于国际上 20 世纪 90 年代中期的技术水平。

总之，我国太阳能光伏事业发展前景是很好的，但仍然要不断开发创新技术，缩小与世界先进水平的差距。

468. 太阳的基本物理参数及其他有关参数有哪些？

基本物理参数如下：

（1）体积是地球体积的 1302500 倍；

（2）自转周期 25~30 天；

（3）距最近恒星的距离 4.3 光年；

(4) 宇宙年 2.25×10^8 年；

(5) 直径 1392000km，是地球直径的 109 倍；

(6) 半径 696000km；

(7) 质量 1.989×10^{30} kg；

(8) 温度 5770℃（表面），1.560×10^7℃（核心）；

(9) 总辐射功率 3.83×10^{26} J/s；

(10) 平均密度 1.409 g/cm^3，密度只有地球的 1/4；

(11) 日地平均距离 1.5×10^{11} m；

(12) 年龄约 50 亿年。

其他参数如下：

(1) 太阳常数，它是指大气外垂直于太阳光线的平面上的辐射强度。

(2) 太阳光谱分为地球大气层外的太阳光谱和地面上太阳辐射及光谱。

1) 地球大气层外的太阳光谱，太阳表面的温度高达 6000℃，因而太阳物质不可能是固体或液体，而是高温气体，它发射出连续光谱，所谓连续光谱就是说它发射的光是由连续变化的不同波长的光混合而成。

2) 地面上的太阳辐射和光谱，太阳辐射穿过地球大气层时由于受大气的散射、反射和吸收的影响，到达地面的太阳能辐射明显地减少，光谱分布也发生了变化。大气的散射集中在能量比较大的可见光波段，因而是使太阳辐射衰减的主要因素之一，大气的散射可在相当范围内变化，它取决于太阳高度、云量、云厚、云状、大气透明度和海拔高度等因素，尤其以云的变化对散射的影响最大。

地球作为一个整体，对太阳辐射有反射作用，它由三部分组成：大气对太阳辐射的反射，这是一种漫反射，约为入射辐射的 8%；地球表面的反射为入射辐射的 2% ~ 3%；云层的反射随云状、云厚变化较大，平均约为入射辐射的 25%。

大气外和地面太阳光谱曲线的差异，主要是由大气吸收造成，水汽对太阳辐射的吸收起着十分重要的作用，其吸收带大部分集中在红外区，可见光区也有一部分。

(3) 太阳高度角和方位角。太阳高度角就是在任何时刻，从日轮中心到观测点间所连成的直线和通过观测点的水平面之间的夹角，如图 18-1 所示。

太阳方位角就是从日轮中心到观测点间所连直线在通过观察点的水平面上的投

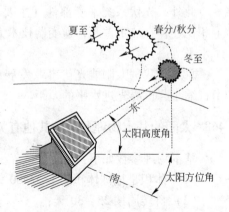

图 18-1　太阳角示意图

影和观测点正南方向之间的夹角，如图 18-1 所示。方位角的值，正南方向为 0，
东南方向为负，西南方向为正。

（4）太阳能的吸收、转换和储存。

1）太阳能的吸收其实也包含转换，如太阳光照射在物体上，被物体吸收，
物体的温度升高，这就使太阳能变成了热能。太阳光照射在太阳电池上被它吸
收，在电极上产生电压，通过外电路输出电能，就是把太阳光变成电能。

2）太阳能的转换。被选择性吸收面吸收的太阳辐射能，实际上已转换成热
能，然后传送到用热的地方利用，或者传送到储热器储存。如果吸收器达到的温
度高，便可用来发电或做工业加工，如果吸收器达到的温度低，如 ≤100℃，就
可以用来采暖、洗浴等。

3）太阳能的储存。太阳能储热就是将太阳能转换为热能，储存在热介质
中，保存在良好的保温条件下，供需要时使用，当利用太阳电池把太阳能直接转
换为电能时，最方便的储能方法就是给蓄电池充电。

469. 太阳能电池发电的基本原理是什么？

照到太阳能电池上的太阳光线，一部分被太阳能电池表面反射掉，另一部
分被太阳能电池吸收，还有少量透过太阳能电池。在被太阳能电池吸收的光子
中，那些能量大于半导体禁带宽度的光子，可以使得半导体中原子的价电子受
到激发，在 P 区、空间电荷区和 N 区都会产生光生电子-空穴对，也称光生载
流子。这样形成的电子-空穴对由于热运动，向各个方向迁移。光生电子-空穴
对在空间电荷区中产生后，立即被内建电场分离，光生电子被推进 N 区，光
生空穴被推进 P 区，在空间电荷区边界处总的载流子浓度近似为 0。在 N 区，
光生电子-空穴产生后，光生空穴便向 P-N 结边界扩散，一旦到达 P-N 结边界，
便立即受到内建电场的作用，在电场力作用下做漂移运动，越过空间电荷区进
入 P 区，而光生电子（多数载流子）则被留在 N 区。P 区中的光生电子也会
向 P-N 结边界扩散，并在到达 P-N 结边界后，同样由于受到内建电场的作用而
在电场力作用下做漂移运动，进入 N 区，而光生空穴（多数载流子）则被留
在 P 区。因此，在 P-N 结两侧产生了正、负电荷的积累，形成与内建电场方向
相反的光生电场。这个电场除了一部分抵消内建电场以外，还使 P 型层带正
电，N 型层带负电，因此产生了光生电动势，这就是光生伏特效应（简称光
伏）。

在有光照射时，上、下电极之间应有一定电势差，用导线连接负载，就能产
生直流电。如果使太阳电池开路，即负载电阻 $R_L = \infty$，则被 P-N 结分开的全部
过剩载流子就会积累在 P-N 结附近，于是产生了最大光生电动势；假使把太阳

能电池短路，即 $R_L = 0$，则所有可以到达 P-N 结的过剩载流子都可以穿过结，并因外电路闭合而产生了最大可能的电流 I_{SC}。如果把太阳能电池接上负载 R_L，则被 P-N 结分开的过剩载流子中就有一部分把能量消耗于降低 P-N 结势垒，即用于建立工作电压 U_m，而剩余部分的光生载流子则用来产生光生电流 I_m。

典型的晶体硅太阳能电池的结构如图 18-2 所示，其基体材料是薄片 P 型单晶硅，厚度在 0.3mm 以下，上表面为一层 N^+ 型的顶区，并构成一个 N^+/P 型结构。从电池顶区表面引出的电极是上电极，为保证尽可能多的入射光不被电极遮挡，同时又能减少

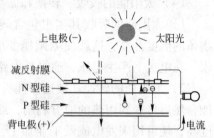

图 18-2　典型的晶体硅太阳能
电池的结构图

电子和空穴的复合损失，使之以最短的路径到达电极，所以上电极一般都采用铝-银材料制成栅线形状。由电池底部引出的电极为下电极，为了减少电池内部的串联电阻，通常将下电极用镍-锡材料做成布满下表面的板状结构。上、下电极分别与 N^+ 区和 P 区形成欧姆接触，尽量做到接触电阻为零。为了减少入射光的损失，整个上表面还均匀地覆盖一层用二氧化硅等材料构成的减反射膜。

每一片单体硅太阳能电池的工作电压大约为 0.45~0.50V，此数值的大小与电池片的尺寸无关；而太阳能电池的输出电流则与自身面积的大小、日照的强弱以及温度的高低等因素有关，在其他条件相同时，面积较大的电池能产生较强的电流，因此功率也较大。

太阳能电池一般制成 P^+/N 型或 N^+/P 型结构，其中第一个符号，即 P^+ 或 N^+ 表示太阳能电池正面光照半导体材料的导电类型；第二个符号，即 N 或 P 表示太阳能电池背面衬底半导体材料的导电类型。在太阳光照射时，太阳能电池输出电压的极性以 P 型侧电极为正，N 型侧电极为负。

N 型和 P 型半导体材料结构如图 18-3 和图 18-4 所示。

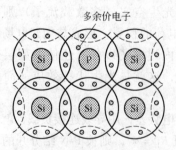

图 18-3　N 型半导体示意图

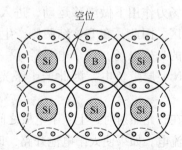

图 18-4　P 型半导体示意图

如果在纯净的硅晶体中掺入少量的 5 价杂质磷（或砷、锑等），由于磷的原子数目比硅原子少得多，因此整个结构基本不变，只是某些位置上的硅原子被磷原子所取代。由于磷原子具有 5 个价电子，所以 1 个磷原子与相邻的 4 个硅原子结成共价键后，还多余 1 个价电子，这个价电子没有被束缚在共价键中，只受到磷原子核的吸引，所以它受到的束缚力要小得多，很容易挣脱磷原子核的吸引而变成自由电子，从而使硅晶体中的电子载流子数目大大增加。因为 5 价的杂质原子可提供一个自由电子，掺入的 5 价杂质原子又称为施主，所以一个掺入 5 价杂质的 4 价半导体，就成了电子导电类型的半导体，也称为 N 型半导体，其示意图如图 18-3 所示。在这种 N 型半导体材料中，除了由于掺入杂质而产生大量的自由电子以外，还有由于热激发而产生少量的电子-空穴对。空穴的数目相对于电子的数目是极少的，所以把空穴称为少数载流子，而将电子称为多数载流子。

同样，如果在纯净的硅晶体中掺入能够俘获电子的 3 价杂质，如硼（或铝、镓或铟），这些 3 价杂质原子的最外层只有 3 个价电子，当它与相邻的硅原子形成共价键时，还缺少一个价电子，因而在一个共价键上要出现一个空穴，这个空穴可以接受外来电子的填补。而附近硅原子的共有价电子在热激发下，很容易转移到这个位置上来，于是在那个硅原子的共价键上就出现了一个空穴，硼原子接受一个价电子后也形成带负电的硼离子。这样，每一个硼原子都能接受一个价电子，同时在附近产生一个空穴，从而使得硅晶体中的空穴载流子数目大大增加。由于 3 价杂质原子可以接受电子而被称为受主杂质，因此掺入 3 价杂质的 4 价半导体也称为 P 型半导体。当然，在 P 型半导体中，除了掺入杂质产生的大量空穴外，热激发也会产生少量的电子-空穴对，但是相对来说，电子的数目要小得多。与 N 型半导体相反，对于 P 型半导体，空穴是多数载流子，而电子为少数载流子。P 型半导体示意图如图 18-4 所示。

但是，对于纯净的半导体而言，无论是 N 型还是 P 型，从整体来看，都是电中性的，内部的电子和空穴数目相等，对外不显示电性，这是由于单晶半导体和掺入的杂质都是电中性的缘故。在掺杂的过程中，既不损失电荷，也没有从外界得到电荷，只是掺入杂质原子的价电子数目比基体材料的原子多了一个或少了一个，因而使半导体出现大量可运动的电子或空穴，并没有破坏整个半导体内正、负电荷的平衡状态。

470. 太阳能电池的种类有哪些?

迄今为止，人类已探索研究了多种不同材料、不同结构、不同用途和不同形式的太阳能电池，以下简单介绍一下最常用的分类，如图 18-5 所示。

按基体材料分类
- 晶体硅太阳能电池
  - 单晶硅太阳能电池
  - 片状多晶硅太阳能电池
  - 铸锭多晶硅太阳能电池
  - 筒状多晶硅太阳能电池
  - 球状多晶硅太阳能电池
- 非晶硅太阳能电池
  - PIN 单结非晶硅薄膜太阳能电池
  - 双结非晶硅薄膜太阳能电池
  - 三结非晶硅薄膜太阳能电池
- 微晶硅薄膜太阳能电池
- 多晶硅薄膜太阳能电池
- 纳米硅薄膜太阳能电池
- 硒光电池
- 化合物太阳能电池
  - 硫化镉太阳能电池
  - 硒铟铜太阳能电池
  - 磷化铟太阳能电池
  - 碲化镉太阳能电池
  - 砷化镓太阳能电池
- 有机半导体太阳能电池

按结构分类
- 同质结太阳能电池
- 异质结太阳能电池
- 肖特基结太阳能电池
- 复合结太阳能电池
- 液结太阳能电池

按用途分类
- 空间太阳能电池
- 地面太阳能电池
- 光伏传感器

按工作方式分类
- 平板太阳能电池
- 聚光太阳能电池
- 分光太阳能电池

图 18-5　太阳能电池的分类

应该指出，晶体硅高效太阳能电池的发展特别引人注目，晶体硅电池在过去的 20 多年里有了很大发展，许多新技术、新工艺的引入使太阳能电池效率有了较大的提高。单晶硅高效电池的典型代表有澳大利亚南威尔士大学的纯化发射区电池（PESC、PERC、PERL）、美国斯坦福大学的背面点接触电池（PCC）以及德国 Fraumhofer 太阳能系统研究所的局域化背面场（LFC）电池等。

近年来，硅太阳能电池的一个重要进展来自于表面钝化技术水平的提高。从钝化发射区太阳能电池（PESC）的薄氧化层（小于 16mm）发展到 PCC/PERC/PERL 电池的厚氧化层（110mm），热氧化钝化表面技术已很好地降低了表面密度，使表面复合速度得到了下降。此外，表面 V 形槽和倒金字塔技术、双层减反射膜技术的提高和陷光理论的完善也进一步减小了电池表面的反射和对红外光的吸收，低成本高效硅电池也得到了较大的发展。

471. 太阳能电池能源回收年限是怎样的？

当从能源角度评价太阳能电池时，能源回收年限这个概念非常重要。所谓能源回收年限，是指用于制造太阳能发电系统所消费的能源，用太阳能发电系统产生的能源进行回收所需要花费的时间，这个指标取决于太阳能电池的转换效率和生产量。

图 18-6 为非晶体硅太阳能电池和多晶硅太阳能电池的估算结果。随着太阳能电池生产量的增加，能源回收年限在逐渐减少。如果每年生产 10^5kW 的太阳能电池，无论哪种太阳能电池的能源回收年限都可以达到 2 年以内。如果考虑到太阳能电池的寿命在 20 年以上的话，则能源回收年限就显得非常短，即能源回收年限

$$EPT = E_0/E_g$$

式中　E_0——制造太阳能发电系统所消费的能源；

　　　E_g——太阳能发电系统寿命期间所生产的能源。

也就是说，太阳能电池具有能源性自我增值能力，太阳能电池作为新的能源是非常有效的。

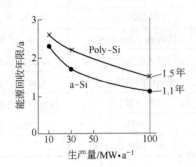

模块效率/%			
生产规模/MW·a^{-1}	10	30	100
a-Si	8.0	10.0	12.0
Poly-Si	11.9	12.3	13.2

图 18-6　能源回收年限与生产量的依存关系

Poly-Si—多晶硅（Polycrystaline-Si）；a-Si—非晶硅（Amorphous-Si）

（资料来源：PVTEC《太阳能发电评价的调查研究》，2000 年 NEDO 委托业务成果报告书。）

472. 太阳能电池的转换效率是怎样的？

太阳能电池接受光照的最大功率与入射到该电池上的全部辐射功率的百分比称为太阳能电池的转换效率，即

$$\eta = U_m I_m / A_t P_{in} \tag{18-1}$$

式中　U_m，I_m——最大输出功率点的电压、电流；

　　　A_t——包括栅线面积在内的太阳能电池总面积；

　　　P_{in}——单位面积入射光的功率。

有时也用活性面积 A_a 取代 A_t，即从总面积中扣除栅线所占面积，这样计算出来的效率要高一些。

例：某一面积为 100cm^2 的太阳能电池，测得其最大功率为 1.5W，则该电

池的转换效率是多少？

解： 根据式（18-1）可得：

$$\eta = U_m I_m / A_t P_{in} = 1.5/(100 \times 10^{-4}) \times 1000 = 15\%$$

目前各类太阳能电池的实验室转换效率的记录如表 18-1 所示。

表 18-1　目前各类太阳能电池实验室转换效率的记录

电池种类	转换效率/%	研发单位	备　注
单晶硅电池	24.7	澳大利亚新南威尔士大学	4cm² 面积
背接触聚光单晶硅电池	26.8	美国 Sun Power 公司	96 倍聚光
GaAs 多结电池	40.7	Spectro Lab	333 倍聚光
多晶硅电池	20.3	德国弗朗霍夫研究所	1.002cm² 面积
InGaP/GaAs	30.28	日本能源公司	4cm² 面积
非晶硅电池	12.8	美国 USSC 公司	0.27cm² 面积
CIGS 电池	19.9	美国可再生能源实验室	0.41cm² 面积
CdTe 电池	16.5	美国可再生能源实验室	1.032cm² 面积
多晶硅薄膜电池	16.6	德国斯图加特大学	4.017cm² 面积
纳米硅电池	10.1	日本钟渊公司	2μm 膜（玻璃衬底）
染料敏化电池	11.0	EPFL	0.25cm² 面积
HIT 电池	21.5	日本三洋电机公司	

工业化生产中太阳能电池的光电转换效率，主要与它的结构、结特性、材料性质、电池的工作温度、放射性粒子辐射损坏和环境变化等有关。现在商品单晶硅太阳能电池的转换效率一般为 12% ~15%，高效单晶硅太阳能电池的转换效率为 18% ~20%。

随着科学技术的进步，估计单晶硅转换效率可达约 27%，多晶硅及非晶体硅将提高到 20% 左右。

473. 太阳能级多晶硅纯度的标准及计量单位是怎样的？

太阳能级多晶硅纯度的标准及计量单位如表 18-2 所示。

表 18-2　太阳能级多晶硅纯度标准及计量单位

序　号	名　称	Si 纯度	表示方法
1	工业硅	98% ~98.9%	1N
2	化学级工业硅	99.1% ~99.5%	2N
3	冶金法太阳能级多晶硅	99.99% ~99.9999%	4 ~6N
4	改良西门子法太阳能级多晶硅	99.9999% ~99.99999%	6 ~7N

474. 工业硅中都有哪些杂质?

(1) 非金属杂质包括:B、P、C、O、N;金属杂质包括:Fe、Al、Ca、Ti、Ni、Cu、In、As、Sb、Bi、Sn、Li、Zn、Au、Ni、Co、Ta。

(2) 按分凝系数 K_0 分类杂质如表18-3、表18-4所示。

表18-3 用凝固法难以分离的杂质 ($K=1$)

杂 质	B	P	As	O
K_0	0.8~0.9	0.35	0.30	0.5

表18-4 用凝固法较容易分离的杂质 ($K_0 < 1$)

杂 质	Fe	Ta	Co	Ni	Au	Cu	Zn
K_0	8×10^{-6}	1×10^{-7}	8×10^{-6}	2.5×10^{-5}	2.5×10^{-5}	4×10^{-4}	1×10^{-5}
杂 质	Li	Sn	Bi	Sb	In	Ca	Al
K_0	1×10^{-2}	2×10^{-2}	7×10^{-4}	2.3×10^{-2}	4×10^{-4}	8×10^{-3}	2×10^{-3}

由此可以看出,要将工业硅提纯,达到4~6N,其难度在于B、P两种杂质的排除,这就是为什么必须用真空精炼蒸发去除P及真空氧化去除B,以及采用定向凝固法去除那些 $K_0 \leqslant 1$ 的杂质的原因。

475. 什么是分凝现象?

当含有杂质的融硅缓慢凝固时,其中的同种杂质在固相硅和液相硅中浓度不同,称此现象为分凝现象。

476. 什么是分凝系数?

$$K_0 = C_S / C_L \qquad (18-2)$$

式中 C_S——固相中某杂质的浓度;

C_L——与固相硅平衡的液相硅中杂质的浓度。

K_0 即为分凝系数,用分凝系数的大小可以判断用凝固法分离杂质的可行性。当 $K_0 = 1$ 时则表明用凝固法难以分离的杂质;若 $K_0 < 1$ 时则是用凝固法可以分离的杂质。

477. 太阳能级多晶硅中杂质的计量方法是什么?

国外常用 ppm、ppb、ppt 三种单位来表示多晶硅中杂质的含量:

1ppm = 1×10^{-6} = 1/1000000,即百万分之一

1ppb = 1×10^{-9} = 1/1000000000,即十亿分之一

1ppt $= 1 \times 10^{-12} = 1/1000000000000$，即兆分之一。

目前常用的单位是 ppm。

例如硅水中含 P 为 0.006%，即 $60/1000000 = 60 \times 10^{-6} = 60$ppm；

含 Fe 为 0.4%，即 $4000/1000000 = 4000$ppm。

478. 太阳能级多晶硅中杂质的标准是什么？

目前尚无统一标准，有些报道指出国外多晶硅产品的要求如下：

$w(C)$、$w(O)$ 含量 $< 5 \times 10^{-6}$；

$w(B)$、$w(P)$ 含量 $< 0.5 \times 10^{-6}$；

金属杂质含量 $< 0.1 \times 10^{-6}$。

而美国 C. P. Khattak 生产 5N 的数值要求杂质含量如表 18-5 所示。

表 18-5　美国 C. P. Khattak 生产 5N 的数值

产品等级	杂质成分 $w/10^{-4}\%$							
	B	P	Ca	Ti	Fe	Ge	As	Al
冶金硅	20~60		400~900	150~200	1600~3000			1200~4000
太阳硅	0.13	11	5	1.2	24	2.9	0.16	26

479. 化学工业硅的企业标准是什么？

化学工业硅的企业标准如表 18-6 所示。

表 18-6　化学工业硅的企业标准（杂质含量不大于）　　　%

产品品级	Fe	Al	Ca	备　注
111	0.1	0.1	0.1	企　标
311	0.3	0.1	0.1	企　标
321	0.3	0.2	0.1	企　标
421	0.4	0.2	0.1	GB 2881—1991
521	0.5	0.2	0.1	企　标
441	0.4	0.4	0.1	企　标
541	0.5	0.4	0.1	企　标
551	0.5	0.5	0.1	企　标

480. 高纯硅材料按其使用目的可分为哪几个等级？

大体可分为三个等级：

（1）太阳能电池级；

（2）半导体级；

（3）超大规模集成电路级。

高纯度的提纯可采用区熔精炼或其他定向凝固技术进行，其基本原理是利用杂质在固相和液相中的浓度不同所产生的分凝现象。

Si 中绝大多数杂质在凝固过程中"择优"分凝到液相中，使这些杂质富集在一端而使材料得以提纯。

由于许多杂质的分凝系数 K_0 很小（为 $10^{-5} \sim 10^{-1}$），因而通过重复若干次的定向凝固，可使这些杂质减少到 10^{-9} 量级。但 B 和 P 两个例外，这两个杂质的 K_0 值都接近 1，因此需要用化学提纯的方法或其他方法减少其含量。

481. 什么是化学法，西门子法是怎样生产多晶硅、单晶硅的？

化学提纯是制取高纯金属的基础，除直接用化学方法获得高纯金属外，常常是把被提纯金属先制成中间化合物（氧化物、卤化物等），通过对中间化合物的蒸馏、精馏、吸附、络合、结晶、歧化、氧化、还原等方法将化合物提纯到很高纯度，然后再还原成金属，如锗、硅选择四氯化锗、三氯氢硅、硅烷（SiH_4）作为中间化合物，经提纯后再还原成锗和硅。化学提纯的方法很多，目前，多晶硅生产的主流工艺是西门子法，个别厂家采用硅烷热分解工艺。

西门子法生产多晶硅工艺流程如下：

多晶硅生产的原料是冶金级硅（通常写成 MG-Si），它是由石英和焦炭在矿热炉炼出的，其反应式如下：

$$SiO_2 + 2C \xrightarrow{1800 \sim 2300K} Si + 2CO \tag{18-3}$$

石英纯度不高，一般仅为 98% ~ 99%，主要用于金属冶炼。在半导体工业中，MG-Si 的纯度要求达到 99.99%，这就要求对石英、焦炭等进行预处理。多晶硅工艺中，MG-Si 在沸腾焙烧炉中与干燥氯化氢作用生成硅的氯氢化合物，反应式为：

$$Si + 3HCl \xrightarrow{500 \sim 700K} SiHCl_3 + H_2 \tag{18-4}$$

反应产物中除 $SiHCl_3$ 外，还含有 SiH_2Cl_2 和 $SiCl_4$ 等。所得粗 $SiHCl_3$ 再经精馏提纯获得高纯 $SiHCl_3$（沸点 304.95K）。高纯 $SiHCl_3$ 在高温下以高纯 H_2 还原生成多晶硅，纯度可达半导体级，反应式如下：

$$SiHCl_3 + H_2 \xrightarrow{1400K} Si + 3HCl \tag{18-5}$$

改良西门子法是目前电子级多晶硅生产的主流技术，但是技术及设备均较为复杂、工艺条件苛刻，产生大量废水、废液（每生产 4t 多晶硅附带产生 3500t SiHCl₃和 4500t SiCl₄ 有毒废液）。

此外，70% 以上的提炼多晶硅是通过氯气排放，故物料和电能的损耗大，制造成本高。但这种经过改良的西门子法可用于多晶硅超高纯度（9 ~ 11N 级）提炼。

改良西门子法工艺流程如图 18-7 所示。

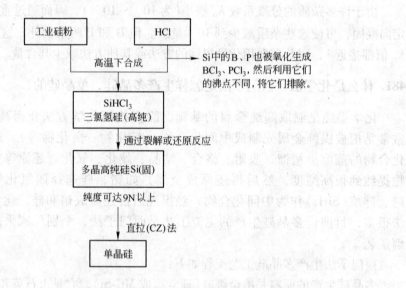

图 18-7　改良西门子法工艺流程图

482. 冷坩埚连续多晶硅制备的方法是怎样的？

所谓冷坩埚连续多晶硅制备法是指结合冷坩埚的无污染特点，利用真空感应熔炼并结合连续铸造/定向凝固的方法来去除冶金硅中的杂质，用以制备太阳能级多晶硅。

该方法首先由法国学者 Ciszek 引入到太阳能多晶硅锭的制备，后来 Gilles、Dour 等人又作了进一步研究，该实验装置如图 18-8 所示。

该方法由于采用了连铸工艺，除提高了生产率之外，还有助于得到标准均匀的多晶硅组织，提高了材料的利用率；冷坩埚的采用，使得熔体不受污染，有利于材料纯度的提高。因此，用该项技术制备太阳能级多晶硅不仅降低了成本，在一定程度上也提高了太阳能电池光电转换的效率。

有研究表明，如果晶界垂直于器件的表面，晶界对材料的电学性能几乎没有影响。定向凝固有利于长成晶粒的柱状晶，大晶粒使得晶界减少，柱状晶有利于后续处理切片时使晶界垂直于硅片表面，减少晶界对材料电学性能的影

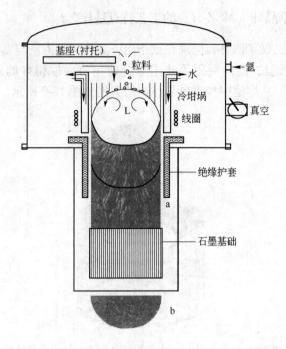

基座(衬托)

粒料

水

氩

冷坩埚

线圈

真空

L

绝缘护套

a

石墨基础

b

图 18-8 冷坩埚连续多晶硅制备法试验装置示意图

响。所以，若在此冷坩埚连铸的基础上配合以定向凝固获得大晶粒柱状晶组织，将有助于多晶硅太阳能电池性价比的进一步提高。这里所说的定向凝固是指在凝固过程中采用强制手段，在已凝固金属和未凝固金属熔体中建立起特定方向的温度梯度，从而使熔体沿着与热流相反方向凝固，最终得到具有特定取向组织的技术。

国内哈尔滨工业大学和大连理工大学等单位也采用冷坩埚感应熔配方法直接由工业硅制得多晶硅锭。实验结果表明冷坩埚真空感应熔炼结合定向凝固、连续铸造技术是一种制备洁净硅锭的有效方法，防止了坯料在熔化过程中的氧化，而且能有效地去除工业硅中易挥发的杂质元素；定向凝固由于其单向散热的特点，能够得到连续生长的柱状晶凝固组织。

483. 生产单晶硅时都有哪些工艺技术？

（1）直拉法；

（2）水平法；

（3）区域熔炼法；

（4）磁拉法。

484. 磁控直拉单晶硅（MCZ-Si）的工艺特点是什么？

第 454 问中已做了回答，但现在欲指出，如果这种方法与真空感应熔炼并结合冷坩埚连续铸造法/定向凝固等技术综合使用将会取得好的效果。国外采用 Czocharlsky 工艺，从熔池中拉出单晶硅锭的案例如图 18-9 所示。

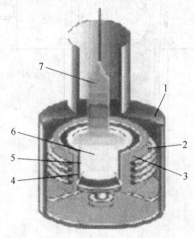

图 18-9　Czocharlsky（卓克拉斯基）方法拉出单晶硅锭

1—室；2—感应线圈；3—碳绝缘；4—石墨坩埚；
5—石英衬板；6—熔融硅；7—单晶（体）

由该图可知，纯硅小种子棒插入熔融金属的表面，并慢慢地通过模具撒出，模具相对于熔池旋转或熔池也可相对于模具旋转，无论哪种形式，均可形成单晶硅坯料。

485. 区熔硅工艺的特点是什么？

这种方法的特点是，固体多晶仅部分熔化形成一个熔区，随着熔区的移动，熔区前方的固相随之熔化，而其后的液相则随之凝固，熔区本身则保持恒定的宽度，在所有生长单晶的方法中，悬浮区熔法提纯效果最好，生成的硅单晶纯度最高。

用该法制成的高阻单晶，电阻率可达 $3000 \sim 20000 \Omega \cdot cm$，接近本征硅电阻率 $3.16 \times 10^{5} \Omega \cdot cm(300K)$。

486. 什么是中子掺变工艺（NTD），其特点是什么？

中子嬗变掺杂是伴随 FZ-Si 单晶工艺而发展起来的一种掺杂工艺。中子嬗变掺杂技术可概括如下：自然界存在的硅元素由三种同位素组成，^{28}Si、^{29}Si 和 ^{30}Si；^{30}Si 占硅元素总含量的 3.09%。正是利用 ^{30}Si 与中子辐照产生核子反应这一特性，构成了中子嬗变掺杂技术的实质内容。

NTD 技术采用的原料是非掺杂 FZ-Si，其电阻率要高于 $5000\Omega \cdot cm$。这种材料的基磷与基硼都非常低，利用 NTD 技术将硅中的 ^{30}Si 转变为 ^{31}P，即可实现硅的 N 型掺杂。由于硅中 ^{30}Si 的分布非常均匀，因而嬗变产生的磷分布也非常均匀，这就使 NTD-Si 的电阻率分布也非常均匀，这恰恰满足了电力电子器件的需要。

NTD 过程的核反应可以下式表述：

$$^{30}Si(n,\gamma) \longrightarrow ^{31}Si \xrightarrow{2.62h} ^{31}P + e \qquad (18-6)$$

具体操作过程为：将 FZ-Si 置于核反应堆中，经中子照射，其中的 ^{30}Si 转变为 ^{31}Si。^{31}Si 的半衰期为 2.62h，在放置过程中它放出一个电子转变为稳定同位素 ^{31}P。

硅单晶经中子照射后，除了实现 N 型掺杂外，其单晶晶格遭受严重破坏，通过高温退火可使其晶格损伤获得修复，从而制成了电阻率非常均匀的 N 型 Si 单晶。

487. 什么是太阳能级硅的物理提纯度，其方法是怎样的?

物理提纯主要利用蒸发、凝固、结晶、扩散、电迁移等物理过程去杂质，物理提纯方法主要有真空蒸馏、真空脱气、区域熔炼、单晶法、电磁场提纯等。

日本在 20 世纪末首先成功开发出物理提纯技术，目前，日本制造太阳级硅的方法主要是使用精炼的冶金级硅，采用电子束加热真空抽除法去除 P 杂质，然后凝固；再采用等离子体氧化法去除 B 及 C，再凝固；采用水蒸气混合的等离子体可将 B 含量降低到 0.1ppm 的水平，经过再凝固硅中的金属杂质可达到太阳级硅的要求，即 6N 级的纯度要求。

冶金法(熔融析出法/VLD)流程如图 18-10 所示。

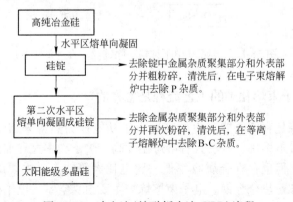

图 18-10　冶金法(熔融析出法/VLD)流程

488. 金属 Si 中的不纯物含有量和精炼目标是什么?

金属 Si 中的不纯物含有量和精炼目标如表 18-7 所示。

表 18-7　金属 Si 中的不纯物含有量和精炼目标　　　　　　　　$\times 10^{-6}$

材料 ＼ 不纯物 w	P	B	Fe	Al	Ti	C
金属 Si	25	7	1000	800	200	50
SOG-Si	<0.1	0.1～0.3	<0.1	<0.1	<0.1	<5

开发目标如下:

品质（纯度）：Fe、Al、Ti、P 含有量小于 0.1×10^{-6}；C 含有量小于 5×10^{-6}；

阻抗：P 型 $0.5 \sim 1.5\Omega \cdot cm$。

489. 金属 Si 中不纯物去除过程（真空条件下）是怎样的?

金属 Si 中不纯物去除过程（真空条件下）如图 18-11 所示。

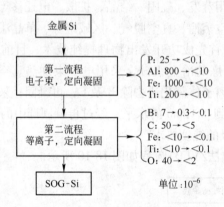

图 18-11　金属 Si 中不纯物去除过程（真空条件下）

490. 冷坩埚电子束熔化炉的工艺流程是怎样的?

电子束熔炼是利用电能产生的高速电子动能作为热源来熔炼金属的冶金过程，又称电子轰击熔炼。该法具有熔炼温度高、炉子功率大和加热速度快、提纯效果好的优点，但也存在金属收率低、比电耗大等缺点，主要应用于生产高熔点、活性金属和耐热合金钢。电子束熔炼炉主要由真空室、电子枪和枪用电源构成。电子束发射系统为其核心部分，电子枪结构形式繁多，常用的是近阴极的环

状枪和远距离的磁聚焦枪两种。环状枪是用环状
金属钨丝作电子枪的阴极，与环状聚束极共处在
负高电位，被熔炼的金属棒（或熔池）为阳极，
处于零电位。阴极、聚束极和阳极构成加速电场，
钨丝上的热电子被加速和聚焦（电场聚焦），形成
高速电子流直接轰击金属棒或熔池，使金属熔化；
磁聚焦电子枪是用球面耐热金属钽、钨或其他合
金作阴极，与灯罩形的聚束极共处于负高电位，
带孔阳极（又称加速阳极）处于零电位，三个电
极构成加速电场，阴极上的热电子被加速和聚焦
（电场聚焦），穿过阴极中央孔形成高速运动的电
子束，再用一个或多个磁透镜的磁场聚焦和一个
磁偏转场，使电子束引向金属棒和熔池，使金属
熔化。电子束熔炼示意图如图 18-12 所示，冷坩埚

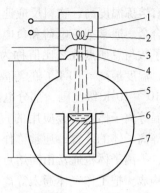

图 18-12　电子束熔化炉
示意图（水冷铜坩埚）
1—炉壳；2—灯丝；3—阴极；
4—加速阳极；5—电子束；
6—物料（锭）；7—阳极

电子束熔化炉流程示意图如图 18-13 所示。电子束熔炼温度可达 3000℃ 以上，炉
内真空度达 0.133 ~ 0.0133Pa，极有利于真空下碳氧充分反应，能得到良好的脱
氧效果。在熔炼过程中蒸气压比目的物金属高的杂质都以金属蒸气形式逸出，通
常经过两次熔炼就可获得高纯度的金属材料。

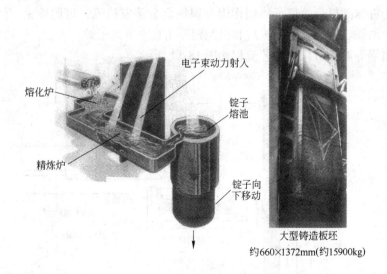

图 18-13　冷坩埚电子束熔化炉流程示意图

491. 冷坩埚等离子熔化炉的工艺流程是怎样的?

等离子熔炼是利用电能产生等离子弧作为热源来熔炼金属的冶金过程，该法

具有熔炼温度高、物料反应速度快的特点，常用于熔炼、精炼和重熔高熔点金属和合金。通常把正电荷和负电荷浓度相等的电离气体称为等离子体；电离气体的离子数与总质点数之比值称为电离度。电离度随电离温度升高和压力降低而增大，温度最高（10^6K）的等离子体，其电离度为 1，称为高温等离子体；温度约为 $10^3 \sim 10^4$K 级范围，部分电离的等离子体称为低温等离子体，冶金上用的都是低温等离子体。冶金应用的直流等离子弧的弧心温度可达 24000 ~ 26000℃。产生等离子体的装置，通常称作等离子枪，有电弧等离子枪和高频感应等离子枪两类，等离子体枪通常由高熔点金属钨、钽作非自耗阴极，由喷嘴或加热物料作阳极构成。把工作气体通入等离子枪中，枪中有产生电弧或高频（5 ~ 20MHz）电场的装置，工作气体受作用后电离，生成由电子、正离子以及气体原子和分子的混合物组成的等离子体。等离子体从等离子枪喷口喷出后，形成高速、高温的等离子弧焰（其温度高于一般的弧焰）。等离子枪可以用惰性气体（氩）、还原性气体（氢）及两者的混合物或其他气体作介质，从而达到不同的冶金目的。例如，用惰性气体的等离子体，可以熔炼高熔点金属、活泼金属，并对金属或合金进行提纯；用氢或含氢气体作介质，可以从氧化物获得金属（铁、铝、银、钽、锆、钨等），如将氧化钨投入氢等离子弧（约 2000 ~ 5000℃），即可制得特细（0.02 ~ 0.1μm）的非自燃钨粉，回收率达 98%；用氩气和氧气作为工作气体和反应气体氧化 $TiCl_4$，在 1500℃下反应时间仅需 $10^{-2} \sim 10^{-3}$s，所得 TiO_2 晶粒粒度 <1μm，适用于作特殊颜料；等离子体用作镍和镍钴合金蒸发精炼，可脱除铅、锌、锡。高熔点金属钛、铌、铬等的重熔和提纯则采用真空等离子炉。

冷坩埚等离子熔化炉工艺流程如图 18-14 所示。

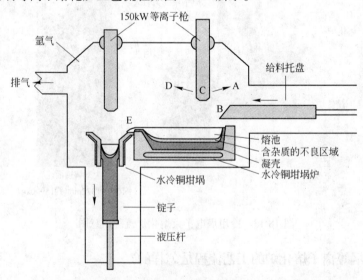

图 18-14　冷坩埚等离子熔化炉工艺流程图

492. 熔化硅材料所用坩埚有哪些，其技术要求是什么？

（1）水冷坩埚即用真空水冷铜坩埚感应凝壳熔炼（ISM）；

（2）难熔金属坩埚；

（3）陶瓷类坩埚；

（4）有保护涂层的石墨坩埚。石墨熔点约为 3650℃，热导率高，线膨胀系数小，高温强度大，抗热震性好，几乎不受酸、碱、盐及有机物的侵蚀，也不会被熔融金属和熔渣浸润。此外，它比重小、易加工成形。但石墨系多孔材料，常温下会吸附一定数量的气体、水分，加热时会逸出一部分，900℃ 和 B 作用生成 BC。

因此，拟采用的涂敷石墨涂层方法包括：浸沾法、溶胶-凝胶法、化学气相沉积法、热喷涂法以及等离子喷涂法。

（5）石英坩埚。

493. 材料在冷坩埚中加热的特点是什么？

材料在冷坩埚中加热的特点由直接高频加热非金属材料的电性能所决定。对于非金属材料——固态下为介电体来说，熔体的电阻比固相小几个数量级；对于金属来说，熔体的电阻与固态金属相比要高得多。正因为金属固相的电阻要比熔体的小，那么，金属就要吸收大量的高频场能量并屏蔽熔体。

494. 冷坩埚中材料的熔化过程是怎样的？

冷坩埚中材料的熔化工艺过程分以下三个阶段。

（1）"引发"或称"启动"的熔体，它需靠附加的热源才能做到，可采用以下两种方法，一是靠输入束流能量的熔化，借助于喷枪（气体或等离子喷枪）；二是电弧以及向熔融的物体中加入其他导电材料即加热熔体的熔化。在高频场作用下，熔体达到临界体积之后，所有的材料都逐渐熔化，只有与冷坩埚壁相接触的表面层除外。

（2）过渡阶段。向坩埚中添加新的原料组分，直到达到所需的熔体体积为止。当原料全部熔化时，就达到了平衡状态，这种状态可以保持很长时间。

（3）熔化阶段（最终单、多晶的形成）。当电源关闭时，发生快速大规模的结晶或者生成玻璃状态物质，也就是形成多晶铸锭或玻璃体。如果用逐渐降低电源功率或者缓慢下降相对于感应器的带有熔体的坩埚位置的办法，对熔体进行缓慢的定向结晶，可制得大块的单晶。

冷坩埚中硅料熔化过程如图 18-15 所示，ε 为原料孔隙度，$\varepsilon = (V - V_0)/V$，其中：$V$ 为原料总体积；V_0 为原料颗粒所占体积。其孔隙度 $\varepsilon_1 = 0.78$；$\varepsilon_2 = 0.86$。

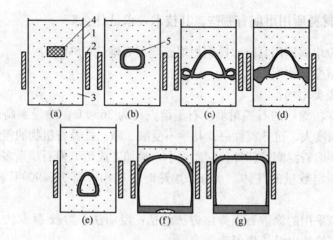

图 18-15　冷坩埚中硅料熔化过程示意图（a）和原料熔化时熔体蔓延
的示意图 ε_1（(b)、(c)、(d)）及 ε_2（(e)、(f)、(g)）

1—坩埚；2—感应器；3—原料；4—启动（引燃）金属；5—熔体

第 19 章　EPM 技术在资源综合利用与环境保护方面的应用

495. 运用石墨资源的提纯是怎样进行的?

我国某些地区有着丰富的石墨矿资源,这些石墨资源对民用及国防工业有重要意义,但要使其充分发挥作用,就必须对石墨矿的石墨进行提纯。例如将原料为含碳 95% 以上的石墨粉,提纯后达到 99.99% 以上的高纯石墨。

目前,国内大部分生产厂家在石墨提纯过程中,使用的是周期式通气的炉子,使用的气体大多是氯气和二氟二氯甲烷(氟利昂),其生产条件极差,有害气体对环境污染严重,能源浪费大(7000~7500kW·h/t),而且生产率低下,产品质量不高。

为了改变上述状况,现国内正在开发在真空条件下采用感应加热的卧式或竖式的 SMTCL-3K 真空高温连续式微晶提纯设备,如图 19-1 所示。整条生产线从加料到出料是真空排气连续性封闭式生产。采用了真空排气、中频电磁感应加

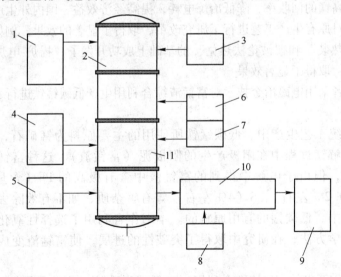

图 19-1　SMTCL-3K 真空高温连续式微晶石墨提纯设备示意图

1—连续加料系统;2—真空加料区;3—保护气体供应站;4—中频电源;5—高温推进器;
6—真空系统;7—高温风机及热交换器;8—冷却水循环系统;9—出料系统;
10—强制水冷区;11—超高温加热区

热、碳毡保温、远红外测温、废气过滤净化排出、石墨粉可控推进、强制水冷、自动控制和程序控制等一系列先进技术，使得生产线变得先进合理，不仅大大节省能源，提高生产率，提高产品质量，还改善了环境。

496. 富锰渣综合利用的情况是怎样的？

我国自 1956 年在上海冶炼厂建成第一条电解锰生产线以来，经过 50 多年的发展，目前全国已有电解锰生产厂家接近 70 家，总生产能力大于 9×10^4 t/a，居世界首位。这些电解锰生产厂家多数集中在湖南境内，仅湖南就有 30 多家，其余分布在四川、陕西、贵州、云南、广西、安徽、江苏、河北、山西等地。

目前国内外生产中、低碳锰铁的方法主要有电硅热法、摇炉法和吹氧法三种。

电硅热法冶炼中、低碳锰铁的实质是用矿热炉生产的锰硅合金中的硅作为还原剂，在精炼炉内还原锰矿中的氧化锰，待合金中的硅降低到规定的范围后，其产品即为中、低碳锰铁。

摇炉法冶炼中、低碳锰铁是 20 世纪 70 年代后期发展起来的一种节能型冶炼新技术，其中摇炉用于中碳锰铁预炼的方法称为摇炉电炉法；用于直接产生中碳锰铁的方法称作摇炉硅热法。

吹氧脱碳法生产中、低碳锰铁是以矿热冶炼的高碳锰铁为原料，热兑到转炉中，通过氧枪吹入氧气，氧化高碳锰铁中的碳而获得中、低碳锰铁。

为了提高锰的回收率，降低冶炼电耗，提高经济效益，国内外生产厂家经过不懈努力，对原有生产工艺进行了研究改革，取得了显著的效果。例如我国在借鉴"新潟法热装"和"波伦法热兑"的基础上成功开发了"摇炉-电炉法"生产中低碳锰铁，取得了显著效果。

本书作者采用电磁冶金技术对富锰渣综合利用生产低碳锰铁进行了探索性的研究。

（1）传统工艺生产中、低碳锰铁所使用的主要原料为锰矿石，我们现在使用的是电解锰过程中在阳极产生的阳极泥（富锰渣）。这种富锰渣锰含量比锰矿石高，但由于电解中得到的富锰渣中含有极高的 Pb（含量达 4% 左右）、Sn（0.2% 左右）、S（4% 左右）等有害杂质，如不有效除去，是不可能成为精炼中、低碳锰的有用原料的。本书作者利用了选择性氧化和还原挥发的物理化学方法，在研究中取得了突破性的进展，使富锰渣变成优质锰铁的原料。

（2）我们开发的富锰渣综合利用生产低碳锰铁的工艺具有创新性。它完全有别于以上所述的电硅热法、摇炉法和吹氧法以及摇炉-电炉法等传统方法，而是采用了国内外无先例的，在中频沸腾焙烧炉与变频炉精炼焙烧炉中进行沸腾焙烧，使富锰渣中的锰进一步富集，并将原来富锰渣中的 Pb、Sn、S 有害杂质大部分去除，能够满足精炼的要求。随后将经过焙烧后的富锰渣再加入高 Si 低 P 的 Si-Mn 合金作为还原剂，配加其他造渣剂，在可变频的精炼炉中精炼成低碳锰铁。

（3）与我们所开发的新工艺相配套的装置也是具有开创性的。焙烧含 Pb、Sn、S 较高的富锰渣时，虽然可以采用传统的回转窑法进行处理，而且用回转窑实验研究也是成功的，但回转窑焙烧富锰渣时温度控制难以保持稳定性，热能利用率低、环保条件差，也是不容易克服的缺点，所以，我们开发了利用中频炉沸腾焙烧的方法。中频炉沸腾焙烧温度的可控性好，当地电费较低，故经济上是合算的，而且环保条件远优于回转窑，热能利用率也高。它是把沸腾焙烧炉与中频炉两种装置的优点融于一体的创新设备，目前尚未发现有类似实践的先例。此外，对于解决好精炼时不增碳且保持良好的动力学搅拌条件，以获得优良的低碳锰铁，采用的变频精炼炉同样也是具有开拓性的。

综合以上所述可以认为，利用电磁处理技术解决富锰渣资源再生利用，是一种环境友好型新工艺和新装置。

497. 富锰渣的化学成分大概是怎样的？

图 19-2 所示的是 A、B 两个锰渣综合样的 X 射线能谱对比，表明它们的基本化学组成相同，但相对而言，B 样中的 S 高而 Mn 低些，其他主要杂质元素为 Mg、Pb、Sn、Ca 及微量 Fe。A、B 两锰渣的基本化学组成分析结果如表 19-1 所示。

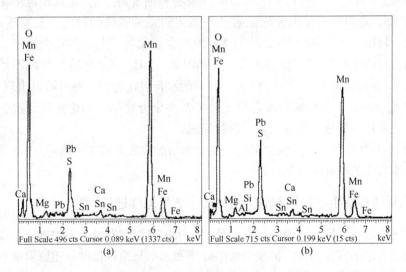

图 19-2　锰渣化学成分的 X 射线分析

(a)锰渣综合样 A；(b)锰渣综合样 B

表 19-1　A、B 两锰渣的基本化学分析结果

样品编号	基本化学组成分析结果 w/%									烧损 (900℃)
	Mn	Pb	Sn	SiO$_2$	CaO	MgO	Al$_2$O$_3$	S	P	
A	51.82	4.15	0.26	0.36	0.34	1.00	<0.05	3.65	0.02	23.48
B	49.15	3.30	0.23	0.61	0.31	1.34	<0.05	4.91	0.02	26.03

注:"烧损"包括 H$_2$O 及硫酸锰中的 SO$_3$,甚至包括氧化锰在高温下脱去的部分氧,105℃烘干,1h 失重(H$_2$O$^-$)分别为 7.57%、7.44%。

分析结果表明,本渣中 Mn 的含量相当高,若考虑到其烧损量超过 20%,可预计加热脱水脱硫后 Mn 的含量达到 65%(质量分数)以上是可能的,该品位超过一般的天然矿石。但是物料中含有显著数量的杂质 Pb、Sn、S;在考虑其合理利用方案前必须首先解决除去这些杂质的问题,而查明锰及其中重要杂质的状态又是考虑除杂方法的基础。

498. 富锰渣相组成是怎样的?

利用 X 射线衍射分析、扫描电镜鉴定等手段,对锰渣的组成进行了初步考察,结果证明:以金属 Mn 形式存在的含量不多,Mn 主要以水合氧化物形式(水羟锰矿)存在,结晶程度很差,分析数据中烧损的大部分即由其脱水引起;部分 Mn 为硫酸锰形式,这是样品中 S 的主要来源。如果用水或稀酸浸溶锰的硫酸盐来脱 S,残余 S 含量 0.3% ~ 0.1%(视物料细度而定),而且相应溶出相当部分的 Mn,这意味着浸出方法脱硫既不能达到完全脱硫的目的,又将造成 Mn 的分散。目前所见大部分 Pb 总是与 Mn 的水合氧化物一起,偶见金属铅,考虑到天然化合物中存在"羟锰铅矿"——PbMnO$_2$(OH)一类物质,所以不排除绝大多数 Pb 亦以此形态分散于主体相,即锰的水合氧化物中。有时可以出现 Pb 与 Sn 组成化合的,二者与锰的水合氧化物关系亦十分密切。无论何种情况,看来都不可能采用机械选矿的方法大量脱除铅锡。

图 19-3 为锰渣的 X 射线衍射谱,主要为结晶程度差的水羟锰矿(V)及含 5 个结晶水为主的硫酸锰(MS)。

499. 富锰渣提炼用磁控技术的方法及其工艺是怎样进行的?

首先欲进行基础性实验,经实验证实,采用高温挥发脱杂质的方法可以获得合格的冶金用的富锰物料,但脱杂质的效果和速率与原料粒度、还原温度、还原剂配比及粒度构成以及通气速度等因素有关。

在小型基础实验的条件下,进行中频沸腾焙烧的动态半工业装置试验,功率

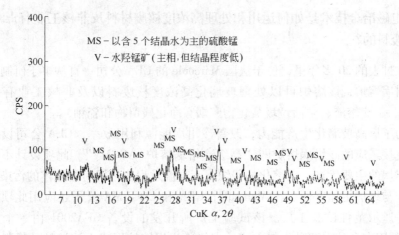

图 19-3　锰渣的 X 射线衍射谱

为 100kW、容量为 150kg，炉子底部装有透气砖，炉内温度控制在 950～1100℃，保温时间为 1.5～2h，炉底透气砖为包含了 ϕ1mm×12mm 不锈钢针管的镁质砖，供气压力为 P=0.1～0.3MPa，整个精炼过程约 4h，停炉时温度为 1600℃，焙烧后的富锰渣、精炼时的熔渣和获得的低碳锰铁如图 19-4 所示。

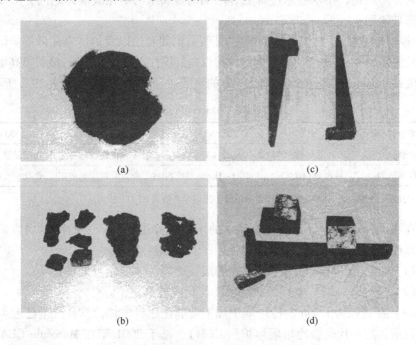

图 19-4　富锰渣精炼后获得的低碳锰铁

(a)焙烧后的富锰渣；(b)精炼时的熔渣；(c)低碳锰铁；(d)低碳锰铁断面

500. 电磁冶金技术是如何运用和处理高浓度核废材料及非核工业有毒废料的?

在过去的 20 多年里,位于法国 Marcoule 的 CEA 公司一直从事于研制直接感应冷坩埚熔炉,该熔炉可以处理玻璃化高浓度核废料以及非核工业有毒废料(石棉、工业熔渣、生活垃圾焚化物、烟雾净化残留物和瓷釉)。

为了提高玻璃化生产能力,改善冷坩埚能源利用效率,CEA 公司设计了新型的直接感应的冷坩埚熔炉即"高级冷坩埚熔炉(ACCM)"。此项设计不仅保留了冷坩埚的主要优点:无熔化的侵蚀,无高温过程使坩埚对熔融体的污染,而且使操作与维护更加方便。在 Marcoule,CEA 和 COGEMA 公司还应用此项技术建设了一座示范性试验工厂。该试验工厂所开发的设备 CFA2001 由一个直径为1.1m 的固态和液态两种供料方式的高级冷坩埚熔炉组成,该熔炉的供料水平可以达到 200kg/h 固态原料或 80L/h 的液态原料,感应热能由 EFD 制造的600WCAT1 发电机提供。

该工艺的废气提纯处理可由"湿道"(微粒分离器、冷凝器和气体净化器)或"干道"(高温过滤器)实现,仪表与控制系统可对熔炼装置进行远程操作,坩埚为分瓣结构,坩埚经水冷却后,坩埚的金属壁与熔化玻璃体之间会形成一薄层固态玻璃膜。

该项技术克服了高温条件下产生的问题,例如腐蚀以及炉体寿命低等。熔炉具有极长的使用寿命,还能使高黏度熔体得以良好搅拌以及炉底出渣,显著提高了处理不同废料和选择最合适的废料固化配方的灵活性。该熔炉的特征如表 19-2 所示。

表 19-2　CEA Marcoule 熔炉的特征

熔炉直径/mm	550	650	300～1000	300
高频发电机功率/kW	300(晶体管 MOS)	400(晶体管 MOS)	160(三极管、转炉)	240(三极管、转炉)
应用范围	核废料(HLW①)	UMO La Hague 核废料	核工业或非核工业应用	焚化、玻璃化

① HLW—处理轻水反应堆燃料所产生的溶液,用以生产仿真 R7/T7 玻璃。

在法国 Marcoule CEA 公司所建立的示范试验工厂所开发的冷坩埚熔炉的核及非核废料的处理,现已能工业规模生产。例如:

(1) 能进行 Cogema La Hague 高等级核燃料的玻璃化再处理;

(2) 能处理韩国核电厂低级废料的焚化或玻璃化;

(3) 在直径为 1.2m 的冷坩埚中加工玻璃化原料与釉,其月产量已近 40t。

目前,第一代高级冷坩埚熔炉(ACCM),已于 2001 年在 Marcoule CEA 公司投入运行。

使用新型高级冷坩埚熔炉,可以进行玻璃化生产和制造玻璃。

参 考 文 献

[1] 唱鹤鸣，等．感应炉熔炼与特种铸造技术[M]．北京：冶金工业出版社，2003.

[2] 干勇．炼钢—连铸新技术800问[M]．北京：冶金工业出版社，2004.

[3] 梅炽，等．有色冶金炉窑仿真与优化[M]．北京：冶金工业出版社，2001.

[4] 宋文林．感应炉炼钢问答[M]．北京：冶金工业出版社，1997.

[5] 屠海令，等．有色金属冶金、材料、再生与环保[M]．北京：化学工业出版社，2003.

[6] 韩至成，等．电磁冶金技术及装备[M]．北京：冶金工业出版社，2008.

[7] 韩至成．电磁冶金学[M]．北京：冶金工业出版社，2001.

[8] 李代广．太阳能揭秘[M]．北京：化学工业出版社，2009.

[9] 黄汉云．太阳能光伏发电应用原理[M]．北京：化学工业出版社，2009.

[10] 吴博任．能源春秋[M]．广州：广东科技出版社，2009.

[11] 杨金焕，等．太阳能光伏发电应用技术[M]．北京：电子工业出版社，2009.

[12] Stefam Krauter．太阳能发电——光伏能源系统[M]．王宾，荃新洲，译．北京：机械工业出版社，2008.

[13] 刘伯谦，等．能源工程概论[M]．北京：化学工业出版社，2009.

[14] Peter Wufel．太阳能电池——从原理到新概念[M]．陈红雨，等译．北京：化学工业出版社，2009.

[15] 阮友德．PLC、变频器、触摸屏综合应用实训[M]．北京：中国电力出版社，2009.

[16] 刘宏，等．家用太阳能光伏电源系统[M]．北京：化学工业出版社，2007.

[17] 王君一，徐任学．太阳能利用技术[M]．北京：金盾出版社，2009.

[18] 日本太阳能协会．太阳能利用新技术[M]．宋永臣等译．北京：科学出版社，2009.

[19] 杨伍建．可控硅中频电源原理及使用说明书：第一册．洛阳：大好机电有限公司，2006.

冶金工业出版社部分图书推荐

书　名	作　者	定价(元)
电磁冶金学	韩至成	35.00
电磁冶金技术及装备	韩至成、朱兴发	76.00
感应炉熔炼与特种铸造技术	唱鹤鸣	29.00
现代电炉炼钢操作	俞海明	56.00
现代电炉炼钢理论与应用	傅　杰	46.00
电炉炼钢500问(第2版)		25.00
电炉炼钢学	马廷温	30.00
现代感应加热装置	潘天明	25.00
金属电磁凝固原理与技术	张伟强	20.00
连续铸钢电磁搅拌器(YB/T 4139—2005)		12.00
电炉炼钢原理及工艺	邱绍岐	40.00
工业电炉	郭茂先	25.00
电炉炼锌	王振岭	75.00
电炉炼钢除尘与节能技术问答	沈　仁	29.00
现代电炉炼钢生产技术手册	王新江	98.00